河南省"十四五"普通高等教育规划教材

U0157167

滚动轴承热处理工艺

主　编　邱　明

副主编　庞晓旭　张飞舟

参　编　尤蕾蕾　杨伟民　宋云峰　潘云飞

机 械 工 业 出 版 社

本书介绍了滚动轴承钢的种类，分析了高碳铬轴承钢热处理原理，并重点论述了高碳铬轴承钢制滚动轴承零件热处理工艺、渗碳轴承钢制滚动轴承零件热处理工艺和耐蚀、耐高温、防磁滚动轴承零件热处理工艺，并阐述了防止氧化和脱碳热处理、滚动轴承零件表面热处理工艺、滚动轴承金属材料保持架热处理工艺、滚动轴承零件热处理工艺案例分析和滚动轴承零件热处理主要设备等。

本书可供高等院校轴承、金属学和热处理专业以及高职高专学校相关专业的师生使用，对轴承行业的工程技术人员也有一定的参考价值。

图书在版编目（CIP）数据

滚动轴承热处理工艺/邱明主编. —北京：机械工业出版社，2023.12（2024.8 重印）

ISBN 978-7-111-74119-0

Ⅰ.①滚…　Ⅱ.①邱…　Ⅲ.①滚动轴承-热处理-生产工艺　Ⅳ.①TG156

中国国家版本馆 CIP 数据核字（2023）第 201649 号

机械工业出版社（北京市百万庄大街 22 号　邮政编码 100037）
策划编辑：刘本明　　　　　　责任编辑：刘本明　戴　琳
责任校对：梁　园　张　征　封面设计：张　静
责任印制：张　博
北京雁林吉兆印刷有限公司印刷
2024 年 8 月第 1 版第 2 次印刷
184mm×260mm · 17 印张 · 420 千字
标准书号：ISBN 978-7-111-74119-0
定价：79.00 元

电话服务　　　　　　　　　　网络服务
客服电话：010-88361066　　机　工　官　网：www.cmpbook.com
　　　　　010-88379833　　机　工　官　博：weibo.com/cmp1952
　　　　　010-68326294　　金　书　网：www.golden-book.com
封底无防伪标均为盗版　　机工教育服务网：www.cmpedu.com

前　言

热处理是利用加热和冷却的方法来改变材料组织和性能的一种热加工工艺方法，它是提高产品性能的关键工艺方法之一。热处理工艺水平的高低也被业界认为是决定机械产品先进性的关键因素之一。轴承是高端装备的核心基础件之一，高品质、高精度、高性能、长寿命轴承以及轴承钢的研究、生产和发展是一个庞大的系统工程，涉及轴承钢材料成分设计、冶炼、锻造、热处理、精密加工、制造装备和检测试验等诸多领域。轴承热处理是提高轴承品质的关键工艺之一。

本书在编写过程中，结合生产实际，从培养生产技术人员的角度出发，对滚动轴承零件热处理内容进行了重组和整合，更加注重增强应用性和强化解决实际问题的专业知识。

本书的主要任务是让读者对滚动轴承材料及热处理基本理论知识和工艺特点有明确的认识，系统掌握各类轴承钢制滚动轴承零件热处理工艺，熟悉不同类型轴承钢材料应用范围和热处理工艺特点，通过典型案例学习，具备合理选择轴承钢材料、正确选择热处理方法、妥善安排热处理工艺路线的能力。

本书由河南科技大学邱明担任主编，河南科技大学庞晓旭和斯凯孚（上海）汽车技术有限公司张飞舟担任副主编，洛阳LYC轴承有限公司尤蕾蕾、苏州轴承厂股份有限公司杨伟民、斯凯孚中国技术中心宋云峰和潘云飞参与编写。具体分工如下：第1章由邱明编写；第2章、第3章、第9章由庞晓旭编写；第4章由张飞舟编写；第5章、第6章和第10章由尤蕾蕾编写；第7章由潘云飞和宋云峰编写；第8章由杨伟民编写。在编写过程中，洛阳轴承研究所有限公司叶健熠对本书提出了宝贵意见，在此表示由衷感谢。同时，编者参考和引用了一些文献内容，在此也谨向这些文献作者表示谢意。

滚动轴承热处理工艺实践性很强，又需要较深的理论基础，除了材料科学基础理论，还涉及热力学、数学、力学和机械工程等多学科知识。限于编者水平，书中难免有疏漏之处，敬请广大读者批评指正。

编　者

目　　录

第1章 绪 论

轴承是核心基础零部件,被称为"高端装备的关节"。轴承工业是国家基础战略性产业,对国民经济发展和国防建设起着重要的支撑作用。新中国成立以来,特别是改革开放以来,我国轴承工业已形成独立完整的工业体系。目前我国已成为轴承销售额和产量居世界第三的轴承生产大国,但是距轴承强国还存在较大差距,尤其是在轴承钢、轴承专用装备以及滚子加工技术上存在的差距更加明显。2018 年《科技日报》报道制约我国工业发展的 35 项"卡脖子"技术,就包括高端轴承钢和掘进机主轴承。2020 年国家新材料产业发展战略咨询委员会盘点我国严重依赖进口的 20 项产品,就包括高端轴承和高端数控机床,而后者离不开高端精密轴承。因此,突破轴承制造整个产业链从轴承材料的生产、轴承设计到轴承零件的制造,直至成品装配整个过程中的关键共性技术成为我国轴承工业基础研究的重要目标之一。而轴承零件的热处理是其中非常关键的共性技术之一。

随着机械工业不断发展,对主机的要求越来越高,轴承的服役工况越来越苛刻,同时对轴承高质量、长寿命和高可靠性要求也越来越高,如高承载能力、低噪声、低摩擦、耐高温、耐高速、轻量及单元化等。与之对应,需要不断提高轴承钢材料性能,如纯净度、均质性等,且要开发新的热处理技术及装备,以满足越来越苛刻的轴承性能要求。

1)长寿命。延长寿命是轴承追求的永恒主题。滚动轴承服役情况越来越苛刻,要求轴承具有更高的承载能力和更长的疲劳寿命,如轴承额定动载荷计算公式中的系数 b_m,深沟球轴承在原来 1.3 的基础上又提高了 15%;SKF 铁路轴箱轴承大修周期由 10×10^5 km 提高到了 14×10^5 km;盾构机主轴承无故障服役寿命要求 10000h 或 10km;风电轴承服役寿命要求 20 年;汽车轴承轮毂、变速器等关键部位轴承设计寿命要求 10×10^5 km 甚至 12×10^5 km。寿命的显著提高需要提高轴承材料的纯净度和均质性,并增加适宜的合金成分,从而提高基体强度以及改进热处理工艺,以期得到理想的组织和性能。

2)低噪声和低摩擦。低噪声轴承如舍弗勒 C 型深沟球轴承,摩擦力矩降低 35%,噪声减低 50%;NSK 的 GR 系列轴承具有低能耗、静音的特点,摩擦力矩减小了 40% ~ 50%,适用于空调、吸尘器等高效电动机。低摩擦是轴承实现节能降耗的主要手段之一,而实现低摩擦除了对滚动轴承结构进行优化,同时需要降低润滑剂用量及黏度,进而降低滚动黏滞阻力和搅拌阻力,实现微量润滑或边界润滑。这就要求滚动轴承零件的接触部位应具有较高耐磨性,以抵抗磨损及表面起源型接触疲劳。如 SKF 推出的 E2 深沟球轴承摩擦损耗降低了 30% 以上,开发的 X - Tracker 低摩擦汽车轮毂轴承摩擦力矩降低了 25% 等。

3)高低温及高速性能。随着主机应用环境和工况越来越复杂,滚动轴承转速越来越高和工作温度呈两极化发展,如机床主轴轴承、新能源汽车轴承,轴承工作温度高于 150℃,$d_m \cdot n$ 值高达 4×10^6 mm·r/min。航空发动机主轴轴承需要承受 350℃ 高温,需采用高温轴承钢(GCr4Mo4V 和 G13Cr4Mo4Ni4V,对应美国牌号 M50 和 M50NiL)等,并采用相应的碳氮共渗技术实现耐磨、耐热等。现在通用轴承耐受低温极限要求已达 -55℃,此时部分轴承材料会出现低温脆性,即"冷脆"风险。转速提高主要通过减小滚动体离心力、采用特殊材料或结构的保持架、改进润滑或冷却条件等来实现。

4）轻量及单元化。轻量化是现代设计目标函数中的一个核心指标，尤其对于航空航天飞行器，已按"克"进行计量。对汽车而言，轻量化也是关键技术之一，如 NTN 开发的微型汽车用超轻轮毂轴承单元，仅重 1.0kg，为"世界最轻"的汽车轮毂轴承单元；SKF 轻型轮毂轴承单元总质量降低约 30%。单元化在轮毂轴承单元应用非常明显，已发展出第 1、2、3 代汽车轮毂轴承单元，目前正在发展第 4、5、6 代汽车轮毂轴承单元。另外，铁路轴箱轴承单元、机床主轴轴承单元、风电主轴双列圆锥滚子轴承单元等也得到了迅速发展。

5）耐异常白色组织疲劳剥落。白色组织剥落是继"内部起源型为主"和"表面起源型为主"轴承疲劳机理后的第三种疲劳机理，已获广泛共识。其剥落寿命约为正常寿命的 1/10。如：舍弗勒风电增速器中高速轴承采用发黑处理，不仅减轻了高速轻载打滑损伤，且有效防止了白色组织裂纹产生；NSK 自主研发的 AWS – TF 钢，耐白色组织剥落的疲劳寿命提高了 7 倍。

1.1 轴承钢发展概况

轴承钢是重要的基础材料，是战略性物资。轴承钢的发展和轴承服役环境温度有着很大关系，从一定程度上说，轴承钢的发展随着轴承使用温度不断提升，大致可分为四代。第一代轴承钢使用温度不超过 150℃，钢种主要有高碳铬轴承钢 GCr15、渗碳轴承钢 G20CrNi2Mo、高碳铬不锈轴承钢 G95Cr18 和中碳轴承钢 G42CrMo 与 G55Mn；第二代轴承钢使用温度一般不超过 350℃，钢种主要有高温轴承钢 GCr4Mo4V、高温不锈轴承钢 G115Cr14Mo4V、高温渗碳轴承钢 G13Cr4Mo4Ni4V；第三代轴承钢使用温度为 350～550℃，同时具备高耐蚀性，钢种主要有 G13Cr14Co12Mo5Ni2（CSS – 42L）和 G30Cr15MoN（Cronidur30）等，目前已得到部分应用；第四代轴承钢具有耐超高温及轻质化等特点，钢种主要有 60NiTi 和 GCr15Al，该钢种目前尚处于研发阶段。

1.1.1 国外轴承钢的发展概况

轴承钢的发展起步较早，1856 年，Bessemer 提出了转炉炼钢法，标志着现代轴承钢及冶金技术发展的开端，向生铁中吹入空气生产出相对优质的钢材。随后，平炉熔炼技术的发明进一步改善了钢材的质量，由此，钢材开始更广泛应用于工业生产中。而世界轴承工业兴起于 19 世纪末期到 20 世纪初期，其中德国 FAG 成立于 1883 年，是世界上首家轴承公司。据 Stribeck 在 1900 年的叙述，19 世纪的后 25 年，轴承材料越来越多地采用碳钢和铬钢，这些轴承钢应"全淬透且硬度和韧性均匀一致"。1920 年首先规定了这种钢材的技术规范，进而形成了现在应用最广泛的一种轴承钢（中国牌号 GCr15，美国牌号 52100）。

1964 年开始应用钢包脱气法进行炼钢，即把钢包放在真空室内，通入惰性气体进行搅拌，室内压力降至 66.5Pa 实现脱气，氧的质量分数降低到 $(15～20)×10^{-6}$，但是此种方法难以有效地提高钢的纯净度。1968 年开始采用提升脱气法，在高真空下，钢中的氧和氢被脱气，降低了夹杂物含量，提高了钢精炼效果，氧的质量分数降至 $(8.3～15)×10^{-6}$。1974 年日本采用钢包精炼技术（LF 法），即钢包带有加热、搅拌和真空脱气装置，实现了脱氧、脱硫、脱氢，氧的质量分数降至（5~10）×10⁻⁶。20世纪80年代后，日本、瑞典以及德国等轴承生产大国进一步优化各种冶炼设备和炉外精炼工艺，例如扩大初炼炉的容量、偏心炉底出钢以及真空吸渣等，轴承钢的氧含量及其他有害元素含量不断下降。目前，国外轴承钢的冶炼工艺较为成熟，轴承钢的氧含量稳定在较低水平，氧的质量分数可达 5×10⁻⁶左右。由瑞典 OVAKO 公司和日本山阳特殊钢公司生产的轴承钢产品质量较好，代表了当今轴承钢生产企业的最高水平。上述两家公司生产的轴承钢纯净度极高，氧的质量分数可控制在 3×10⁻⁶ 左右。由上述分析可知，轴承钢冶炼技术的发展也是氧含量降低技术的发展，图 1-1 和图 1-2 所示分别为钢中氧含量随时间的变迁和世界著名钢厂轴承钢中氧含量的变化。

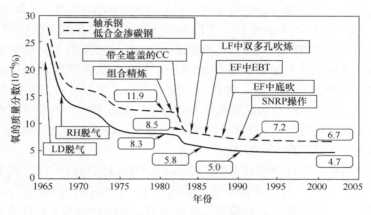

图 1-1 采用的冶炼技术及钢中氧含量的变化

目前，轴承钢采用真空冶炼时，不仅可避免氧化，还可以对钢液进行脱氧，进而获得比真空脱气更高的纯净度，一般采用真空感应熔炼法（VIM）、电渣重熔法（ESR）和真空电弧重熔法（VAR）等。这些冶炼方法在保证纯净度的基础上，还可有效细化轴承钢中非金属夹杂物的尺寸，进而提高轴承的可靠性。与普通冶炼方法相比，电渣重熔后轴承钢的氧含量略高，但由于夹杂物的尺寸较小，且组织较为致密，

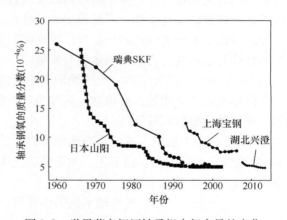

图 1-2 世界著名钢厂轴承钢中氧含量的变化

电渣重熔后轴承钢的疲劳性能仍然有所改善。真空感应熔炼可获得纯净度较高的轴承钢，但偶尔会混入外来的夹杂物，影响可靠性。因此，真空感应熔炼常与真空电弧重熔或电渣重熔配合使用。如使用 VIM + VAR 法，材料致密度更高，晶粒细小均匀，力学性能得到显著提高。欧美的军用发动机轴承钢常采用此法；美国波音飞机发动机规定轴承钢采用多次 VAR 法；英国贝斯航空发动机公司规定选用的高速钢 MSRR6015 采用 VIM + ESR 法。

1.1.2　国内轴承钢发展概况

与国外相比，我国工业基础相对薄弱，轴承钢的发展起步较晚。1953 年制定了高碳铬轴承钢的相关标准。20 世纪 60 年代，我国开始进行高温轴承钢、不锈轴承钢以及渗碳轴承钢等特殊用途轴承钢的生产。20 世纪 90 年代初，轴承钢的连铸技术在我国得到应用，此时轴承钢的年产量和日本轴承钢的年产量相当。进入 21 世纪，由于冶炼和轧制技术及装备水平的提升，特别是真空脱气技术和装备的应用，我国轴承钢在纯净度和夹杂物方面上了一个大的台阶，关键技术指标已达国际先进水平。氧的质量分数由原来的电炉钢（$30 \sim 40$）$\times$ 10^{-6} 降低到真空脱气模铸钢的（$5 \sim 12$）$\times 10^{-6}$ 和连铸钢的（$4 \sim 12$）$\times 10^{-6}$，Ti 控制在 25×10^{-6} 以下，通过严格控制添加的铬铁合金含量，Ti 达到 15×10^{-6} 以下；DS 类夹杂物基本上能达到 1.0 级以下。经过 70 年的发展，我国有较大轴承钢生产能力的特钢企业达到 20 多家，轴承钢的年产量超过 400 万吨，其中高碳铬轴承钢占 95% 以上，稳居世界第一位。兴澄特钢已发展成为轴承钢销量世界第一的特钢厂。其生产的高档轴承钢已向斯凯孚、舍弗勒、NTN 等世界各国轴承公司供货。氧含量、疲劳寿命、单颗粒球状夹杂物等技术指标达到国际先进水平。有的指标已达国际领先水平。但是，轴承钢技术质量水平依然是制约我国轴承产业高质量发展的短板之一，尤其在质量的一致性、性能的稳定性和特种轴承钢个性化需求上与国际先进水平还存在一定差距。

目前，以连铸轴承钢为代表的日本山阳（Sanyo）和以模铸轴承钢为代表的瑞典奥沃科（Ovako）达到了轴承钢生产工艺以及质量的最高水平。传统国产轴承钢与国际先进水平的差距主要体现在以下三个方面：氧含量和钛含量偏高，且波动性较大；非金属夹杂物的尺寸较大、分布均匀性和稳定性较差；碳化物较大，且分布均匀性较差。目前我国轴承钢制造逐渐形成了较为完善的工业体系，产品质量和品种也取得了显著的进步，部分大型钢企如兴澄特钢、宝武钢铁等生产的轴承钢产品均已得到国际著名轴承生产企业的认可。国内一直针对上述问题持续开展研究，力求进一步提升质量。

1）提高纯净度。部分国内生产的轴承钢中氧的质量分数已经可以极限控制在 5×10^{-6} 以下，与国际先进水平相近，但仍存在高纯净度条件下大颗粒夹杂物尺寸大、夹杂物的分布不均匀、残留钛含量偏高等问题。

2）减少低倍组织缺陷。进一步降低轴承钢中的中心疏松、中心缩孔与中心成分偏析。

3）微观组织的超细化、稳定化。细化原奥氏体晶粒和碳化物尺寸，提高均匀性，并调控残留奥氏体，提高其稳定性。

4）提高综合服役性能。提高轴承钢的强韧性，使其具备耐蚀、抗冲击、耐超高温及轻质化等服役性能。

1.1.3　轴承钢钢种的发展概况

著名材料学家师昌绪说"设计是灵魂，材料是基础，工艺是关键，测试是保证"，因此，轴承钢材料是保证轴承具有高可靠性的关键之一。目前，我国轴承钢的种类主要有以下几种。

1）高碳铬轴承钢。高碳铬轴承钢 GCr15 是轴承钢的代表钢种，从发明以来已有百年历史，其主要成分基本没有改变，但是接触疲劳寿命提高了 100 倍以上，目前依然是轴承钢中产量最大的单一钢种。随着轴承服役性能要求越来越高，轴承钢中的 Si、Mn 和 Mo 等合金元素的含量也在逐步提高，氧的质量分数从 30×10^{-6} 降低到了 5×10^{-6}，夹杂物长度从 $1mm/cm^3$ 减小到了 $0.0001mm/cm^3$，接触疲劳寿命从 10^7 提高到了 10^8。

目前常用的高碳铬轴承钢种有 G8Cr15、GCr15、GCr15SiMn、GCr18Mo、GCr15SiMo。

2) 渗碳轴承钢。渗碳轴承钢是优质的低碳或中碳合金钢，具有易切削、冷加工性能好、耐冲击、渗碳后耐磨、疲劳寿命高等特点。与高碳铬轴承钢相比，渗碳轴承钢心部具有较高冲击韧性，且经渗碳热处理后表面形成残余压应力，有利于提高轴承寿命及冲击性能，非常适合制造承受较大冲击载荷的轴承。

目前常用的渗碳轴承钢种有 G20CrMo、G20CrNiMo、G20CrNi2Mo、G20Cr2Ni4、G10CrNi3Mo、G20Cr2Mn2Mo。

3) 中碳轴承钢。对于承受较大冲击载荷的轴承，除了选用渗碳轴承钢，还可以选用中碳轴承钢。中碳轴承钢主要是中碳合金钢，用于制造有耐冲击、耐振动要求的轴承，包括掘进机及重型机床等设备上的特大型轴承。

目前常用的中碳轴承钢种有 G55、G55Mn、G70Mn、G42CrMo。

4) 不锈轴承钢。不锈轴承钢主要有奥氏体不锈钢、高碳铬马氏体不锈钢和沉淀硬化型不锈钢等。为了满足轴承硬度和表面精度的要求，常采用高碳铬马氏体不锈钢。

目前常用的不锈轴承钢种有 G95Cr18、G102Cr18Mo、G65Cr14Mo、CSS－42L、Cronidur30。其中 CSS－42L（G13Cr14Co12Mo5Ni2），其典型的化学成分为 0.13% C、14% Cr、12% Co、4.5% Mo、2% Ni，采用 C－Cr－Ni－Co－Mo 合金体系，通过 Mo_2C 碳化物和 Fe_2Mo 型 Laves 相的双强化机理，获得高强韧性及耐温、耐蚀等良好综合性能。CSS－42L 是美国拉特罗布特殊钢公司（Latrobe Specialty Steel Company）研制的表面硬化型轴承齿轮钢，应用于宇航齿轮传动机构和涡轮螺旋桨主轴轴承等零部件。Cronidur30（G30Cr15MoN）钢，属于高耐蚀高氮不锈轴承钢，其典型化学成分为 0.30% C、15% Cr、1% Mo、0.4% N，采用 C－Cr－Mo－N 合金体系，通过 N 的固溶强化，形成细小弥散的 Cr_2（C，N）碳氮化物和 $M_{23}C_6$ 碳化物的双强化机理。

5) 高温轴承钢。第二次世界大战以后，航天工业得到了飞速发展，轴承的使用温度也提高到300℃以上，高碳铬轴承钢 GCr15 已不满足要求。因此开发出了 0.8% C、4% Cr、4% Mo 和 1% V 的 GCr4Mo4V（M50），采用二次硬化设计，在 550℃ 高温回火析出 Mo_2C 碳化物，从而满足轴承350℃以下高温使用的要求。为满足高温耐冲击的要求，在 GCr4Mo4V 的基础上，开发出了高温渗碳轴承钢 G13Cr4Mo4Ni4V。一方面通过降低 C 含量，提高钢的韧性；另一方面增加 Ni 含量，降低表面吸收 C 原子能力，加速 C 原子在奥氏体中的扩散，有利于渗碳热处理，同时 Ni 还可提高钢的韧性。

目前我国使用的高温轴承钢主要有 GCr4Mo4V、G13Cr4Mo4Ni4V、CSS－42L、Cronidur30。其中 G13Cr4Mo4Ni4V 是目前性能最好的高温渗碳轴承钢材料。

6) 无磁轴承钢。防磁轴承是指对于导向系统的高灵敏性轴承和某些仪器仪表轴承，为了防止强磁场或地磁场对轴承的影响，使轴承不被磁化，并使轴承摩擦力矩稳定，从而确保轴承的使用精度，轴承必须用防磁材料制造。目前我国使用的无磁轴承钢主要有 GH05 和 G52 合金。

1.2 轴承热处理发展概况

热处理是在固态下将金属或合金加热到一定温度，保温一定时间，然后以一定速度冷却，即通过加热速度、保温温度、保温时间和冷却速度四个基本要素的有机配合，使金属或合金内部组织结构发生转变，进而获得一定性能的热加工工艺方法。热处理在先进制造业中的作用可以概括为四两拨千斤，成本只占百分之几，附加值提高几倍至几十倍。国际上知名企业常以热处理技术作为竞争力核心指标要素。

1.2.1 轴承热处理发展现状

1.2.1.1 常规马氏体淬回火

高碳铬轴承钢制轴承零件最终热处理通常采用常规马氏体淬回火。20 世纪 70 年代末到 80 年代初，洛阳轴承研究所先后对 GCr15 热处理工艺参数、淬回火组织对疲劳性能的影响、硬度对疲劳性能的影响等开展了研究，分析了不同淬火温度和保温时间及不同回火温度和时间对显微组织、马氏体形态和亚结构、晶粒度、残留奥氏体含量、马氏体中碳含量、硬度、抗弯强度、压碎载荷、冲击韧度、耐磨性、接触疲劳寿命的影响，残留奥氏体对轴承零件尺寸稳定性和力学性能的影响等，摸清了马氏体淬回火工艺参数对组织、性能的影响，为高碳铬轴承钢热处理工艺的制定、性能的控制、热处理标准的制定和修订等提供了坚实的理论基础，稳定和提高了热处理产品质量，提升了行业的热处理技术水平。

在淬火变形方面，主要针对减小淬火后组织变形和提高硬度均匀性方面进行了大量研究。如高压气淬技术，可明显减小淬火变形，且节能环保。连续式盐浴淬火技术通过调节盐浴含水量，可控制冷速，适用于不同的零件尺寸，保证最小的淬火变形及最大的硬度均匀性。

1.2.1.2 冷处理

冷处理是热处理基础上发展起来的一种补充热处理手段，其通过进一步促使残留奥氏体转变为马氏体，提高零件的硬度、耐磨性，并保证轴承尺寸稳定性。所谓尺寸稳定性是指零件加工完毕后，在工作环境下不受外力作用或在低于弹性极限的应力作用下抵抗永久变形的能力以及在加工过程中保持尺寸不变的能力。一般零件尺寸变化受相的不稳定性和加工过程中残余内应力的松弛的影响较大。早在 100 年前，瑞士钟表制造商发现把钟表的关键零件埋到寒冷的阿尔卑斯山中，可以有效提高零件的使用寿命和精度。但限于当时的技术条件，未深究其机理。20 世纪 50 年代，国外开展了冷处理与热处理结合的方法对尺寸稳定性影响的研究，发现残留奥氏体属于亚稳定相，其转变为马氏体会产生体积变化，从而导致尺寸不稳定。20 世纪 80 年代，路易斯安那大学对工具钢开展了深冷处理研究，发现深冷处理后耐磨性明显提升。对于高碳铬轴承钢制零件，其耐磨性提高主要有三个原因：一是在深冷处理过程中，残留奥氏体向马氏体转变，在磨损过程中向碳化物提供强大的支撑并抑制其脱落，阻止大的麻点形成；二是深冷处理产生的细小碳化物析出并均匀分布，也是耐磨性提高的原因；三是深冷处理提高了马氏体的转变率，使合金基体组织细化，从而达到细晶强化效果，有助于耐磨性的提高。

1.2.1.3 贝氏体淬火技术

20 世纪 50 年代，国外开始开展 GCr15 轴承钢的贝氏体等温淬火研究，如 FAG、SKF 等将等温淬火工艺应用于铁路、汽车、轧机、起重机、钻具等耐冲击和润滑不良的轴承。国内在 20 世纪 70 年代开始对高碳铬轴承钢的等温贝氏体淬火进行了研究，到 80 年代开始应用在铁路货车轴承及轧机轴承上。20 世纪 90 年代初，等温贝氏体淬火工艺在轧机轴承和高速铁路轴承生产上的应用得到迅速推广，同时开发了适合于贝氏体淬火的钢种 GCr18Mo。

高碳铬轴承钢下贝氏体组织和相同温度回火的马氏体组织相比，具有更高的冲击性能、断裂韧度、耐磨性及尺寸稳定性，零件表面呈现压应力；在润滑不良条件下，全下贝氏体组织的接触疲劳寿命比低温回火的马氏体组织高得多。近年来新发现的纳米贝氏体组织，也称为硬贝氏体组织、低温贝氏体或超级贝氏体组织，一般具有比常规下贝氏体组织更高的韧性和相当的表面残余压应力，以及更加优异的耐磨性和接触疲劳性能。但是纳米贝氏体淬火技术也存在等温时间过长的问题和服役过程中残留奥氏体的转变及其引发的尺寸稳定性问题，对于这些有待进一步研究。

1.2.1.4 碳氮共渗

高碳铬轴承钢的碳氮共渗处理是在添加了 5%～15% 丙烷和丁烷的渗碳气氛中加入含氮介质（如氨气），将碳和氮同时渗入轴承钢制零件中的处理技术。由于在零件表层扩散的氮元素会使奥氏体变得稳定，因此淬火后残留奥氏体含量增多，而且通过氮元素的固溶作用提高了抗回火软化性，提高了滚动疲劳寿命。

1981 年，洛阳轴承研究所开展了轴承钢的碳氮共渗工艺研究，将轴承零件置于碳、氮气氛中，在 810～840℃ 温度中加热保温 2～8h 后淬火，从而获得化合物层、固溶层（含氮马氏体）、过渡层的碳氮共渗组织，在距离表面 0.2～0.4mm 处获得 300MPa 残余压应力。对该工艺机床轴承进行试验，发现寿命得到了明显提高。但因各种原因该工艺没有推广应用。进入 21 世纪后，对轴承寿命和可靠性提出了更高的要求，国外推出"特殊热处理"，利用碳氮共渗淬火后在表层保留大量的残留奥氏体（约30%），并形成较多的细小、弥散的碳氮化物，大幅度提高轴承在污染润滑环境下的接触疲劳寿命。国内轴承企业也开始积极推广应用这一技术，尤其是在汽车变速器轴承方面，已成为标准的热处理工艺。

1.2.1.5 表面改性技术

轴承失效主要发生在零件的接触表面上，因此改进接触表面性能可显著提高轴承寿命。20 世纪 80 年代，国内开始研究轴承表面改性技术。表面改性技术包括物理气相沉积、化学气相沉积、射频溅射、离子注入等，可提高轴承零件的耐磨性、接触疲劳寿命，并降低表面摩擦系数。

（1）硬质涂层 硬质涂层种类很多，目前轴承应用较多的主要是类金刚石（DLC）涂层。DLC 涂层由石墨结构和金刚石结构的碳构成，既具有石墨的润滑及低摩擦性能，又具有金刚石的硬度（1200HV 以上），在滑动状态下具有较好的耐磨性，但在滚动载荷作用下则表现较差，因为涂层在高载荷滚动状态下应用时裂纹在涂层的柱状组织中产生并扩展，进而导致涂层剥落。优化工艺参数和涂层设计可消除涂层中亚微米级别的柱状组织，大大提高涂层在高载荷滚动下的性能。而掺杂金属（W、Ti、Cr）可以在涂层中形成细小碳化物，也有利于提高涂层强度和耐磨性。DLC 涂层代表轴承硬涂层的一个发展方向，在降低摩擦磨损、减少表面损伤、提高接触疲劳寿命方面将会越来越多地应用于各种轴承产品。

（2）固体润滑涂层　固体润滑涂层主要是涂覆具有润滑性能的软材料或层片结构材料，具有良好的润滑性能，一般应用于真空等不宜使用油、脂润滑的场合。

软金属涂层有 Au、Ag、Pb 等，一般采用离子镀或溅射成膜，应用于高真空用滚动轴承，或用于改善保持架与滚动体间的润滑状态，如航空发动机轴承保持架镀银。

典型的层片结构材料如 MoS_2、石墨等，一般采用溅射或使用有机、无机黏结剂烧结成膜。MoS_2 一般用于高真空，石墨一般用于高温。

高分子材料以 PTFE（聚四氟乙烯）为代表，具有独特的带状结构，表现出低摩擦，容易在配对面形成转移润滑膜，耐化学药品，且不易受环境介质影响，一般采用黏结剂烧结成膜，应用于清洁或耐蚀环境的轴承。

（3）其他涂层　低温离子渗硫是 20 世纪 80 年代后期出现的表面改性技术，其基本原理与离子渗氮相似，在一定的真空度下，利用高压直流电使含硫气体电离，生成的硫离子轰击工件表面，在工件表面与铁反应生成以 FeS 为主约 $10\mu m$ 厚的硫化物层。硫化物是良好的固体润滑剂，可有效降低钢件接触表面的摩擦系数，且其摩擦系数随载荷增大而进一步降低，因此可以大大提高重载下轴承的耐磨性，将轴承的寿命提高 3 倍左右。

低温磷化与渗硫的作用相似。通过把工件放置于 40℃ 的磷酸十三烷酸酯溶液中浸渗 4h，可在工件表面获得 $0.05 \sim 0.25\mu m$ 厚的 Fe_2O_3 和 $Fe_4(P_2O_7)_3$ 的表面层，降低摩擦系数并提高耐磨性。经磷化的 M50 钢轴承在短期断油的情况下不出现卡死，提高了轴承的可靠性。

1.2.2　轴承热处理发展方向

轴承钢的质量直接影响轴承的寿命与可靠性，也与轴承钢的热处理工艺存在很大的关系。近 20 年来，国外报道了多种大幅度提升轴承钢接触疲劳寿命的热处理技术。在高纯净度冶炼技术的基础上，通过双细化热处理不仅可以细化晶粒，也可以细化碳化物，改善碳化物分布，既提高了强度和硬度，又延长了轴承的接触疲劳寿命。由此可见，随着主机对轴承服役性能提出越来越高的技术要求的同时，对轴承热处理技术要求也越来越高。

1.2.2.1　优化热处理工艺

目前轴承钢热处理工艺主要有常规马氏体淬回火处理、贝氏体等温淬火、马氏体 – 贝氏体等温淬火、贝氏体变温淬火等。针对当前研究较多的贝氏体等温淬火工艺，首先，应注意贝氏体等温淬火工艺的适用性，并不是所有的轴承零件都适合贝氏体等温淬火，因此应根据轴承的工作环境以及服役性能来确定工艺参数；其次，改进贝氏体等温淬火介质，开发控制盐浴含水量的技术以保证盐浴的冷却性能，同时寻求替代介质和技术以减少环境污染，如采用无毒盐浴代替硝盐或采用其他冷却方式代替盐浴（控制喷水冷却）；此外，应缩短贝氏体等温时间。

1.2.2.2　提高零件内在质量

轴承零件内部质量是影响轴承寿命和可靠性的关键因素之一，因此未来轴承零件内部质量控制从以下几方面进行。首先，氧含量和钛含量应有更为精细的检测与控制标准，氧的质量分数应稳定在 6×10^{-6} 以下，钛的质量分数应小于 15×10^{-6}，降低或消除钢中硬脆夹杂物导致的疲劳剥落与断裂，将夹杂物对钢材质量的影响降到最低。其次，残余应力和残留奥氏体控制和评定。目前，我国已有残留奥氏体含量控制及相应检测方法，但还没有残余应力的评定指标。而残余应力影响零件的接触疲劳性能、韧性和磨削裂纹，适当的残余压应力可以提高接触疲劳寿命,防止磨削及安装裂纹的产生。残留奥氏体降低尺寸稳定性,其影响程度与残留奥氏体本身的稳定性、数量和存在部位有关,但适量的残留奥氏体可以提高断裂韧度和接触疲劳性能。因此,进一步开展残余应力和残留奥氏体对热处理后轴承性能的影响及其机理的研究,进而根据轴承的工况提出残余应力和残留奥氏体的控制指标等,将是我国轴承行业热处理研究的又一主要方向。另外,还应优化冶炼铸工艺和热处理工艺,研究双细化工艺,提升碳化物分布的均匀性,实现组织细化与均匀化,尽可能消除钢中的碳化物偏析;减少钢中的低倍组织缺陷,减少铸坯中心疏松、缩孔,严格控制成分偏析,改善铸坯的质量。

1.2.2.3　开发新型表面改性技术

轴承零件主要工作表面为滚动接触面,进行表面涂层及其他改性处理可大幅度提高轴承性能。因此基于渗碳、碳氮共渗等表面处理工艺,结合表面涂层、熔覆、织构等新的表面改性技术,改善表面性能及形貌,提高耐磨性及润滑性能,延长轴承的疲劳寿命,进而开发出适应不同工作环境的轴承,实现轴承由单一性向多元化的特色发展。

【拓展阅读】

截至 2020 年,世界八大跨国轴承集团瑞典斯凯孚,德国舍弗勒,日本精工、NTN、美蓓亚、不二越、捷太格特及美国铁姆肯,垄断了全球 60% 以上的市场。

1.3　滚动轴承服役条件及性能要求

滚动轴承是机械零件中常用的精密部件之一,其结构一般由内圈、外圈(合称套圈)及滚动体和保持架四部分组成。轴承钢主要用来制造轴承内圈、外圈和滚动体,保持架一般用低碳钢、有色金属合金或塑料等制成。

滚动轴承工作时,通常内圈和滚动体发生转动和滚动,载荷经滚动体传递给套圈,当承受径向载荷时,套圈和滚动体将会周期性地进入载荷带,如图 1-3 所示,所受载荷由零增至最大,然后再降为零。滚动轴承内圈、外圈和滚动体在接触点上产生接触应力而使轴承发生接触变形,接触应力最大可达 3000 ~ 5000MPa。且滚动轴承在运转过程中,滚动体与套圈和保持架之间还存在相对滑动,产生相应的摩擦和磨损。另外,在某些工况下滚动轴承还要承受复杂的扭矩、冲击载荷、腐蚀等。

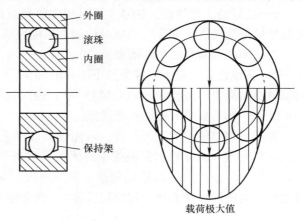

图 1-3　球轴承载荷分布图

由以上分析可知,轴承通常在十分复杂的条件下工作,经过一段时间运行后发生失效,其失效形式是各种各样的,常见的有疲劳剥落、磨损、卡死、断裂、锈蚀、精度丧失、电蚀等。

孔子曰“工欲善其事,必先利其器”,作为轴承钢应具备以下性能:

1）高的接触疲劳强度，确保轴承在承受较大载荷下能够长时间使用。滚动体在轴承内、外圈间滚动时，接触部分承受周期载荷，表面层发生疲劳破坏而剥落，使轴承噪声、振动增大，工作温度升高而导致不能使用。其额定寿命常用 L_{10} 表示，中值寿命常用 L_{50} 表示。

2）高的淬硬性和一定的淬透性，确保在热处理后获得高且均匀的硬度和高的耐磨性。高碳铬轴承钢制轴承零件热处理后的硬度应满足 GB/T 34891—2017 的规定。马氏体套圈淬回火后硬度一般为 58～65HRC，钢球硬度一般为 58～66HRC，滚子硬度一般为 58～66HRC。轴承零件马氏体淬回火后，同一零件的硬度差一般不大于 2HRC，当套圈外径大于 400mm 时，硬度差不大于 3HRC。有效壁厚不大于 25mm 的套圈贝氏体等温淬火后硬度一般为 58～62HRC。轴承工作时除发生滚动摩擦外，还有滑动摩擦。在滚动体和滚道的接触面、滚动体和保持架兜孔的接触面、保持架引导和套圈引导的接触面、滚子的端面和套圈挡边的接触面都会发生滑动摩擦。轴承工作时，零件的磨损是不可避免的。如果高碳铬轴承钢的耐磨性差，轴承便会过早地出现磨损，使精度丧失，从而降低轴承寿命。

3）高的弹性极限和一定的韧性，减小或避免由于高的应力作用导致永久变形。轴承工作时，滚动体与内、外圈的接触面积很小，但承受载荷大。为了防止在高载荷作用下发生过大的塑性变形，以致破坏轴承的精度和引起表面裂纹，要求轴承钢热处理后具有高的弹性极限。轴承在工作时，还承受一定的冲击载荷，因此要求轴承钢热处理后要有一定的韧性，以保证不因承受冲击载荷而破坏。

4）良好的尺寸稳定性。滚动轴承是精密零件，其精度以微米为计算单位。在长时间的保存及使用中，要求其尺寸不发生变化，尤其是对于精密级和超精密级轴承，因此，轴承钢应具有良好的尺寸稳定性。

5）一定的防锈能力。由于滚动轴承的生产工序繁多，周期长，而成品有的需要长期存放，易与空气和其他介质接触，故要求轴承钢具有一定的抗锈蚀性能，以便轴承零件在生产和存放过程中不致锈蚀。

6）良好的工艺性能。轴承生产过程中要经过多道冷、热加工工序，因此轴承钢还应具有良好的工艺性能。如冷、热成型性能，切削性能，磨削性能，热处理性能等，以适应大批量、高效率、高质量的生产需要。

7）其他性能。对于特殊条件下工作的轴承，还需要满足特殊的要求。如：高温下工作的轴承要耐高温（航空发动机主轴轴承）；强腐蚀环境下工作的轴承要具有耐蚀能力；强磁场下工作的轴承要具有强的抗磁性能。

为满足轴承使用的工况条件，首先应该选择正确的轴承钢成分，然后进行可靠的冶炼、加工、热处理，确保轴承在服役条件下具有较好的组织和性能，满足不同工况下的服役要求。一般轴承金相组织和性能包括：钢纯净度、晶粒度、硬度/强度、显微组织（贝氏体、铁素体、马氏体、珠光体、残留奥氏体）、残余应力、韧性。

1.4　轴承钢种类及材料要求

1.4.1　滚动轴承钢种类

滚动轴承品种高达 6 万多种，目前我国轴承行业使用的轴承钢总量超过 300 万 t/年。常用滚动轴承钢与合金及其应用范围见表1-1。

表 1-1　常用滚动轴承钢与合金及其应用范围

类别	牌号	材料规格	应用范围	最高工作温度/℃	采用标准
高碳铬轴承钢	G8Cr15	①圆钢、管、带、钢丝（圆盘条）、带热轧、锻制，退火或不退火 ②冷拉（银亮）圆钢、圆盘条均为退火材	①适用于通常工作条件下的套圈和滚动体 ②套圈壁厚≤25mm，滚子直径≤32mm，钢球直径≤50mm	轴承工作温度−60～120℃，当超过该温度时，需经特殊热处理（S_0、S_1、S_2、S_3、S_4等）	GB/T 18254—2016
	GCr15	①圆钢、管、带、钢丝（圆盘条），热轧、锻制，退火或不退火 ②冷拉（银亮）圆钢、圆盘条均为退火材	①适用于通常工作条件下的套圈和滚动体，在轴承生产中用量达95%以上 ②套圈壁厚≤25mm，滚子直径≤32mm，钢球直径≤50mm	轴承工作温度−60～120℃，当超过该温度时，需经特殊热处理（S_0、S_1、S_2、S_3、S_4等）	GB/T 18254—2016 GB/T 18579—2019 YB/T 4146—2016
	HGCr15	①圆钢、管、带、钢丝（圆盘条）、带热轧、锻制，退火或不退火 ②冷拉（银亮）圆钢、圆盘条均为退火材	适用于航空发动机主轴轴承，陀螺仪等长寿命、高可靠性轴承。采用（VIM＋VAR）双真空冶炼，钢中氧的质量分数≤9×10⁻⁶	轴承工作温度为−60～120℃，当超过该温度，需经特殊热处理（S_0、S_1、S_2、S_3、S_4等）	YB/T 4107—2000
	GCr15SiMn GCr15SiMo	热轧或锻制圆钢，退火或不退火	适用制造大型轴承套圈和滚子。GCr15SiMn，套圈壁厚＞25mm，滚子直径＞32mm，钢球直径＞45mm；GCr15SiMo，套圈壁厚＞40mm，滚子直径＞50mm，钢球直径＞80mm	轴承工作温度为−60～120℃，当超过该温度时，需经特殊热处理（S_0、S_1、S_2、S_3、S_4等）	GB/T 18254—2016
	GCr18Mo ZCr18Mo	热轧或锻制圆钢，退火或不退火材 $\phi80～\phi120mm$	用于制造准高速铁路客车车轴轴箱轴承内、外圈以及机车轴承 时速＞120～200km/h	−60～150	GB/T 18254—2016
渗碳轴承钢	G20CrMo	热轧圆钢，锻制、退火钢板	用于制造叉车门架用滚轮、链轮轴承外圈、外球面轴承用紧定螺钉、连杆支承用滚针和保持架组件、特殊用途冲压保持架和冲压滚针轴承外圈等	≤100	GB/T 3203—2016 GB/T 3077—2015
	G20CrNi2Mo	圆钢 $\phi80～\phi130mm$，热轧不退火	用于制造铁路货车车轴轴箱轴承的内、外圈，采用电渣重熔 时速≤120km/h	−60～100	YB/T 4100—1998

（续）

类别	牌号	材料规格	应用范围	最高工作温度/℃	采用标准
渗碳轴承钢	G20CrNi2Mo G10CrNi3Mo	圆钢、轴承毛坯	用于制造高冲击载荷轴承，如轧机用四列圆柱、圆锥滚子轴承等	≤100	GB/T 3203—2016
	16Cr2Ni4Mo	圆钢热轧、未退火	用于制造带安装法兰挡边特殊结构轴承套圈，如航空发动机轴承内、外圈等	≤100	
	20Cr 20CrMnTi	圆钢热轧，直径＜60mm，未退火	用于制造汽车万向节十字轴、万向节滚针轴承外圈、保持架等	≤100	GB/T 3077—2015
	15Mn	圆钢	用于制造汽车万向节轴承外圈	＜100	GB/T 699—2015
	08 10 15 15CrMo 20CrMo	钢板、钢带	用于制造冲压保持架、冲压滚针轴承外圈	＜100	GB/T 5213—2019 GB/T 3077—2015 GB/T 699—2015
不锈轴承钢	G65Cr14Mo G95Cr18 G102Cr8Mo	① 圆钢、锻制退火钢 ② 冷拉圆钢退火和钢丝	用于制造低温（-253℃）、腐蚀介质、高温下工作的轴承套圈和滚动体，在海水、河水、蒸馏水、浓硝酸、高温蒸气条件下工作的轴承，电渣重熔	-253～350	GB/T 3086—2019
	06Cr19Ni10 12Cr18Ni9 20Cr13 30Cr13 14Cr17Ni2	钢板、钢带、钢丝	用于制造耐蚀冲压保持架、铆钉、关节轴承套圈等	＜150	GB/T 20878—2007 GB/T 3280—2015 GB/T 1221—2007
高温轴承钢	G13Cr4Mo4Ni4V（高温渗碳钢）	圆钢热轧、冷拉条钢、锻制退火钢	用于高速（DN＞2.5×10⁶）、高温、高速航空发动机主轴轴承，在高速运转时产生高的离心力，避免由此而产生的切向拉应力引起轴套的裂纹扩展和断裂。用一般全淬透性轴承钢，如 Cr4MoV、Cr14Mo，在高转速下会产生套圈断裂，采用该钢完全解决上述问题，所以 G13Cr4Mo4Ni4V 是新型高速高温渗碳轴承钢。采用（VIM＋VAR）双真空冶炼高纯度钢	-60～350	GB/T 38936—2020

（续）

类别	牌号	材料规格	应用范围	最高工作温度/℃	采用标准
高温轴承钢	H8Cr4Mo4V（GCr4Mo4V）	① 热轧、锻制圆钢 ② 冷拉条钢，钢丝为退火状态	用于制造航空发动机主轴轴承耐高温套圈和滚动体，采用（VIM + VAR）熔炼高纯度钢	≤315	YB/T 4105—2000
	HCr14Mo4	① 热轧、锻制圆钢 ② 冷拉条钢，钢丝为退火状态	用于制造耐高温、耐蚀套圈和滚动体，电渣重熔	≤315	GB/T 38884—2020
	W18Cr4V	① 热轧、锻制圆钢 ② 冷拉条钢，钢丝为退火状态	用于制造航空发动机耐高温轴承套圈和滚动体	≤500	GB/T 9943—2008
	G20W10Cr3NiV（高温渗碳钢）	热轧、锻制未退火钢	用于制造航空发动机耐高温轴承套圈和滚动体	≤300	GB/T 38936—2020
	W9Cr4V2Mo	① 热轧、锻制圆钢 ② 冷拉钢（钢丝）为退火态	用于制造航空发动机主轴轴承耐高温轴承套圈和滚动体，如 WP – 15 发动机等	≤400	试制技术条件 电渣重熔
	GCrSiWA	热轧、锻制未退火钢	用于制造航空发动机耐高温轴承套圈和滚动体	≤200	试制技术条件
中碳轴承钢	GS5SiMoVA（52SiMoVA，50SiMoA）	① 热轧圆钢、锻制未退火钢 ② 冷拉条钢（圆盘条）为退火态	是我国自主开发的钢，用于制造石油、矿山三牙轮钻头钢球、圆柱滚子和井下动力钻具（螺杆、蜗轮）滚动轴承	≤150	
	G50CrNi	圆钢	耐冲击载荷下圆柱滚子	≤100	GB/T 3077—2015
	GCr10（40CrA）	带	用于螺旋滚子轴承中的滚子，用于轧钢机辊道辊子支承部位	≤100	GB/T 3077—2015 试制技术条件
	G50	圆钢热轧、锻制未退火钢	用于制造轿车、轻型车中第三代和第四代轮毂轴承套圈、等速万向节外圈和中间轴	≤100	GB/T 699—2015 GB/T 3077—2015 要求钢中氧的质量分数≤20 × 10⁻⁶
	G55				
	G70Mn				
	G45MnB				
特大型轴承钢	G42CrMo	调质或正火后表面淬火和回火	用于风力发电偏航、变桨转盘轴承及转盘轴承的套圈，也在矿山、工程机械、港口、龙门吊回转支承上应用	≤100	GB/T 3077—2015 GB/T 1299—2014
	G50Mn				
	G5CrMnMo				

（续）

类别	牌号	材料规格	应用范围	最高工作温度/℃	采用标准
特殊轴承用材及合金	00Cr40Ni55Al3	固溶状态，棒、条、丝	用于制造高真空、高温、防磁、耐蚀（抗硝酸、H_2S 介质、海水等）套圈和滚动体。它是抗 H_2S 专用轴承合金	≤450	试制技术条件 真空自耗
	Cr23Ni28Mo5 – Ti3Al	棒、条	用于制造高温高压水、低载荷无磁轴承套圈和滚动体	≤250	试制技术条件
	7Mn15Cr2Al3 – V2WMo	棒、条	用于1900大型板坯连铸机结晶器的无磁轴承套圈和滚动体	≤500	GB/T 1299—2014
	Mnelk – 500	棒、条、丝	用于制造抗氢氟酸、海水等介质中的轴承零件	≤200	试制技术条件
	GH3030	棒	用于制造高温工件条件下关节轴承套圈	≤500	YB/T 5351—2006
	L605				YB/T 5352—2006
	QBe2.0	棒、丝	用于制造高灵敏度无磁轴承	≤150	GB/T 5231—2022
保持架、铆钉支柱等用材	40CrNiMoA	棒	用于制造航空发动机主轴承中高温、高速实体保持架，较好地满足现代发动机轴承各项要求	≤300	GB/T 3077—2015
	ML15	丝，直径为0.8 ~8mm	用于制造保持架支柱和铆钉	≤100	YB/T 5144—2006
	ML20				
	0Cr19Ni10	丝、板、带、棒	用于制造耐蚀轴承保持架和铆钉、冲压保持架等	≤300	GB/T 3280—2015
	07Cr19Ni11Ti				
	12Cr13				
	20Cr13				
	30Cr13				
	40Cr13				
	08	钢板、带	用于制造冲压保持架（浪形、矩形、槽形、K形、M形）、挡盖、密封圈、防尘盖、冲压滚针轴承外圈	—	GB/T 699—2015 GB/T 5213—2019 GB/T 11253—2019
	10				
	15CrMo				
	20CrMo				
	15	条钢	用于制造碳钢钢球	—	GB/T 699—2015
	30	钢板、保持架毛坯、棒料	用于制造大型轴承实体保持架、带杆端的关节轴承以及碳钢轴承内外圈	≤100	GB/T 699—2015 GB/T 5213—2019
	35				
	45				

（续）

类别	牌号	材料规格	应用范围	最高工作温度/℃	采用标准
保持架、铆钉支柱等用材	T8A	钢带、钢丝	用于制造冲压冠形保持架、弹簧圈、防尘盖等	≤100	GB/T 1222—2016
	T9A				GB/T 1299—2014
	65Mn	钢带、丝	用于制造高弹性冲压保持架、推力型圈、销圈等	≤100	GB/T 1222—2016
	59-1 铅黄铜（HPb59-1）	棒、管	用于制造实体保持架	≤100	GB/T 5231—2022
	62 黄铜（H62）	带、板	用于制造冲压保持架	≤100	GB/T 2059—2017 GB/T 2040—2017
	6.5-0.1 锡青铜（QSn6.5-0.1）	板	用于制造冲压保持架	≤100	GB/T 2040—2017
	96 黄铜（H96）	毛细管	铆钉	≤100	GB/T 5231—2022
	二号铜（T2）	丝			
	三号铜（T3）	丝			
	2A11	管、棒	用于制造实体保持架、关节轴承套圈	≤150	GB/T 3190—2020
	2A12				
	10-3-1.5 铝青铜（QAl10-3-1.5）	管、棒	用于制造高速高温实体保持架，如航空发动机主轴轴承、铁路机车保持架等	≤200	GB/T 5231—2022 YS/T 622—2007 GB/T 1527—2017
	10-4-4 铝青铜（QAl10-4-4）				
	3.5-3-1.5 硅青铜（QSi3.5-3-1.5）				
	1-3 硅青铜（QSi1-3）	带、棒	用于制造冲压保持架、挡盖、关节轴承、套圈	≤100	GB/T 5231—2022 GB/T 2040—2017 GB/T 2059—2017

1.4.2 滚动轴承钢化学成分

我国高碳铬轴承钢标准为 GB/T 18254—2016《高碳铬轴承钢》和 GB/T 18579—2019《高碳铬轴承钢丝》，其牌号及化学成分见表1-2、表1-3 和表1-4。

表1-2 轴承钢的化学成分

牌号	化学成分（质量分数，%）				
	C	Si	Mn	Cr	Mo
G8Cr15	0.75 ~ 0.85	0.15 ~ 0.35	0.2 ~ 0.4	1.30 ~ 1.65	≤0.10
GCr15	0.95 ~ 1.05	0.15 ~ 0.35	0.25 ~ 0.45	1.40 ~ 1.65	≤0.10
GCr15SiMn	0.95 ~ 1.05	0.45 ~ 0.75	0.95 ~ 1.25	1.40 ~ 1.65	≤0.10
GCr15SiMo	0.95 ~ 1.05	0.65 ~ 0.85	0.20 ~ 0.40	1.40 ~ 1.70	0.30 ~ 0.40
GCr18Mo	0.95 ~ 1.05	0.20 ~ 0.40	0.20 ~ 0.40	1.65 ~ 1.95	0.15 ~ 0.25

表 1-3　钢中残余元素含量

冶金质量	化学成分（质量分数,%）										
	Ni	Cu	P	S	Ca	O①	Ti②	Al	As	As + Sn + Sb	Pb
	不大于										
优质钢	0.25	0.25	0.025	0.020	—	0.0012	0.0050	0.050	0.04	0.075	0.002
高级优质钢	0.25	0.25	0.020	0.020	0.0010	0.0009	0.0030	0.050	0.04	0.075	0.002
特级优质钢	0.25	0.25	0.015	0.015	0.0010	0.0006	0.0015	0.050	0.04	0.075	0.002

① 氧含量在钢坯或钢材上测定。

② 牌号 GCr15SiMn、GCr15SiMo、GCr18Mo 允许在三个等级基础上增加 0.0005%。

表 1-4　成品化学成分允许偏差

元素	化学成分（质量分数,%）										
	C	Si	Mn	Cr	P	S	Ni	Cu	Ti	Al	Mo
允许偏差	± 0.03	± 0.02	± 0.03	± 0.05	+ 0.0050	+ 0.0050	+ 0.030	+ 0.020	+ 0.00050	+ 0.0100	≤0.10 时，+ 0.01 >0.10 时，± 0.02

【拓展阅读】

　　钢常有"八大元素"和"五大元素"之说。钢是铁碳合金，除 Fe 和 C 外，还含有 Si、Mn、S、P、O、N 元素，此为"八大元素"。八大元素中的 C、Si、Mn、P 和 S 是钢中最重要，也是最基本的元素，被称为钢"五大元素"，其含量直接影响钢的性能。

1.4.3　合金元素及杂质在钢中的作用及影响

　　高碳铬轴承钢由碳、铬、硅、锰、硫、磷以及镍、铜、铅、锡、砷、铝等组成。碳、铬、硅、锰是人为加入钢中的，其他元素则以杂质形式存在。

　　（1）碳　碳是决定钢的性能的主要元素。滚动轴承零件在淬火和回火后，希望具有高的硬度、接触疲劳强度和耐磨性等，而碳是决定这些性能的主要因素。高碳铬轴承钢属于过共析钢。在同样硬度下，在马氏体基体上有均匀细小的碳化物存在，比单纯马氏体的耐磨性要高。为形成足够数量的碳化物，钢中的碳含量就不能太低，故碳含量要高。但过高的碳含量会增加碳化物分布的不均匀性（带状碳化物、网状碳化物和液析碳化物等），从而使力学性能降低，易形成大块状碳化物和碳化物偏析，增加钢的脆性，降低冲击韧性，故高碳铬轴承钢中的碳的质量分数为 0.95% ~ 1.05%。

　　在退火状态下，碳微量地溶入 α-Fe，其余与铬、铁形成碳化物（Fe，Cr）$_3$C。在淬火状态下，碳过饱和溶入马氏体内，并保留一定量的碳化物，使高碳铬轴承钢具有高硬度和耐磨性。

　　（2）铬　铬是决定轴承钢性能的主要元素。铬在钢中部分溶入铁素体中，另一部分进入渗碳体，置换其中部分铁原子，形成较稳定的合金渗碳体型碳化物（Fe，Cr）$_3$C。加热时，铬溶入奥氏体中，增加奥氏体的稳定性，使等温转变图线右移，提高钢的淬透性，并使 Ms 降低，增加淬火后的残留奥氏体含量。退火时，含铬的渗碳体聚集倾向较无铬渗碳体小，并易于球化，改善了钢中碳化物的分布状态，得到均匀分布的细粒状珠光体组织。铬使钢的晶粒细化，因为加热时铬阻碍碳在奥氏体中的扩散，使晶粒不易长大。因此，高碳铬轴承钢加热时的过热敏感性小，淬火后能获得较细的晶粒，从而提高力学性能。

钢中铬的质量分数范围为 0.35% ~ 1.95%，高碳铬轴承钢中铬的质量分数在 1.30% ~ 1.95% 范围内。含铬的合金渗碳体在淬火加热时溶解较慢，可以减少过热倾向，经过热处理以后，可得到较细的组织，碳化物能以细小质点均匀分布于钢中。铬也可以提高马氏体的耐低温回火性能，使得钢在淬火和低温回火后能得到均匀的和高的硬度，有效地提高钢的耐磨性和强度。当铬含量过高时，淬火后的残留奥氏体量增加，硬度降低。同时，在钢锭中由于浓度的起伏，形成复杂稳定的块状碳化物（Fe，Cr）$_7$C$_3$，增加了碳化物的不均匀性。在正常淬火温度下，碳化物不易溶入基体中，从而降低了钢的疲劳强度和冲击韧性。铬含量过低，淬透性较差，淬火后容易产生软点。

（3）锰　在 GCr15 钢中，锰（0.25% ~ 0.45%）是作为脱氧剂而残留在钢内的。GCr15SiMn 钢中，锰（0.95% ~ 1.25%）是作为合金元素加入的。它部分溶入铁素体，强化了铁素体，增加钢的强度和硬度。锰是较弱的碳化物形成元素，形成（Fe，Mn）$_3$C 型碳化物。它与含铬的碳化物不同，加热时极易溶入奥氏体中，并易使奥氏体晶粒粗大，即过热敏感性大，淬火时开裂倾向较大。回火时，碳化物也易析出和集聚。锰的加入可以提高轴承钢的淬透性和耐回火性能，使马氏体转变开始温度（Ms）降低，增加淬火后的残留奥氏体。但因轴承钢中的铬使锰引起的晶粒长大倾向减弱，锰的质量分数在 0.9% ~ 1.2% 时使轴承钢强度升高而不降低塑性，主要用于制造大型轴承零件。但是锰会增加钢的过热倾向，锰含量过大会使残留奥氏体含量过多，并增加淬火裂纹倾向。

（4）硅　在 GCr15 钢中，硅（0.15% ~ 0.35%）也是作为脱氧剂而残存下来的。而 GCr15SiMn 钢中的硅（0.45% ~ 0.75%）是作为合金元素加入的。硅在钢内不形成碳化物，而溶入固溶体中起固溶强化作用。硅的加入增加钢的强度、弹性极限、屈服极限和疲劳强度等。硅提高钢的淬透性、降低碳在铁素体中的扩散速度，因而，回火时析出的碳化物不易聚集，提高了钢的回火抗力。硅含量过高会影响钢的韧性，也会增加钢的过热敏感性、裂纹和脱碳倾向，并增加淬火钢中的残留奥氏体，影响零件尺寸稳定性。

（5）磷　磷是有害杂质。生铁中含磷，炼钢时未能除尽而残留在钢中。磷增加钢的偏析程度，因磷和铁易形成低熔点共晶体充填在已凝固的枝晶夹缝中，造成偏析。磷在铁素体中的扩散速度慢，故要获得均匀的组织是困难的。尽管高温长时间扩散退火，也难使成分达到均匀。因此，必须尽量降低钢中磷的含量。

磷在铁素体中，较其他元素有更强的强化能力，它使晶格扭曲，晶粒长大，脆性增加。在低温下使钢的塑性、韧性下降而变脆，即所谓冷脆现象。试验表明：当磷的质量分数从 0.025% 提高到 0.035% 时，钢的冲击韧性降低 15%，抗弯强度下降 18%，为此，规定高碳铬轴承钢中磷的质量分数应小于 0.025%。

（6）硫　硫是由生铁带入钢内的，也可能从炉气中进入钢中。硫和铁形成的硫化铁称为硫化物夹杂。硫和磷一样使钢发生严重偏析。其凝固温度范围较宽。硫不同于硅、锰、磷，几乎不溶于铁素体。硫与铁在固态下，即使硫的含量很少，也由于偏析，会形成低熔点的硫化铁。而硫化铁又与铁形成熔点更低的共晶体。此时，硫化铁以薄膜形式分布在铁素体晶界上，因而在热加工时会造成钢件的开裂。由于锰的加入，锰和硫形成高熔点硫化锰，而减少硫化铁的危害性。钢中硫化物夹杂的尺寸过大，使钢的韧性、塑性降低，并使工作面产生应力集中，造成过早的磨损和疲劳破坏，从而降低轴承的寿命。高碳铬轴承钢应将硫的质量分数控制在小于 0.020%。

（7）氧 氧的含量高低直接影响钢中夹杂物的多少，进而影响轴承钢的接触疲劳强度。有资料显示，钢中氧含量与额定疲劳寿命呈如下关系：

$$L_{10} = 372 [O]^{-1.6}$$

式中 $[O]$——钢中氧的质量分数（10^{-4}%）。

目前，各种先进的炼钢技术最重要的一直就是降低氧含量，氧的质量分数从 20 世纪 60 年代初的 30×10^{-6}，下降到现在的 $(3 \sim 5) \times 10^{-6}$，$L_{10}$ 是未采用真空脱气前的 30 倍以上。

（8）氢 氢一般是由锈蚀含水的炉料和浇注系统带入的。钢中含氢，会引起氢脆、白点等缺陷。所谓氢脆是指氢扩散到钢中的应力集中区，并间隙溶解到承受拉应力的晶格中，使其塑性下降到几乎等于零。所谓白点是指热轧钢坯中一种特殊的小裂纹，其形成主要是由氢脆和内应力共同作用的结果。因此降低钢液的氢含量，能有效防止氢脆和白点的产生。

（9）其他元素 钼在 GCr15SiMo 和 GCr18Mo 中作为合金元素加入，作用是提高淬透性和耐回火性能，细化组织，减小淬火变形，提高疲劳强度；镍为残留元素，它的增多会增加淬回火的残留奥氏体，降低硬度；铜可以引起时效硬化，影响长时间使用时轴承的精度，同时铜作为低熔点有色金属，使钢加热时容易形成表面裂纹。

GCr15 的使用量占轴承钢的绝大部分，多用于制造一般要求的微型、小型、中型和部分大型滚动轴承。当套圈壁厚 ≥12mm，滚子直径 ≥22mm，钢球直径 ≥50mm 时，多采用 GCr15SiMn 或 GCr15SiMo 制造。GCr18Mo 多用于制造下贝氏体淬火轴承。

1.4.4 高碳铬轴承钢的性能

（1）物理性能 高碳铬轴承钢的物理性能见表 1-5 和表 1-6。

表 1-5 高碳铬轴承钢的物理性能

牌号	临界温度/℃			热导率/[W/(m·K)]			线胀系数/(10^{-6}/℃)					弹性模量 E/GPa
	Ac_1	A_{cm}	Ar_1	100℃	800℃	900℃	100℃	200℃	300℃	400℃	500℃	
GCr15	750 ~ 795	900	710 ~ 689	38.78	34.8	31.4	11.4	12.4	13.4	13	13.7	210 ~ 220
GCr15SiMn	725 ~ 760	872	708									

表 1-6 GCr15 在不同加热速度下的临界温度

热处理状态	不同的加热速度下 Ac_1/℃					
	10℃/s	50℃/s	100℃/s	150℃/s	200℃/s	300℃/s
退火	785	820	835	850	860	860
淬火	760	775	790	800	810	815

（2）热加工工艺 高碳铬轴承钢热加工工艺见表 1-7。

（3）力学性能 由于高碳铬轴承钢需要在高强度状态下工作，所以淬火后，还必须进行回火。轴承钢的接触疲劳强度与退火状态下的力学性能不存在任何关系。对热轧退火钢材检查硬度，线材检查抗拉强度，只是为了保证高碳铬轴承钢的工艺性能，而不是其结构强度。高碳铬轴承钢的力学性能与最终热处理有关。随热处理规范的不同，其最终的力学性能也不同。

（4）切削加工性能　由于影响高碳铬轴承钢切削加工性能的因素较多，所以对高碳铬轴承钢的切削加工性能在轴承钢标准和技术条件中没有具体加以规定。但是，这项性能将由显微组织和硬度加以保证。

表 1-7　高碳铬轴承钢热加工工艺

牌号	名称	工序	加热温度/℃	终锻温度/℃	冷却方法
GCr15	套圈毛坯	半热冲	750～840	720	空冷
		锻造	1050～1100	830～860	风冷或喷雾冷却
		扩孔（直径≤120mm）	950～1000	830～860	风冷或喷雾冷却
		扩孔（直径>120～200mm）	980～1080	830～860	风冷或喷雾冷却
		扩孔（直径>200mm）	1000～1050	830～860	风冷或喷雾冷却
	钢球毛坯	低温冲球（直径>25～35mm）	730～750	—	空冷
		热冲球（直径>35～50mm）	810～840	700	空冷
		模锻球（直径>50mm）	1050～1100	830～860	散开空冷
GCr15SiMn	套圈毛坯	锻造	1050～1100	820～850	鼓风冷或散开空冷
		扩孔	1000～1050	820～850	鼓风冷或散开空冷
	钢球毛坯	锻造直径>50mm	1000～1050	820～850	散开空冷或喷雾冷却

1.4.5　高碳铬轴承钢的材料缺陷

轴承在使用过程中，因材料缺陷引起疲劳损害所占比例很大。为此，要达到轴承所要求的各种性能，保证使用寿命，必须了解材料缺陷的特征、形成原因及其对性能的影响。高碳铬轴承钢的材料缺陷有表面缺陷、低倍组织缺陷和高倍组织缺陷等。

（1）表面缺陷　一般对高碳铬轴承钢的棒材、钢管和线材的表面质量都有严格要求。在表面上不允许有破坏性的深层缺陷，对不太严重的浅层缺陷的深度也有具体规定。此外，规定棒料表面上不允许有锻造和轧制污物、气泡、裂纹、重皮、折叠、结疤以及钢锭或中间坯在改制时产生的其他缺陷。对于棒料和钢管表面上的压痕、麻点、划伤等轻微缺陷也规定了所允许的深度，否则在随后的机械加工、压力加工、热处理或轴承使用过程中会反映出来，从而影响轴承寿命。

（2）低倍组织缺陷　酸浸试样后，借助肉眼和 100 倍以下的放大镜观察到的缺陷称低倍组织缺陷。棒料的低倍组织中不得有缩孔残余、白点、裂纹、皮下气泡、过烧等有害缺陷，中心疏松、一般疏松、锭型偏析、中心偏析的合格级别及判定规则要符合 GB/T 18254—2016《高碳铬轴承钢》标准规定。因为这些缺陷会使钢材在冷、热塑性变形及热处理过程中产生裂纹，并在使用过程中导致零件的破坏。低倍组织缺陷如下：

1）偏析：钢中化学成分不均匀现象的总称，在浇注过程中，由于结晶和扩散过程中某些元素、气体和夹杂的聚集而造成。

① 树枝状偏析：经热酸蚀后，偏析呈树枝状。白色是树枝晶轴，其纯度较高，富集了高熔点磷、铬、镍、锰等元素。晶轴间黑色部分则富集较多杂质及低熔点元素。树枝状偏析使力学性能变坏，特别是使塑性、韧性下降。

② 方框形偏析：经酸蚀后，由密集暗色小点组成的偏析带。偏析带上主要是非金属夹杂物以及硫、磷等杂质。该偏析破坏了金属的连续性，降低了力学性能，使钢产生"冷脆"和"热脆"，增加钢的回火脆性，使钢件淬火后硬度不均匀，易产生裂纹、疲劳等，影响轴承使用寿命。

③ 点状偏析：经酸蚀后呈分散分布，形状、大小不同，略微凹陷的圆形或椭圆形的暗黑色小斑点。点状偏析中，夹杂物含量较高，碳和硫也超过正常含量。严重的点状偏析，易在斑点处产生应力集中，导致轴承早期疲劳破坏。

2）缩孔残余：缩孔是最后钢液凝固收缩时，得不到补充而在钢锭上部中心形成管状、喇叭状或分散的孔洞。缩孔残余是未切除干净的部分缩孔残留在钢内，形成孔洞或裂纹。严重的缩孔残余周围，往往伴有严重的疏松或偏析及夹杂物，并在纵向断口上，相应于缩孔处出现夹层。缩孔残余有时贯穿整个钢材，在锻造后形成内部裂纹。

3）疏松：经热酸蚀呈现暗黑色小点和孔隙。

① 一般疏松：钢锭结晶形成树枝状晶体，在晶间的低熔点液体最后凝固时，得不到补充，或是由于富集杂质以及气体逸出后产生孔隙。

② 中心疏松：钢锭浇注时，冷凝较慢，其形成过程与缩孔类似，但为许多分散、极小的缩孔，并在钢锭上部中心部位产生细小孔隙，有时和偏析、缩孔同时存在。

疏松反映了钢材组织的不致密性，使力学性能显著下降，淬火时易产生裂纹。因此，平锻机上使用的棒料不允许有严重的疏松，否则，致密性最差的部分就会位于套圈的工作表面。冷锻钢球时，条钢的中心部位被挤压到钢球表面上形成径向分布的两极区。若两极区的面积较大，且疏松较严重，则在两极区产生早期疲劳剥落的概率就会急剧增加。

4）气泡：钢液中含有过量的气体，凝固时未能逸出而在钢内形成的空隙。气泡的存在减小了钢材的有效截面，并易产生应力集中，大大降低了钢材的强度。

5）白点：氢气脱溶析集到疏松微孔中产生巨大压力，冷却过程中在 650 ~ 150℃ 范围内未缓冷，由于氢的压力及组织应力超过抗拉强度形成的裂纹。

高碳铬轴承钢中，白点的存在，使纵向伸长率、断面收缩率、冲击韧性急剧下降，而对横向性能的影响更为严重，故有白点的钢材不能使用。

高碳铬轴承钢形成白点的温度范围是 200 ~ 256℃。为保证不产生白点，直径或厚度大于 40mm 的锻件，应在 150 ~ 650℃ 范围内缓冷（埋在石灰中冷却）。

6）粗大非金属夹杂物：浇注时，被凝固在钢锭内的熔渣剥落到钢液中，以及浇注系统内壁的耐火材料未能浮出造成了非金属夹杂物。

7）发纹：由钢中的非金属夹杂物和气体形成的。夹杂物经变形加工后，再经酸蚀而脱落，形成细长的发纹。

8）显微孔隙：因钢锭轴心部分过烧造成的。在过烧区内，裂纹沿显微组织的偏析带取向。其形成的机理是：钢锭的轴心区内，由于碳和铬元素的富集，可能使亚稳定莱氏体区变形后形成的碳化物富集起来，轧制过程中会沿该区的非塑性流线方向形成裂纹。显微孔隙在低倍组织缺陷中危害性较大。这类缺陷一般出现在棒料的中心部位。为此，直径小于 60mm 的热轧棒料，不允许有显微孔隙，大尺寸热轧棒料，则限制在规定级别内。

（3）高倍组织缺陷　借助放大 100 倍以上的显微镜观察到的组织缺陷称为高倍组织缺陷。高碳铬轴承钢的高倍组织缺陷包括非金属夹杂物、碳化物不均匀性、球化组织、脱贫碳等。

1）非金属夹杂物。冶炼和浇注时，钢液内各成分间，或钢液与炉气、容器接触处在冷凝时，由于温度下降、溶解度减小而析出非金属夹杂物。钢中的非金属夹杂物反映了钢材的纯净度。

高碳铬轴承钢中的非金属夹杂物分为五类，即 A 类（硫化物）、B 类（氧化物）、C 类（硅酸盐）、D 类（球状氧化物类夹杂物）、DS 类（单颗粒球状类夹杂物）。非金属夹杂物按 GB/T 18254—2016 标准规定的方法检验和判定是否符合标准要求。B 类的脆性夹杂物破坏了钢基体的连续性，D 类的球状氧化物类夹杂物的膨胀系数小于钢基体，这两种夹杂物的破坏性尤甚于塑性夹杂物（A 类）。

A 类：钢中的硫化物（MnS 等）。硫化物有较好的塑性，因此也称塑性夹杂物，在钢中呈球状分布，压力加工时沿轧制方向呈连续的条状分布。硫化物如钢中的裂纹一样，破坏了金属基体的连续性，使力学性能下降，是夹杂物中对轴承寿命影响最小的一种。

B 类：氧化物（FeO、Al_2O_3、MnO、SiO_2 等）。氧化物硬而脆，塑性差，呈球状分布，也称脆性夹杂物。轧锻成材时，被压碎沿轧制方向伸长呈点链状。氧化物夹杂，破坏了金属的连续性，降低了强度及增大了表面粗糙度值；受反复应力作用时，成为应力集中的策源地，是轴承破坏的主要原因之一。

C 类：硅酸盐（硅酸亚铁、硅酸亚锰等）。硅酸盐夹杂物在显微镜下的光学特征是黑色或深灰色，在暗场下呈透明特征。玻璃质的硅酸盐塑性较好，在高温轧钢过程中球形夹杂物沿纵向变形延伸呈条状分布，具有延展性。硅酸盐夹杂物对轴承寿命的影响仅次于氧化物。因此，减少它的含量、控制尺寸、改变其分布状态是提高钢的纯净度和轴承寿命的重要途径。

D 类：球状氧化物类夹杂物。不变形，带角或圆形，形态比小，黑色或带蓝色，多为球形或不规则块状复合氧化物（如氧化铝、氧化硅、氧化铬及它们的复合夹杂物等），无规则分布的颗粒。

DS 类：单颗粒球状类夹杂物。DS 类夹杂物是圆形或近似圆形，直径大于 $13\mu m$ 的单颗粒夹杂物。大尺寸颗粒状夹杂物对钢使用性能影响较大，尤其是表面或皮下的大颗粒夹杂物部位受力后易产生应力集中，往往成为开裂源。

2）碳化物不均匀性。

① 碳化物液析。高碳铬轴承钢钢锭凝固时，通常会产生严重的宏观元素偏析，一般在最后凝固的区域溶质含量高，形成碳及合金元素富集区，甚至在其晶界附近达到共晶成分，凝固后出现莱氏体（非平衡的离异共晶）。浇注温度越高，锭坯越大，冷却越慢，莱氏体组织就越严重，特别是在 3 个晶粒的交界处。经轧制后，这种离异共晶碳化物大多呈白亮多角状的破碎小块，且沿轧制方向分布成链状或条状（图 1-4 和图 1-5），称为碳化物液析。液析碳化物与非金属夹杂物一样，被作为夹杂物来考核钢的纯净度。液析碳化物硬而脆，使钢的耐磨性下降。大块状碳化物易产生淬火裂纹，并导致轴承零件的组织和力学性能具有方向性，使轴承表面剥落和中心破裂，是疲劳破坏的起因。

碳化物液析经过长时间的高温扩散退火，原则上可以得到改善。原材料的碳化物液析，应根据 GB/T 18254—2016《高碳铬轴承钢》中的液析评级图片对比评定。

② 碳化物带状。钢锭在冷却时，由于冷却速度慢造成枝晶偏析，在枝晶间最后凝固的

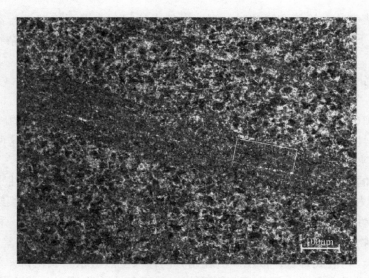

图 1-4　链状碳化物液析（100 ×）

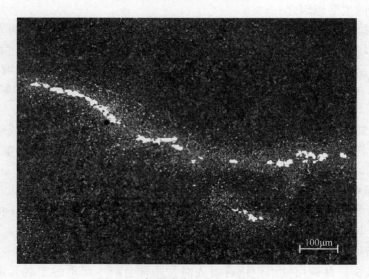

图 1-5　条状碳化物液析（100 ×）

部分富集着碳和铬等溶质元素，凝固后会析聚大量碳化物，进而形成粗大的一次碳化物，锻轧时破碎成小块状聚集状态，并沿变形方向排列成带状，称之为碳化物带状，如图 1-6 和图 1-7所示。

　　带状碳化物的存在，使钢的化学成分极不均匀（碳化物带上，碳的质量分数可达1.3% ~1.4%，铬的质量分数 >2%；碳化物带间，碳的质量分数 0.6% ~0.7%，铬的质量分数 <1.0%），直接影响热处理质量和轴承寿命，因此需要对其进行检验控制。检验时的取样、评级和验收均按照 GB/T 18254—2016《高碳铬轴承钢》标准的规定进行。

　　③ 碳化物网状。由于钢材停轧、停锻温度过高或退火时过热，并在 860 ~700℃温度范围冷却过慢，使二次碳化物沿奥氏体晶界析出，构成网状，称之为碳化物网状，如图 1-8

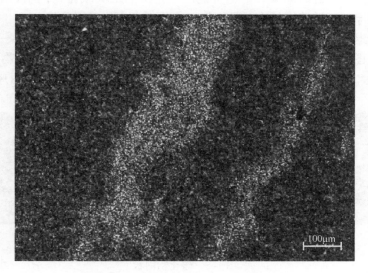

图 1-6 碳化物带状（一）（100×）

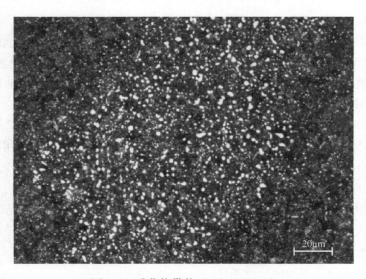

图 1-7 碳化物带状（二）（500×）

所示。

　　碳化物网状，不但降低钢的力学性能，在淬火过程中产生很大的组织应力，不仅易产生淬火变形和裂纹，还降低冲击韧性和接触疲劳强度。

　　碳化物网状的消除可以通过控制终轧或终锻温度，在轧制（终锻）后采用吹风冷却或喷雾冷却，以防止网状析出。在正常锻造后缓冷遗留下来的碳化物网状，网孔比较粗大，一般不影响晶粒内部珠光体的球化，淬回火组织正常。但停锻温度过高，冷却过缓，会形成特别粗大的网状，常规退火后不能消除，必须进行正火处理。粗大的碳化物网状可采用较高的正火温度，如 930~950℃加热正火消除，一般细的碳化物网状可以在 900~930℃加热正火消除。

退火温度过高，保温时间太长，也可能产生粗大的二次碳化物网状，其晶界碳化物粗大，网状比较肥厚，网孔范围较小，晶内组织球化不良，甚至不球化。

对原材料为退火状态交货的钢材，检查碳化物网状时，按 GB/T 18254—2016 标准中的碳化物网状评级图谱对比评定；对锻造毛坯球化退火后残留的二次碳化物网状，按 GB/T 34891—2017《滚动轴承　高碳铬轴承钢零件热处理技术条件》中规定的图片对比评定。

图 1-8　碳化物网状
a）淬回火碳化物网状（100×）　　b）铸造碳化物网状（100×）

3）球化组织。轴承钢主要有热轧、热轧退火、热锻、冷拉（拔）等，不同工艺状态下的材料，其内部具有不同的显微组织。由于高碳铬轴承钢的球化退火不仅能降低硬度，便于切削加工和冷压力加工，还能为最终热处理（淬火）做组织准备。一般轴承厂用的冷拉（拔）轴承钢在钢厂都经过球化退火，因此热轧退火及冷拉（拔）高碳铬轴承钢的球化退火质量直接影响到轴承零件的内在质量。

在对球化组织进行评定时，应按照 GB/T 18254—2016 标准规定的退火组织图片，在金相显微镜下放大 500 倍或 1000 倍评级，2～4 级为合格组织，1 级为欠热组织，5 级为过热组织，1 级和 5 级均为不合格组织。评级的原则是"以不允许出现片状珠光体组织"为主。标准中 5 个级别的图片说明如下：

1 级：碳化物颗粒细小，呈点状或细粒状弥散分布，局部有细片状珠光体组织。

2 级：细粒状珠光体加少量点状珠光体。

3 级：均匀的球状珠光体加极少量点状珠光体。

4 级：稍大的均匀分布的球状珠光体。

5 级：碳化物颗粒大小不均，颗粒圆度较差，分布不均，局部有明显粗片状珠光体组织。

4）脱、贫碳。钢材表面碳含量低于标准规定的含量。表面脱、贫碳，将使钢的表面硬度、强度降低，易产生淬火裂纹。脱碳层指纯脱碳层和半脱碳层的总和，其脱碳层深度检验，按相关的轴承钢标准（GB/T 18254 和 GB/T 18579）的规定和 GB/T 224—2019《钢的脱碳层深度测定法》进行评定。用冷拉钢制造的滚动体必须将脱、贫碳层去除后，方能投料。

表 1-8 所列为四大类轴承钢热处理工艺质量控制项目。

表 1-8　四大类轴承钢热处理工艺质量控制项目

轴承钢材料	热处理工艺质量控制项目		
	显微组织	力学性能	其他
高碳铬轴承钢	退火组织、马氏体淬火组织、贝氏体淬火组织、屈氏体组织、网状碳化物、脱碳层深度、平均晶粒度	硬度及均匀性（退火、淬火和回火）、压碎载荷、回火稳定性	残留奥氏体、软点、裂纹、变形量、酸洗
渗碳轴承钢	渗碳表层粗大碳化物、渗碳层网状碳化物、渗碳一次淬火后高温回火的渗碳层显微组织、渗碳一次淬回火后的渗碳表层组织、渗碳二次淬回火后的渗碳表层组织，心部显微组织，脱碳层深度，平均晶粒度	硬度及均匀性（表面和心部）、回火稳定性	表面碳含量、淬硬层深度、软点、裂纹、变形量、酸洗
不锈轴承钢	退火莱晶状碳化物组织、淬回火显微组织、脱碳层深度	硬度及均匀性（退火和淬回火）、压碎载荷	断口、软点、裂纹、耐蚀性、钢种混料、酸洗
高温轴承钢	淬火组织晶粒度、淬回火组织、平均晶粒度、脱碳层深度	硬度及均匀性（退火和淬回火）、压碎载荷、回火稳定性	断口、裂纹、变形量、酸洗

【讨论和习题】

1. 讨论

建议分组讨论，5 人左右为一组。各小组查阅资料并准备提纲，在讨论课上分享。

1.1　高档数控机床主轴轴承、航空发动机主轴轴承和风电主轴轴承服役工况是什么？分析应分别采用什么轴承钢材料以及该轴承钢材料应具备什么样的性能。

1.2　举例具体分析轴承材料缺陷（如非金属夹杂物、碳化物网状等）如何影响轴承性能。

1.3　异常白色组织剥落是目前轴承失效机理的第三种疲劳机理，查阅资料讨论分析异常白色组织的剥落导致轴承失效的机理并分析预防措施。

2. 习题

2.1　试述高碳铬轴承钢的化学成分，并简述合金元素在钢中的作用。

2.2　总结轴承钢有哪些材料缺陷。

2.3　总结轴承钢种类以及所制轴承的工作特点。

2.4　《团结就是力量》这首歌中有一句歌词"这力量是铁，这力量是钢，比铁还硬，比钢还强"，对于轴承钢来说，硬和强分别指什么？

第 2 章　高碳铬轴承钢热处理原理

【章前导读】

　　热处理可使钢在加热、保温及冷却过程中内部组织发生变化，那么钢在加热和冷却过程中组织到底是如何变化的？轴承钢（GCr15）在加热和冷却过程中与普通铁碳合金组织变化有何不同呢？

　　本章在铁碳相图基础上，分析 GCr15 轴承钢 Fe – C – Cr 特点，并进一步分析 GCr15 轴承钢在加热和冷却过程中组织转变情况以及回火过程中组织转变及应力变化情况。

　　钢的热处理是通过钢在固态下加热、保温、冷却过程中改变钢的内部组织结构，从而获得预期组织结构和性能的一种热加工工艺。热处理的特点是质量控制难度大；零件内部材料组织结构的变化无法直接观测；出厂时的质量检验无法全面反映质量状况；过程影响因素众多，交互作用复杂。热处理过程是在多物理场交互作用下进行的，常规热处理至少包含温度、相变、应力/应变三种物理场相互作用，如图 2-1 所示。

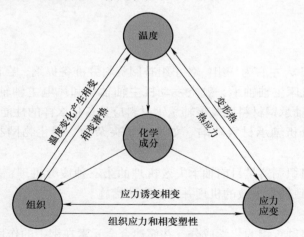

图 2-1　热处理过程中温度、相变和应力/应变作用关系

　　具体来说，物理场相互作用包括：①温度对相变的作用，即加热或冷却速度导致相变，尤其是冷却速度决定了获得何种组织；②相变对温度的作用，相变潜热释放会改变温度场，在大型锻件中尤其明显；③温度对应力的作用，较大温度梯度的存在往往造成不同部位的热胀冷缩不同步而产生热应力；④相变对应力的作用，由于相变产生不同组织的比体积不同会引起组织应力；⑤应力对相变的作用，热处理过程不可避免的应力对相变动力学有一定影响；⑥应力对温度的作用，应变产生塑性功发热影响温度场，相对来说，这部分的影响比较小。

　　金属热处理是机械制造中重要的工艺之一，也是热加工过程中最后一道工序。与铸造、锻压、焊接和切削工艺相比，热处理改变的不是零件的形状和尺寸，而是零件的内部组织结构，而一定的内部组织结构对应着一定的使用性能，使用性能直接决定着零件的使用寿命和可靠性，因此，内部组织转变——相变，是热处理基础。据统计，在机床制造中有 60% ~ 70% 的零件需要热处理，在汽车、拖拉机行业有 70% ~ 80% 的零件需要热处理。而滚动轴承 100% 需要热处理，轴承零件微观组织中的马氏体、碳化物、残留奥氏体的含量、形态等相互关联，使得性能出现强度提高伴随着韧性的降低，韧性提高则伴随尺寸稳定性下降，提高耐磨性却使脆性增大等现象。因此要掌握和制定热处理工艺，必须掌握钢的相变规律及其和工艺条件间的关系。

2.1　铁碳合金及相图

热处理的主要过程是加热、保温和冷却。通常无论在热处理过程中产品材料的化学成分是否变化，都会通过改变材料的力学性能或物理化学性能来达到产品需要的服役能力。不论最终获得何种组织，加热和保温过程中材料的组织都会向平衡或稳定的状态变化，因此要全面掌握热处理过程中材料性能的变化，首先必须熟悉材料的组织、成分和性能之间的关系。

【拓展阅读】

英国冶金学家罗伯茨·奥斯汀于 1899 年完成了第一幅铁碳相图的绘制。洛兹本首先在合金系统中应用吉布斯（Gibbs）定律，于 1990 年制定了较完整的铁碳相图，为现代热处理奠定了理论基础。

2.1.1　铁碳合金中的基本相

根据碳含量对铁碳合金分类，碳的质量分数小于 0.0218% 的铁碳合金称为纯铁；碳的质量分数为 0.0218% ~ 2.11% 的铁碳合金称为钢，碳的质量分数大于 2.11% 的铁碳合金是铸铁。

铁碳合金组织中结构相同、成分和性能均一，并以界面相互分开的组成部分称为相。铁碳合金的相是随着成分及温度的变化而不同的，但基本上都是由铁素体、奥氏体及渗碳体等基本相所组成。

1. 铁素体

碳溶于 $\alpha - Fe$ 或 $\delta - Fe$ 中所形成的间隙固溶体称为铁素体，以符号 F 表示。铁素体的晶格是体心立方晶格。这种晶格间隙分布较分散，间隙尺寸很小，因此溶碳能力较差，常温下碳的质量分数不超过 0.0008%，在 727℃ 时具有最大的溶解度为 0.0218%。因此，可以把铁素体近似看作纯铁。铁素体力学性能的特点是强度、硬度低而塑性、韧性高。在金相显微镜下，铁素体呈现具有明显晶界、大小不一的颗粒状结构，如图 2-2 所示。

【拓展阅读】

原子球塔是比利时 1958 年布鲁塞尔世界博览会建造的标志性建筑（见图 2-3）。原子球塔高 102m，重 2200t，包括 9 个直径为 18m 的球体，球体之间通过长 26m、直径为 3m 的不锈钢管连接，球体相当于铁原子，其相当于放大 1650 亿倍的 $\alpha - Fe$ 的体心立方晶格结构。

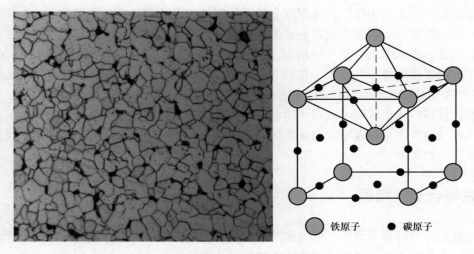

铁原子　　●　碳原子

图 2-2　铁素体显微组织及晶格结构示意图

2. 奥氏体

碳溶于 γ–Fe 形成的间隙固体称为奥氏体。常用符号 A 表示。奥氏体的晶格是面心立方晶格。由于面心立方晶格中原子间的间隙较大，有利于碳原子的溶入，故碳在奥氏体中的溶解能力较强。碳在奥氏体中的溶解度随温度升高而增加，在 1148℃ 时达到最大溶解度，碳的质量分数为 2.11%，随着温度的下降，溶解度逐渐减少，在 727℃ 时，其最大溶解度即碳的质量分数为 0.77%。奥氏体是高温相，只在 727～1495℃ 范围存在。由于奥氏体的溶碳能力比铁素体高，所以奥氏体的强度和硬度较铁素体高，且具有良好的

图 2-3　原子球塔

塑性，其硬度为 110～220HBW，伸长率为 40%～50%，因此奥氏体是硬度低而塑性高的相，易于压力加工。故绝大多数钢种在锻造热处理时，都要求加热到奥氏体状态，进而提高塑性，所谓"趁热打铁"就是这个道理。奥氏体的显微组织类似于铁素体，奥氏体晶粒呈多面体形，晶粒中常有孪晶出现。奥氏体的显微组织如图 2-4 所示。

【拓展阅读】

为了纪念在铁碳相图方面做出巨大贡献的英国冶金学家罗伯茨·奥斯汀（Roberts–Austen，1843—1902），法国人奥斯蒙将这种组织命名为奥氏体（Austenite）。

3. 渗碳体

当碳含量超过碳在铁中的溶解度时，多余的碳就会和铁以一定比例形成具有复杂晶格的间隙化合物，称为渗碳体，以符号 Fe_3C 表示，其碳的质量分数为 6.69%。渗碳体具有复杂的八面体结构，硬度很高，为 800～1000HV，可以划破玻璃，而塑性和冲击吸收能量几乎为零，强度很低，脆性大，因此不能单独使用。渗碳体是铁碳合金中的强化相，当渗碳体与其

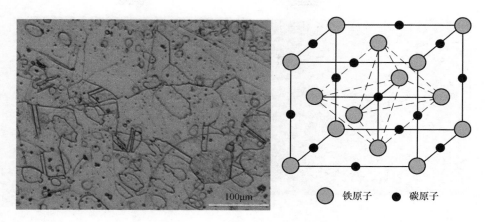

图 2-4　奥氏体金相及晶格示意图

他相共存构成机械混合物时，可以呈片状、网状、粒状或条状等，其大小、数量、形状及分布对钢的性能有很大影响。渗碳体显微组织如图 2-5 所示。

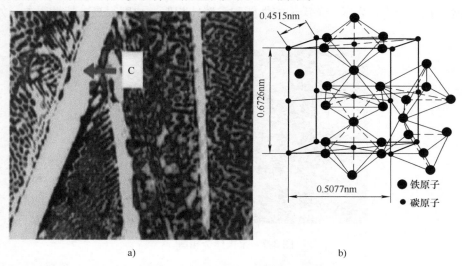

a)　　　　　　　　　　　　　　　　b)

图 2-5　渗碳体金相及晶格示意图
a）金相　b）晶格

4. 珠光体

铁素体和渗碳体组成的机械混合物称为珠光体，用符号 P 表示。珠光体是奥氏体在冷却过程中在 727℃恒温下共析转变得到的产物，铁素体与渗碳体片层状交替排列，平均碳的质量分数为 0.77%。珠光体中铁素体与渗碳体片层的粗细及形态，对其性能影响很大，因此又将片层粗细不同的珠光体分为普通片状珠光体（P）、索氏体（S）、屈氏体（T，也称为托氏体）。另外，将片状珠光体中的碳化物熔断后形成球状，得到球状珠光体。珠光体强度较高，硬度适中，有一定的塑性，如图 2-6 所示。

5. 莱氏体

莱氏体是由奥氏体或珠光体和渗碳体组成的机械混合物，平均碳的质量分数为 4.3%。在 1148℃时，从液体中结晶出奥氏体和渗碳体的机械混合物称为高温莱氏体，用符号 Ld 表

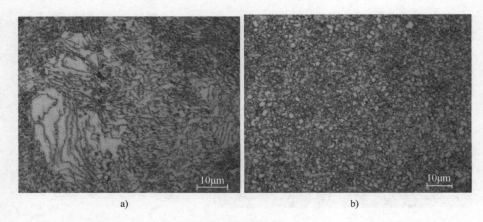

a)   b)

图 2-6 珠光体

a）片状珠光体 b）球状珠光体

示。由于奥氏体在727℃时转变为珠光体，所以室温时的莱氏体由珠光体和渗碳体组成，称为低温莱氏体，用符号 L′d 表示。莱氏体的性能和渗碳体相似，硬度很高、塑性很差，如图2-7所示。

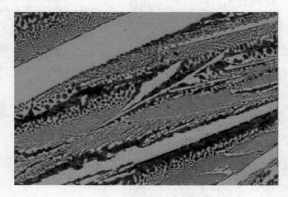

图 2-7 莱氏体金相图

铁素体、渗碳体和珠光体都是铁碳合金室温平衡组织中基本组成物，表2-1列出了它们的力学性能。可以看出：铁素体的塑性和韧性最好，硬度最低；珠光体的强度最高，塑性、韧性和硬度介于渗碳体和铁素体之间，综合力学性能最好。

表2-1 铁碳合金室温平衡组织中基本组成物的力学性能

名称	符号	结构特征	R_m/MPa	HBW	A（%）	KV/J
铁素体	F	碳在 $\alpha-Fe$ 中的固溶体（体心立方晶格）	230	80	50	
渗碳体	Fe_3C	铁和碳的化合物（复杂晶格）	30	800	≈0	≈0
珠光体	P	铁素体和渗碳体两相机械混合物	750	180	20～50	24～32

2.1.2 铁碳相图

铁碳相图是表示在极缓慢加热（或极缓慢冷却）情况下，不同成分的铁碳合金在不同温度时所具有的状态或组织的图形，可以表示平衡条件下铁碳合金的成分、温度和状态之间的关系和变化规律。铁碳相图是研究铁碳合金的组织与性能及其加工工艺的基础，也是制定铁碳合金热处理工艺的主要依据。虽然铁和碳可以形成 Fe_3C、Fe_2C、FeC 等化合物，但是具有使用价值的只有 $Fe-Fe_3C$ 部分。因此，本书只探讨 $Fe-Fe_3C$ 部分，如图 2-8 所示。

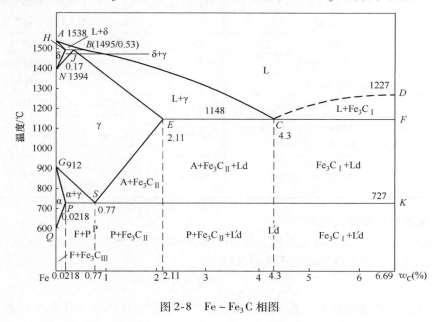

图 2-8　$Fe-Fe_3C$ 相图

1）特征点。$Fe-Fe_3C$ 相图中各特征点的意义、温度、碳含量见表 2-2。

表 2-2　$Fe-Fe_3C$ 相图中各特性点

特性点	温度/℃	碳的质量分数（%）	特征点的意义
A	1538	0	纯铁熔点
B	1495	0.53	包晶转变时，液态合金的成分
C	1148	4.30	共晶点及共晶合金的成分
D	≈1227	6.69	渗碳体的熔点
E	1148	2.11	碳在 γ 相中的最大溶解度
F	1148	6.69	共晶渗碳体的成分
G	912	0	$\alpha-Fe \rightleftharpoons \gamma-Fe$ 同素异构转变临界点
H	1495	0.09	碳在 δ 相中的最大溶解度
J	1495	0.17	包晶点
K	727	6.69	共析渗碳体的成分
N	1394	0	$\alpha-Fe \rightleftharpoons \delta-Fe$ 同素异构转变临界点
O	770	≈0.5	α 相磁性转变点（A_2）
P	727	0.0218	碳在 α 相中的最大溶解度
Q	0	≈0.0057	碳在 α 相中的溶解度
S	727	0.77	共析点

2）特征线。相图中的特征线是各不同成分的合金具有相同意义的临界点的连接线。Fe－Fe$_3$C 相图中各特征线的温度及意义见表 2-3。

表 2-3　Fe－Fe$_3$C 相图中的特征线

特征线	特征线的意义	特征线	特征线的意义
AB	δ 相的液相线	GS	γ 相向 α 相转变的开始温度线（A_3）
BC	γ 相的液相线	ES	碳在 γ 相中的溶解度线（A_{cm}）
CD	Fe$_3$C 相的液相线	PQ	碳在 α 相中的溶解度线
AH	δ 相的固相线	HJB	$L_B + δ_H \rightleftharpoons γ_J$ 包晶转变线
JE	γ 相的固相线	ECF	$L_C \rightleftharpoons γ_B + Fe_3C$ 共晶转变线
HN	碳在 δ 相中的溶解度线，也是 δ 相向 γ 相转变的开始温度线	PSK	$γ_S \rightleftharpoons α_F + Fe_3C$ 共析转变线（A_1）
JN	δ 相向 γ 相转变的终了温度线	GP	碳在 α 相中的溶解度线，也是 γ 相向 α 相转变的终了温度线

现对几条重要的特征线说明如下：

① 包晶转变线。1495℃的水平线 HJB 为包晶转变线，J 点为包晶点，1495℃是包晶温度。合金结晶时，在这条线上发生下述包晶转变：

$$L_{0.53} + δ_{0.09} \xrightleftharpoons{1495℃} A_{0.17}$$

包晶转变的产物是奥氏体。此转变在碳的质量分数为 0.09%～0.53% 的铁碳合金中发生。

② 共晶转变线。1148℃的 ECF 水平线是共晶转变线，C 点为共晶点，1148℃是共晶温度。碳的质量分数为 2.11%～6.69% 的合金液相在这条线上发生下述共晶转变：

$$L_{4.3} \xrightleftharpoons{1148℃} A_{2.11} + Fe_3C$$

共晶转变的产物是碳的质量分数为 2.11% 的奥氏体和渗碳体，产物称为莱氏体。

③ 共析转变线。727℃的 PSK 水平线是共析转变线，S 点为共析点，727℃是共析温度，用符号 A_1 表示。碳的质量分数大于 0.0218% 的铁碳合金在这条水平线上发生下述共析转变：

$$A_{0.77} \xrightleftharpoons{727℃} F_{0.0218} + Fe_3C$$

共析转变的产物是铁素体与渗碳体的机械混合物，称为珠光体。珠光体一般是铁素体与渗碳体以层片状相间分布而形成的机械混合物。由于珠光体中渗碳体的数量较铁素体少，所以珠光体中较厚的片是铁素体，较薄的片是渗碳体，片层排列方向相同的领域称为一个珠光体团。当放大倍数较高时，可以清晰地看到珠光体中平行排列分布的薄片渗碳体，如图 2-9 所示。PSK 线还表示各种成分的铁碳合金，在缓慢冷却（或加热）时，γ 相向 α 相转变的终了温度（或 α 相向

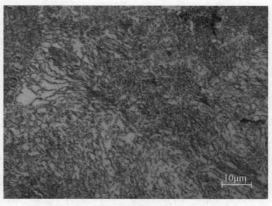

图 2-9　珠光体显微组织

γ 相转变的开始温度）。

以上三条水平线均处于三相平衡状态，反应过程为恒温转变过程。

④ ES 线。碳在奥氏体中的饱和溶解度曲线（固溶线），用符号 A_{cm} 表示。奥氏体最大溶解量位于 1148℃，可溶碳的质量分数为 2.11%。随着温度下降，奥氏体的溶碳量逐渐减少，727℃时，可溶碳的质量分数为 0.77%，过饱和的碳以渗碳体形式从奥氏体中析出。为了区别由液相中结晶出的一次渗碳体，以 Fe_3C_I 表示，将由奥氏体中析出的渗碳体称为二次渗碳体，以 Fe_3C_{II} 表示。

ES 线还表示，一定成分的铁碳合金在缓慢加热（或冷却）时，二次渗碳体完全固溶于奥氏体中的终了温度（或从奥氏体析出二次渗碳体的开始温度）。

⑤ GS 线。固溶体的同素异构转变线，也即冷却时奥氏体析出铁素体的开始线，加热时铁素体转变为奥氏体的终了线，用符号 A_3 表示。奥氏体与铁素体之间的转变是溶剂铁发生同素异构转变的结果，也称为固溶体的同素异构转变。只是固溶体的同素异构转变温度随溶碳量的增加而降低。

⑥ PQ 线。碳在铁素体中溶解度曲线，也称固溶线。随着温度的下降，碳在铁素体中的溶解度也随之减少，室温时几乎为零，铁素体中过饱和的碳以渗碳体形式从铁素体中析出，这种渗碳体称为三次渗碳体，以 Fe_3C_{III} 表示。

3）相区。简化后的 $Fe-Fe_3C$ 相图共有 11 个区，4 个单相区，5 个双相区，2 个三相区，具体见表 2-4。

表 2-4　$Fe-Fe_3C$ 相图的相区

单相区		双相区		三相区	
相区范围	相组成	相区范围	相组成	相区范围	相组成
ACD 线以上	液相（L）	AEC	液相 + 奥氏体（L + A）	ECF 线	液相 + 奥氏体 + 渗碳体（L + A + Fe_3C）
AESG	奥氏体相区（A）	CDF	液相 + 渗碳体（L + Fe_3C）		
GPQ	铁素体相区（F）	GSP	奥氏体 + 铁素体（A + F）	PSK 线	奥氏体 + 铁素体 + 渗碳体（A + F + Fe_3C）
DFK	渗碳体相区（Fe_3C）	EFKS	奥氏体 + 渗碳体（A + Fe_3C）		
		QPSK 线以下	铁素体 + 渗碳体（F + Fe_3C）		

2.1.3　典型合金钢结晶过程

（1）共析钢　碳的质量分数为 0.77% 的共析钢结晶过程如图 2-10 所示。当温度在 1 点以上时，合金全部为液体。当液态合金冷却至 1 点时，开始结晶，从液体中结晶出奥氏体。在 1~2 点之间，液态合金和奥氏体共存，随着温度的逐渐降低，结晶的奥氏体越来越多，此时液相成分沿 BC 线变化，奥氏体的成分沿 JE 线变化。冷却至 2 点时，合金全部结晶为碳的质量分数为 0.77% 的奥氏体。在 2~3 点之间，单相奥氏体缓慢冷却，组织不发生变化。当合金继续冷却至 3（S）点时（727℃），奥氏体发生共析转变，从奥氏体中同时析出铁素体和渗碳体的机械混合物珠光体。温度继续下降，共析转变结束后，奥氏体全部转变为珠光体。共析钢室温下的组织是由层片状的铁素体与渗碳体组成的珠光体。

在球化退火条件下，珠光体中的渗碳体呈粒状，称为粒状珠光体。

（2）亚共析钢　碳的质量分数为 0.028%~0.53% 的亚共析钢，缓冷至 1495℃时发生包晶转变。碳的质量分数为 0.53%～0.77% 的亚共析钢，缓冷时不发生包晶转变，而是直接从液相中结晶出奥氏体。碳的质量分数为 0.45% 的亚共析钢结晶过程示意图如图 2-11 所示。

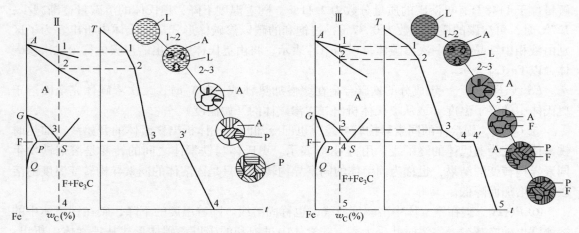

图 2-10　共析钢结晶过程示意图　　　　图 2-11　亚共析钢结晶过程示意图

在 3 点之前，亚共析钢结晶过程与共析钢类似。当缓冷至与 GS 线交点 3 点时，开始从奥氏体中析出铁素体，温度越低，铁素体数量越多，成分沿 GP 变化，奥氏体不断减少，成分沿 GS 线向共析成分接近。当缓冷至与 PSK 线的交点 4 点时，剩余奥氏体中的碳含量达到共析成分（碳的质量分数为 0.77%），剩余奥氏体发生共析转变，转变为珠光体。5 点以下至室温，合金组织不再发生变化。亚共析钢的室温组织由珠光体和铁素体组成。只是碳含量不同，珠光体和铁素体的比例也不同，碳含量越多，转变产物中的珠光体数量也越多。

（3）过共析钢　在 3 点之前，过共析钢结晶过程与共析钢类似，如图 2-12 所示。当缓冷到 3 点时，奥氏体中的碳的溶解度达到饱和，随着温度的降低，多余的碳以二次渗碳体形式析出，并以网状形式沿奥氏体晶界分布。随着温度的降低，二次渗碳体不断增多，奥氏体不断减少，其成分沿 ES 线向共析成分接近。当缓冷至 4 点时，达到共析成分（碳的质量分

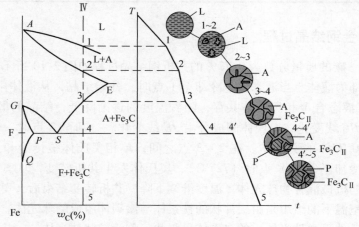

图 2-12　过共析钢结晶过程示意图

数为 0.77%）的剩余奥氏体发生共析转变，形成珠光体。温度继续下降，组织基本不发生变化，故室温下组织为珠光体与网状二次渗碳体。但是随着碳含量的增加，组织中的二次渗碳体相对含量增加，珠光体相对含量减少。

高碳铬轴承钢中碳的质量分数为 0.95% ~ 1.05%，属于过共析钢，其结晶过程类似于上述过共析钢转变。

（4）共晶白口铸铁　图 2-13 所示为碳的质量分数为 4.3% 的白口铸铁结晶过程示意图。温度在 1 点以上时全部为液相，当缓冷至 1 点时，发生共晶转变，结晶出成分为 E 点的奥氏体和成分为 F 点的渗碳体（共晶点 K），形成高温莱氏体。继续冷却，从共晶奥氏体中析出二次渗碳体，同时奥氏体中碳含量沿 ES 线逐渐减小，向共析成分接近。当缓冷至 2 点时，碳的质量分数达到 0.77%，剩余的奥氏体发生共析转变，转变为珠光体，分布在渗碳体的基体上，构成低温莱氏体（珠光体 + 二次渗碳体 + 共晶渗碳体）。温度继续下降，组织基本不发生变化。故共晶白口铸铁室温组织为低温莱氏体。图中黑色部分为珠光体，白色基体为渗碳体。二次渗碳体在珠光体周围，与共晶渗碳体连成一片，难于分辨。由于低温莱氏体基本相是渗碳体，所以低温莱氏体硬度高，塑性差。

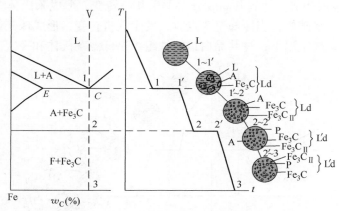

图 2-13　共晶白口铸铁结晶过程示意图

（5）亚共晶白口铸铁　图 2-14 所示为亚共晶白口铸铁结晶过程示意图。在温度 1 点以上全部为液相。缓冷至 1 点时，开始从液相中析出奥氏体。随温度下降，在 1 ~ 2 点之间，液相中析出奥氏体数量不断增加，成分沿 AE 线变化，剩余液相逐渐减少，成分沿 AC 线变化，向共晶成分接近。当缓冷至 2 点（1148℃），剩余液相成分达到共晶成分，发生共晶转变，形成莱氏体，此时成分是奥氏体和莱氏体。继续冷却，奥氏体中开始析出二次渗碳体，成分沿 ES 线向共析成分接近。随温度降低，二次渗碳体量不断增多，而奥氏体量逐渐减少。当冷却至 3 点时，达到共析成分的奥氏体发生共析反应，转变为珠光体。故室温组织由珠光体、二次渗碳体和低温莱氏体组成。所有亚共晶白口铸铁的冷却过程都与上述相似，其室温组织是珠光体、二次渗碳体和低温莱氏体。但随碳含量的增加，低温莱氏体量逐渐增多，其他量逐渐减少。

（6）过共晶白口铸铁　图 2-15 所示为过共晶白口铸铁结晶过程示意图。在 1 点以上全部为液相，当缓冷至 1 点时，开始从液相中结晶出板条状的渗碳体，这种由液相中结晶出来的渗碳体称为一次渗碳体。随着温度继续下降，在 1 ~ 2 点之间时，一次渗碳体量逐渐增多，

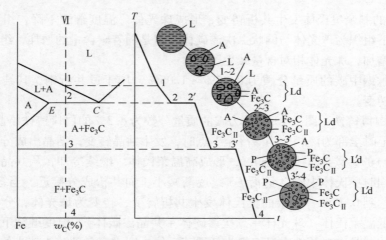

图 2-14 亚共晶白口铸铁结晶过程示意图

剩余液相中碳含量不断下降，成分沿 DC 线变化，向共晶成分接近。当冷却至 2 点温度（1148℃）时，剩余液相成分达到共晶成分而发生共晶转变，形成莱氏体。继续冷却，开始从奥氏体中析出二次渗碳体，当冷却至 3 点时，发生共析转变，形成珠光体，其冷却过程和共晶白口铸铁一样，故室温下，过共晶白口铸铁组织是低温莱氏体和一次渗碳体。

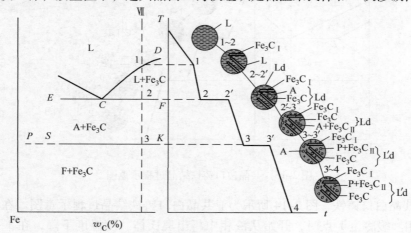

图 2-15 过共晶白口铸铁结晶过程示意图

铁碳合金金相平衡组织归纳见表 2-5。

表 2-5　铁碳合金金相平衡组织

名称	碳的质量分数（%）	平衡组织	
亚共析钢	0.0218 ~ 0.77	铁素体 + 珠光体	F + P
共析钢	0.77	珠光体	P
过共析钢	0.77 ~ 2.11	珠光体 + 二次渗碳体	P + Fe$_3$C$_{II}$
亚共晶白口铸铁	2.11 ~ 4.3	珠光体 + 二次渗碳体 + 低温莱氏体	P + Fe$_3$C$_{II}$ + L'd
共晶白口铸铁	4.3	低温莱氏体	L'd
过共晶白口铸铁	4.3 ~ 6.69	低温莱氏 + 一次渗碳体	L'd + Fe$_3$C$_{I}$

2.1.4　碳含量对铁碳合金组织的影响

碳是铁碳合金中影响合金性能的主要元素。在室温下，碳主要以渗碳体形式存在于合金中。因此，碳含量多少对合金的组织和性能有很大影响。碳含量越多，合金中渗碳体的数量就越多。合金的组织和性能也与渗碳体的形状、大小及分布情况有关。

1. 碳含量对平衡组织的影响

由 Fe – Fe₃C 相图可知，随着碳含量的增加，合金的室温组织变化如下：

$$F \rightarrow F + P \rightarrow P + Fe_3C_{\mathrm{II}} \rightarrow P + Fe_3C_{\mathrm{II}} + L'd \rightarrow L'd \rightarrow L'd + Fe_3C_{\mathrm{I}}$$

通过对典型铁碳合金结晶过程的分析可知，不同成分的铁碳合金，其室温组织不同，这些室温基本组织都是铁素体、珠光体、低温莱氏体和渗碳体中的某一种或两种。而珠光体是铁素体和渗碳体的机械混合物，低温莱氏体是珠光体、渗碳体的机械混合物。因此，铁碳合金室温组织都由铁素体和渗碳体两种基本相组成，只不过随着碳含量的增加，铁素体量逐渐减少，渗碳体量逐渐增多，并且渗碳体的形态、大小和分布也发生变化，如低温莱氏体中共晶渗碳体都比珠光体中的渗碳体粗大得多。正因为渗碳体的数量、形态、大小和分布不同，致使不同成分铁碳合金的室温组织及性能也不同。

2. 碳含量对力学性能的影响

铁碳合金在室温时的基本组织结构是铁素体、渗碳体和珠光体。根据合金碳含量的不同，铁和碳可以不同的形式结合。而铁碳合金的强度主要取决于珠光体的含量。在铁碳合金中，铁素体是软韧相，渗碳体是硬脆相，渗碳体以细片状分散地分布在铁素体的基体上组成珠光体时起了强化作用，因此珠光体有较高的强度和硬度。随着碳含量的增加，钢中珠光体的数量逐渐增多，钢的强度和硬度不断上升，而塑性和韧性不断下降。

在亚共析钢中，组织由铁素体和珠光体组成，随着碳含量的增加，珠光体逐渐增多，强度、硬度升高，而塑性、韧性下降。当碳的质量分数达到 0.77% 时，组织全部由片层状的珠光体组成，其性能就是珠光体的性能，片层状珠光体分布使共析钢的强度、硬度较亚共析钢高，但塑性、韧性下降。在过共析钢中，组织由珠光体和二次渗碳体组成，随着碳含量的增加，二次渗碳体的数量逐渐增加，增加了钢的硬度和脆性。当碳的质量分数接近 0.9% 时，强度达到最高值，碳含量继续增加，强度下降，这是因为脆性的二次渗碳体形成网状包围着珠光体组织，从而削弱了珠光体组织之间的联系，使钢的强度和韧性降低，如图 2-16 所示。

当渗碳体以基体形式存在时，合金硬度继续升高，而强度继续下降，塑性和韧性几乎为零。碳的质量分数大于 2.11% 的铁碳合金，又硬又脆，不适合做结构材料。因此为

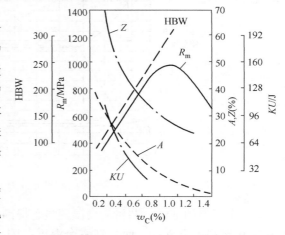

图 2-16　碳含量对合金力学性能影响

了保证工业上使用的铁碳合金具有适当的塑性和韧性，碳的质量分数一般不超过 1.3%。

硬度大小主要取决于组成相的数量和硬度。因此，随着碳含量的增加，硬而脆的渗碳体增多，软韧的铁素体减少，铁碳合金的硬度呈直线升高，而塑性下降。

冲击吸收能量对组织十分敏感。碳含量增加时，脆性的渗碳体增多，当出现网状的二次渗碳体时，韧性急剧下降。总体来看，韧性比塑性下降的趋势要大，如图 2-16 所示。

2.2 铬对相图的影响

轴承的服役性能在很大程度上取决于轴承钢的冶金水平，即钢中化学成分的均匀性，氧含量，非金属夹杂物的含量、类型、大小及分布，碳化物不均匀性以及低倍组织缺陷等。轴承钢制的轴承零件的热处理质量对轴承的使用性能和寿命也起着非常关键的作用，而轴承钢的组织转变对制定热处理工艺具有决定性的指导作用。

所有的铁碳合金，其组织状态图及其组织变化都是以 $Fe-Fe_3C$ 相图为基础的。GCr15 高碳铬轴承钢是碳的质量分数为 1% 左右、铬的质量分数为 1.5% 左右的碳钢，其本质仍为过共析钢。此外，GCr15SiMn 钢中还有合金元素硅和锰，它们对于 $Fe-Fe_3C$ 相图也会产生影响。$Fe-C-Cr$ 三元合金相图是立体图，研究比较复杂。为此，以铬的浓度保持恒定，取成分接近 GCr15 钢的竖直截面，简化为二元相图的形式。为了便于讨论，把这个竖直截面的某些特征点，也用 $Fe-Fe_3C$ 相图中类似点的同样字母来表示。

图 2-17 所示为铬的质量分数为 1.6% 的三元合金相图的竖直截面，也即变温截面图，其特点如下：

1）由于铬的加入，碳在奥氏体中的溶解度随之降低，因此，共析点（S 点）的碳的质量分数降低到 0.65%，而碳的最大溶解度降低到 1.5%（E 点）。

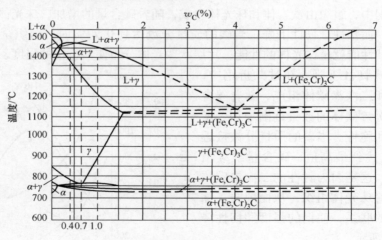

图 2-17　铬的质量分数为 1.6% 时 $Fe-C-Cr$ 相图

2）由于铬的加入，共析转变温变显著提高，奥氏体区域缩小，且共析转变温度不是在某一个恒定温度下进行，而是在一个温度范围 A_1'（相变开始温度）~ A_1''（相变结束温度）内完成的。在 $A_1' \sim A_1''$ 温度范围内，为珠光体、碳化物、奥氏体三相平衡区。其相成分不在一个竖直截面内变化，而是在立体图上沿两曲面交线变化；故竖直截面不能表示平衡相成分，也不能用杠杆定律求得各相的相对量。

3）铬的加入，限定两相区（a + γ）GS 线降低。由于 ES 线左移，故奥氏体区缩小，固相线 JE 线降低，使加热时出现过烧的温度较碳钢低。

4）铬的加入，钢中所含微量元素 Mn，一部分溶于固溶体，另一部分以渗碳体碳化物 (Fe, Cr, Mn)$_3$C 存在于钢中，其性质与 Fe$_3$C 相近，同时在回火时也比较容易分解出来。还有一部分 Mn 元素与 S 元素化合生成稳定的 MnS 夹杂物。另外，GCr15 钢中的碳化物 (Fe, Cr)$_3$C，当加热到 900℃ 左右时，几乎完全溶解到奥氏体中。GCr15 钢的临界温度见表 2-6。

表 2-6　GCr15 钢的临界温度　　　　　　　　　　　　　　（单位:℃）

Ac_1	Ar_1	Ac_{cm}	Ms
750 ~ 795	710 ~ 680	900	225 ~ 245

在 Fe – C – Cr 三元合金相图中，除通过上述垂直线截取恒定铬含量的（Fe – C 两组元）变温截面图来分析在缓慢变温过程中不同碳含量与各相区的变化关系之外，也可以竖直截取某一恒定碳含量的（Fe – Cr 两组元）变温截面图，如图 2-18 所示为碳的质量分数为 1.0% 的竖直截面图。该图近似地反映了 GCr15 在缓慢加热与冷却过程中发生的组织转变情况。

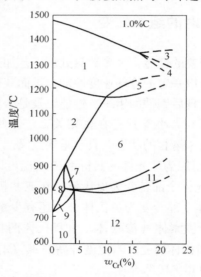

图 2-18　碳的质量分数为 1.0% 时 Fe – C – Cr 相图

1—L + γ　2—γ　3—L + α　4—L + α + γ　5—L + γ + Me7C3　6—γ + Me7C3　7—γ + Me3C + Me7C3

8—γ + Me3C　9—α + γ + Me3C　10—α + Me3C　11—α + γ + Me7C3　12—α + Me3C + Me7C3

在 Fe – C – Cr 三元合金中，渗碳体与铬形成置换式固溶体，而铬的碳化物与铁形成置换式固溶体。合金碳化物用 (Fe, Cr)$_3$C、(Cr, Fe)$_7$C$_3$ 和 (Cr, Fe)$_{23}$C$_7$ 表示。某种碳化物的出现和其中金属的溶解量都与合金中铬和碳的含量及温度有关。表 2-7 所列为第二种金属在碳化物中的极限溶解度。

另外，在 Fe – C 系和 Cr – C 系中，有三种碳化物即碳的质量分数为 6.69% 的 Fe$_3$C、碳的质量分数为 9% 的菱方铬碳化物 Cr$_7$C$_3$ 和碳的质量分数为 5.65% 的立方铬碳化物 Cr$_{23}$C$_7$。

高碳铬轴承钢在加入硅、锰合金元素后，其多元相图变得更复杂了。其中，硅的作用主

要是引起相变点 A_1、A_3、A_{cm} 升高，从而使相图的奥氏体区趋于封闭；锰的作用则是引起 S 点左移，并使 A_1、A_3 下降，A_{cm} 升高，造成奥氏体区扩大。钢中硅几乎全部溶入固溶体中，而锰除了一部分溶入固溶体，其余则形成渗碳体型碳化物（Fe，Cr，Mn）$_3$C。

表 2-7　第二种金属（Cr 或 Fe）饱和的碳化物成分

碳化物类型	温度/℃	质量分数（%）		
		C	Fe	Cr
Fe$_3$C	≤850	6.9	84	59.1
	1000	7	82	11
	1100	7.2	77.8	15
Cr$_7$C$_3$	≤900	8.5	55	56.5
	1000	8	39	53
	1100	8	42	50
Cr$_{23}$C$_7$	850~1150	5.5	28	66.5

2.3　高碳铬轴承钢加热时的组织转变

为使钢件热处理后获得需要的性能，大多数热处理工艺加热温度都高于临界温度，从而使钢具有奥氏体组织，然后再以一定的冷却速度冷却，进而获得需要的组织和性能。奥氏体化是热处理的第一步，且热处理后钢件的组织、性能以及是否易产生瑕疵，都与奥氏体组织形态（化学成分、均匀性、晶粒大小等）存在密切关系。因此，研究奥氏体形成规律，以便控制奥氏体的组织形态以及未溶相的状态，具有重要意义。

由 Fe－Fe$_3$C 相图可知，组织为珠光体的共析钢在 A_1 温度以下加热时，其相组成保持不变。当加热到 A_1 以上时，珠光体全部转变为奥氏体。在亚共析（过共析）钢中，当缓慢加热到 A_1 以上温度后，除珠光体全部转变为奥氏体外，还有少量先共析铁素体（渗碳体）转变为奥氏体。此时钢由先共析铁素体（渗碳体）和奥氏体两相组成。温度继续升高，先共析铁素体（渗碳体）不断向奥氏体转变，当温度升高到 A_3（A_{cm}）以上时，先共析相全部转变为奥氏体，此时钢中只有单相奥氏体存在。

上述转变过程只有在加热速度极其缓慢的情况下才能发生。而在实际加热速度下，其转变情况与相图有较大差别。如用较大的速度加热时，可以在亚共析钢中得到奥氏体和残留渗碳体。而根据相图，在亚共析钢中只有铁素体才能作为未溶解的过剩相保留，渗碳体是过共析钢的特征。由此可见，实际热处理加热时所发生的相变是非平衡的，用铁碳相图已无法全部说明。因此，为了掌握奥氏体的形成规律，必须研究奥氏体的形成机理。

2.3.1　奥氏体的形成机理

钢加热时组织转变的动力是奥氏体与旧相之间体积自由能之差 ΔG_V。而相变进行的条件是系统总的自由能的降低值 ΔG。根据相变理论，奥氏体形成晶核时，系统总自由能变化 ΔG 可由下式表示：

$$\Delta G = -\Delta G_V + \Delta G_s + \Delta G_e$$

式中　ΔG_s——形成奥氏体时所增加的表面能；

ΔG_e——形成奥氏体时所增加的应变能。

因奥氏体是在高温下形成，其相变应变能较小，粗略估计相变方向时，此项可以忽略。故奥氏体形成时系统自由能的变化可改写成：

$$\Delta G = -\Delta G_V + \Delta G_s$$

图 2-19 所示为共析钢奥氏体和珠光体的体积自由能随温度的变化曲线。其相交于 A_1点，在 A_1以上，奥氏体比珠光体自由能低，二者之差 ΔG_V就是在 A_1温度以上珠光体向奥氏体转变的动力。显然，在 A_1温度以下珠光体向奥氏体转变是不能发生的。只有在 A_1点以上，当珠光体向奥氏体转变的驱动力 ΔG_V能够克服因奥氏体的形成所增加的 ΔG 时，珠光体才有可能自发地形成奥氏体。所以，奥氏体的形成必须在一定的过热度（ΔT）下才能发生。

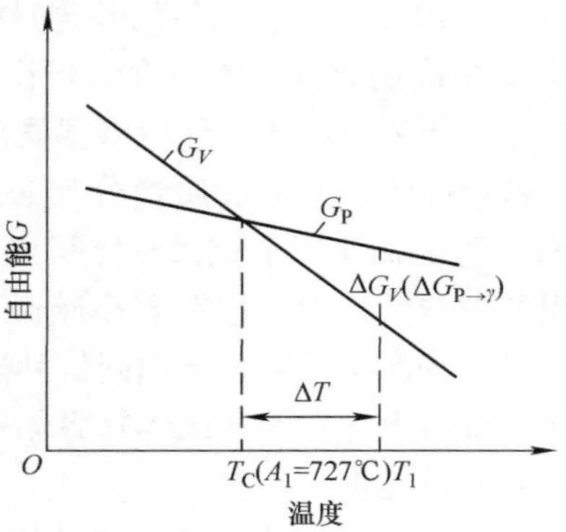

图 2-19　珠光体和奥氏体自由能随温度变化曲线

在实际热处理的加热情况下，相变是在不平衡的条件下完成的，其相变点与相图有一些差异。如前所述，实际相变总是在一定过热条件下完成的，因而相变温度必然会偏离铁碳相图上平衡临界温度。加热时相变温度偏向高温，冷却时偏向低温，称为“滞后”。随着加热温度的增加，奥氏体形成温度升高，偏离铁碳相图的临界点越远。为便于区别，用 Ac 和 Ar 分别表示实际加热和冷却时的临界温度，即 Ac_1、Ar_1，Ac_3、Ar_3，Ac_{cm}和 Ar_{cm}等。

根据铁碳相图，由铁素体和渗碳体两相组成的珠光体，加热到 Ac_1以上温度时要转变为单相奥氏体，即

$$(\mathrm{F} \quad + \quad \mathrm{Fe_3C}) \xrightarrow{Ac_1\text{以上加热}} \mathrm{A}$$

0.02%C	6.67%C	0.77%C
体心立方点阵	复杂斜方点阵	面心立方点阵

由于新形成的奥氏体和原来的铁素体及渗碳体的碳含量和点阵结构相差很大，因而奥氏体的形成是一个渗碳体的溶解，铁素体到奥氏体的点阵重构以及碳在奥氏体中扩散的过程。且奥氏体的形成符合一般相变规律，是通过成核和长大完成的。奥氏体的晶核优先在铁素体和渗碳体两相交界面处或在珠光体团的边界上形成，然后依靠吞噬其两边的铁素体和渗碳体长大。随着时间延长，奥氏体晶核不断增多，并逐渐长大到所有奥氏体晶粒相互接触为止。但是，在碳含量较高的共析钢和过共析钢中，当铁素体消失以后，原珠光体中还有部分渗碳体未溶解，未溶解的碳化物在保温过程中，不断向奥氏体中溶解直至消失。再继续延长保温时间，才能使奥氏体中碳均匀化。

由上所述，珠光体转变为奥氏体的整个过程可以看成是由三个基本过程组成，即奥氏体形成（包括成核及长大）、残留碳化物溶解和奥氏体成分的均匀化。

2.3.2 奥氏体晶核的形成和长大

2.3.2.1 奥氏体晶核的形成

奥氏体的成核方式，存在着扩散和无扩散两种观点。根据扩散观点，奥氏体的晶核是依靠系统内的能量起伏、浓度起伏和结构起伏形成的。

从铁碳相图上的 GS 线看出，铁素体和奥氏体平衡温度是随着碳含量的增加而下降的。当加热到 A_1 温度时，铁素体的碳含量极低（碳的质量分数约为 0.0218%），这样的铁素体应该在比 A_1 更高的温度才能转变为奥氏体。因此，不能把珠光体中奥氏体的形成简单归结为铁素体先转变为奥氏体，随后渗碳体再溶入奥氏体。按照铁碳相图，为了使铁素体转变为奥氏体，铁素体的最低碳的质量分数必须是：727℃时为 0.77%、780℃时为 0.4%、800℃时为 0.32% 等。而实际上钢微观体积内，由于碳原子的热运动而存在浓度起伏，因此平均碳浓度很低的铁素体中，存在着高碳微区，其碳浓度可能达到该温度下奥氏体能够稳定的程度，如果这些高碳微区因结构起伏和能量起伏而具有面心立方结构和足够能量时，就可能转变为在该温度下存在的奥氏体临界晶核。但是这些晶核要能够生存下来并长大，必须要有碳原子持续不断地供应。

奥氏体晶核易在铁素体和渗碳体相界面上形成，原因是：①在铁素体和渗碳体相界面上，碳原子浓度相差较大，有利于获得形成奥氏体晶核需要的碳浓度；②在铁素体和渗碳体两相界面处，因原子排列不规则，铁原子可能通过短程扩散由旧相结构向新相的结构转移，进而促进奥氏体成核；③两相界面处，杂质及其他晶体缺陷较多，不仅碳原子浓度较高，且具有较高的畸变能，如果新相在这些部位上成核，则有可能消除部分晶体缺陷，而使系统自由能降低。

GCr15 高碳铬轴承钢在实际加热条件下，提高了珠光体向奥氏体转变的开始温度，并且温度范围随等温转变的保温时间或连续加热速度而变化。

图 2-20 所示为采用定量金相法研究的 GCr15 珠光体向奥氏体转变动力学特性曲线。奥氏体的成核率 N 与长大速度 G 取决于转变温度，而转变温度又取决于加热温度。

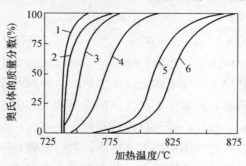

图 2-20 GCr15 珠光体转变为奥氏体的动力学特性曲线

1—保温 3h　2—保温 1h　3～6—以一定速度（℃/s）连续加热（3—0.07　4—0.25　5—3　6—9）

GCr15 钢奥氏体晶核是在铁素体和碳化物相界面上形成的，其成核率 N 与碳化物相表面大小成正比。珠光体基体中渗碳体弥散度越大，碳化物相表面积也越大。为此，片状珠光体间距越小，粒状珠光体中碳化物颗粒尺寸越小，其成核率越大。奥氏体晶核长大速度 G 取决于碳向奥氏体中的扩散速度，同样碳化物相弥散度越大，长大速度也越大。由于两个结晶参数（N、G）的增大，奥氏体的形成速度随着原始组织中碳化物相弥散度的增大而急剧增加。因此，高弥散度的点状和细片状或索氏体的转变终了温度，大大低于弥散度小的粗粒状、粗片状珠光体的转变终了温度。

奥氏体起始晶粒尺寸的大小，取决于结晶参数的比值 N/G。随 GCr15 钢加热速度的增加和转变温度的相应提高，成核率比晶核长大速度增加得稍快些。因此，增大原始组织的弥散度同样会使 N 大于 G。因而，提高加热速度，增加原始组织的弥散度，都会使起始晶粒细化。同样，如果由于碳化物相分布不均匀会造成带状碳化物，促使起始晶粒不均匀，碳化物富集区的起始晶粒比碳化物贫化区的起始晶粒要小。

2.3.2.2 奥氏体晶核的长大

奥氏体晶粒长大是通过铁素体与奥氏体之间的结构重组、渗碳体的溶解和碳在奥氏体中的扩散等过程进行的。

在珠光体中，当奥氏体晶核在铁素体和渗碳体两相界面间产生以后，形成了两个新的相界面，即奥氏体和铁素体及奥氏体和渗碳体的相界面，奥氏体的晶核依靠这两个相界面向原来的旧相铁素体和渗碳体中推移而长大。如果相界面是平直的，那么在 Ac_1 以上某一温度 T_1 时，相界面处各相中碳的浓度可由 $Fe-Fe_3C$ 相图来决定。

由于奥氏体的两个相界面之间碳浓度不等，就造成了浓度差，这样，奥氏体中的碳就要从高浓度的奥氏体－渗碳体相界面向低浓度的奥氏体－铁素体相界面扩散，此时破坏了在该温度（T_1）下相界面的浓度平衡。为了维持原来相界面的局部平衡，渗碳体必须溶入奥氏体以供应碳量，使其界面的碳浓度恢复到原水平。铁素体必须转变为奥氏体，同样使界面的碳浓度恢复到原水平。如此，奥氏体的相界面就自然地同时向渗碳体和铁素体中推移，使奥氏体不断长大。

此外，碳在奥氏体中扩散的同时，在铁素体中也进行着碳的扩散，这是因为在铁素体、奥氏体和渗碳体三相共存时，在铁素体中也存在着碳浓度差。尽管这种碳浓度差很小，但也会引起碳从铁素体－渗碳体相界面向铁素体－奥氏体相界面进行扩散，这种扩散也有促使奥氏体形成的作用。

加热温度对 GCr15 钢奥氏体晶粒长大的影响如图 2-21 所示。在未溶碳化物相区晶粒长大较慢，而在高温单相奥氏体相区晶粒长大较快，因为在高温区内碳化物质点对晶界迁移的阻碍作用消失。关于 GCr15 钢奥氏体晶粒大小与开始长大时的加热温度和加热速度的关系，研究证明：在超过珠光体向奥氏体转变终了温度约 50℃（一般在 1100～1150℃）时，晶粒才开始长大。加热速度越快，温度对晶粒大小的影响越小。图 2-22 所示为加热速度对 GCr15 钢晶粒大小的影响。

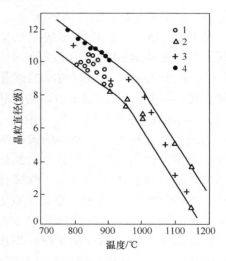

图 2-21 奥氏体晶粒尺寸的变化与加热
温度的关系曲线

1、2、3—GCr15 4—GCr15SiMn

2.3.2.3 碳化物相的溶解

在奥氏体晶核长大过程中，由于奥氏体与铁素体相界面处的碳浓度差远小于渗碳体和奥氏体相界面处的碳浓度差，奥氏体只需溶解一小部分渗碳体就会使奥氏体达到饱和，而必须溶解大量的铁素体，才能使奥氏体的碳含量趋于平衡，所以长大的奥氏体溶解铁素体的速度始终大于溶解渗碳体的速度，故在共析钢中铁素体总是先消失。

而按照相平衡理论，从铁碳相图可以看出，在高于 Ac_1 的温度刚刚形成的奥氏体，靠近渗碳体处的碳浓度高于共析成分较少，而靠近铁素体处的碳浓度低于共析成分较多（ES 线斜率较大，GS 线斜率较小）。由于珠光体中铁素体的含量远大于渗碳体含量（727℃时，碳的质量分数为 0.77%珠光体中，约有 11.3% 的渗碳体，而铁素体有 88.7%），所以当珠光体中的铁素体向奥氏体转变刚刚结束时，其碳含量低于共析成分，因此共析钢中的奥氏体刚形成时，必然有部分渗碳体残留下来，且随着温度升高，刚刚形成的奥氏体平均碳含量降低。如共析钢中，735℃时碳的质量分数为 0.77%，760℃时碳的质量分数为 0.69%，780℃时碳的质量分数为 0.61%，850℃时碳的质量分数为 0.517%，900℃时碳的质量分数为 0.46%，由此实际加热速度越大，钢中残留碳化物越多，只有继续加热或保温，残留碳化物才能逐渐溶解。

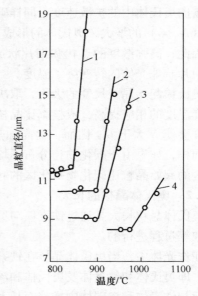

图 2-22 加热速度对 GCr15 钢晶粒大小的影响
1—加热后保温 40min 2—感应加热速度 3℃/s
3—感应加热速度 9℃/s 4—感应加热速度 40℃/s

对于 GCr15，在奥氏体形成刚结束的瞬间，奥氏体中碳的质量分数仅 0.4% ~ 0.5%（相当于 40% ~50% 的原始碳化物溶解在奥氏体中），还保留未溶解的片状碳化物，其厚度约为珠光体中的一小半。若原始组织是粒状珠光体，最小的渗碳体质点完全溶解，较粗大的质点减小。加热温度继续升高会使渗碳体片碎裂，渗碳体质点继续溶解。图 2-23 所示为原始组织为粒状珠光体的轴承钢，随奥氏体化温度的提高，奥氏体中碳含量的变化情况。当加热

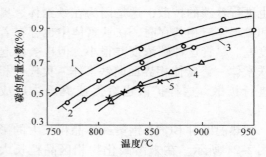

图 2-23 奥氏体中碳含量与加热温度及时间的关系
1—GCr15，3h 2—GCr15，1h 3—GCr15，30min
4—GCr15SiMn，20min 5—GCr15，以 3℃/s 的速度加热

速度提高时，奥氏体中的碳含量要在更高的温度下才达到同一饱和度。GCr15 钢的碳化物质点在奥氏体中溶解时，当碳化物质点大小不同时，溶解的线速度是一样的。同时，未溶碳化物的表面大小与其体积保持正比关系，而质点的平均直径由于碳化物的溶解所引起的变化很小。质点的尺寸、分散程度、分布不均匀性，随碳化物的溶解而产生的变化也很小。高碳铬轴承钢碳化物相成分的分析证实，在碳化物相溶解过程中，未溶碳化物相中的 Cr、Mn 含量

与退火钢中碳化物相的 Cr、Mn 含量无区别，与奥氏体温度无关，见表 2-8。

图 2-24 所示为 GCr15 和 GCr15SiMn 钢中奥氏体的铬和锰含量的变化与加热温度及加热时间关系曲线。

表 2-8　高碳铬轴承钢中碳化物相的成分

牌号	热处理状态	元素含量（质量分数,%）		
		C	Cr	Mn
GCr15	退火	6.5	8.7	1.5
	淬火	6.85	9.1	0.9
GCr15SiMn	退火	6.74	8.2	4.1
	淬火	6.78	8.2	3.2

2.3.2.4　奥氏体的均匀化

珠光体转变为奥氏体时，在残留渗碳体刚刚完全溶入奥氏体的情况下，碳在奥氏体内的分布是不均匀的。原来为渗碳体的区域，碳含量较高；而原来是铁素体的区域，碳含量较低。

这种碳含量的不均匀性随加热速度增大而愈加严重，如图 2-25 所示。因此，只有经继续加热或保温，借助碳原子的扩散，才能使整个奥氏体中碳的分布趋于均匀。

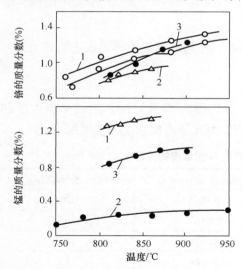

图 2-24　奥氏体中铬和锰含量与加热
温度及加热时间关系
1—GCr15，3h　2—GCr15，1h
3—GCr15SiMn，20min

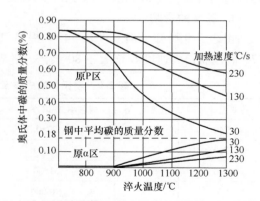

图 2-25　加热速度和温度对 0.18% 钢
奥氏体碳含量不均匀度的影响

共析碳钢的奥氏体等温形成过程，可以用图 2-26 形象地表示出来。图 2-26a 表示由铁素体和渗碳体两相组成的片状珠光体，图 2-26b、c 表示奥氏体成核及长大，图 2-26b、c、d 表示渗碳体溶解，图 2-26d、e 表示奥氏体成分均匀化。在共析钢中，当加热速度小于 10^4℃/s 时，珠光体向奥氏体的转变基本上是属于扩散型的。当加热速度大于 10^4℃/s 时，由于奥氏体的扩散成核和长大速度落后于加热速度，除一部分发生扩散转变外，余下的铁素体以无扩散的方式转变为奥氏体。

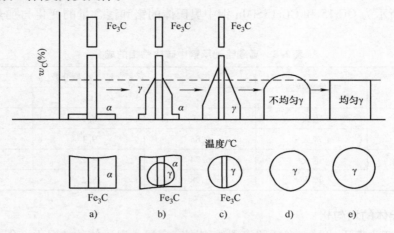

图 2-26 珠光体向奥氏体等温转变过程示意图

对于 GCr15 轴承钢，在实际加热情况下，由于加热速度较快，碳化物相的溶解速度和在奥氏体中碳扩散的影响使奥氏体中的碳产生明显的不均匀性。为此，要使奥氏体得到高的碳含量、铬含量及成分均匀，就必须加热到更高的温度和保证充足的保温时间。

2.3.3 影响奥氏体形成速度的因素

奥氏体的形成是靠晶核形成及长大来完成的，因此，一切影响奥氏体形成速度的因素都是通过对晶核的形成和长大速度的影响而起作用。

1. 温度的影响

由表 2-9 可知，当温度从 740℃ 提高到 800℃（过热度为 73℃）时，成核率增大了约 270 倍，而长大速度 G 增大了 80 余倍，随着温度升高，奥氏体形成速度迅速增加。

表 2-9 奥氏体的成核率 N 和长大速度 G 和温度的关系

转变温度/℃	过热度/℃	成核率 $N/(1/mm^2 \cdot s)$	长大速度 $G/(mm/s)$	转变一半所需时间/s
740	13	2280	0.0005	100
760	33	11000	0.01	9
780	53	51500	0.026	3
800	73	616000	0.041	1

注：过热度按 $A_1 = 727℃$ 计算。

在奥氏体均匀成核的条件下，成核率 N 和温度之间的关系可表示为

$$N = C'e^{-\frac{Q}{kT}}e^{-\frac{W}{kT}}$$

式中　C'——常数；

　　　Q——扩散激活能；

　　　T——绝对温度；

　　　k——玻耳兹曼常数；

　　　W——临界晶核形成功，在忽略应变能时有

$$W = A' \frac{\sigma^3}{\Delta G_V^2}$$

式中　σ——奥氏体与旧相的临界能（或者界面能）；

　　　ΔG_V——单位体积奥氏体和珠光体之间自由能之差；

　　　A'——常数。

由上式可知，当奥氏体形成温度升高时，一方面因温度的升高使成核率 N 以指数关系迅速增大；另一方面因 ΔG_V 增加，使晶核形成功 W 减小，而使奥氏体成核率进一步增大。此外，随着温度升高，原子扩散速度加快，不仅有利于铁素体向奥氏体的结构重组（点阵改组），而且促使渗碳体溶解，从而也加速奥氏体成核。

由于奥氏体是由碳浓度差很大的铁素体和渗碳体转变而成的。因此，随着温度升高，各相间碳浓度的变化对奥氏体形成也有影响。从 $Fe - Fe_3C$ 相图（见图 2-8）看出，随着温度升高，一方面与渗碳体相接触的铁素体的碳含量沿 QP 延长线增加，另一方面奥氏体在铁素体中成核时所需要的碳浓度沿 GS 线而降低，结果减小了奥氏体成核所需要的碳浓度起伏，因而促进了奥氏体成核。

2. 碳含量的影响

钢中碳含量越高，奥氏体形成速度越快。因为碳含量越高，碳化物越多，增加了铁素体与渗碳体的相界面，进而增加了奥氏体成核部位，因而在相同加热温度下奥氏体成核率增大。加之碳扩散距离的减小，也增大了奥氏体形成速度。同时，随着奥氏体中碳含量的增加，碳和铁原子的扩散系数增大，因而也加速了奥氏体的形成。图 2-27 表示不同碳含量下珠光体向奥氏体转变 50% 需要的时间。由图 2-27 可知，在 740℃时，碳的质量分数为 0.46% 的钢所需要的时间为 7min；碳的质量分数为 0.85% 的钢需 5min；而碳的质量分数为 1.35% 的钢仅需 2min。但是，在过共析钢中，随着碳含量的增加，由于碳化物数量过多，将使残留碳化物的溶解和奥氏体均匀化时间延长。

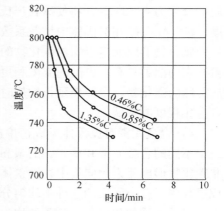

图 2-27　不同碳含量下珠光体向奥氏体转变 50% 需要的时间

3. 原始组织的影响

若钢成分相同，原始组织中碳化物弥散度越大，相界面越多，成核率便越大；珠光体层间距离越小，奥氏体中碳浓度梯度越大，扩散速度便越快；碳化物弥散度大使碳原子扩散距离缩短，奥氏体晶体长大速度增加。所以，原始组织越细，奥氏体形成速度越快。如在等温温度为 760℃时，若珠光体的层间距从 $0.5\mu m$ 减至 $0.1\mu m$，则奥氏体的长大速度增加近 7 倍。因此，当钢的成分相同时，若原始组织为屈氏体，则其奥氏体形成速度比原始组织为索氏体和珠光体时都快。粗珠光体的奥氏体形成速度最慢。

原始组织中碳化物的形状对奥氏体形成速度也有影响。粒状珠光体与片状珠光体相比，由于片状珠光体的相界面较大，渗碳体较薄，易于溶解，加热时奥氏体容易形成。从图 2-28 中可以看出，不论在高温还是在低温，原始组织为片状碳化物的奥氏体形成都慢。

通常，粒状珠光体与片状珠光体相比，前者残留碳化物的溶解和奥氏体均匀化都比较慢。

4. 合金元素的影响

（1）合金钢中奥氏体形成特点 合金元素的加入不会改变奥氏体的形成机理，但改变了碳化物的稳定性，影响了碳在奥氏体中的扩散系数，且许多合金元素在碳化物与基体之间分布是不均匀的。因此，合金元素将影响钢中奥氏体的形成、碳化物溶解和奥氏体均匀化的速度。

一般说来，合金元素影响碳在奥氏体中的扩散速度，首先是改变了碳在奥氏体中的扩散系数，其次是改变了碳在奥氏体中的有效浓度。

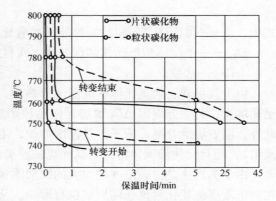

图 2-28 粒状和片状珠光体对奥氏体形成速度的影响（碳的质量分数为 0.9%）

1）强碳化物形成元素如 Cr、Mo、W、V、Nb 等会减小碳在奥氏体中的扩散系数（如加入质量分数为 3% 的 Mo 或 1% 的 W 可使碳在 $\gamma - Fe$ 中的扩散速度减半），因而大大推迟了珠光体转变为奥氏体的过程。Co、Ni、Mn、N、Cu 会增大碳在奥氏体中的扩散系数（如加入质量分数为 4% 的 Co，将使碳在奥氏体中扩散系数增加一倍），从而将增大奥氏体的形成速度。Si、Al 对碳在奥氏体中扩散系数影响不大，因此对奥氏体形成速度没有太大影响。

碳化物形成元素会增加碳化物的稳定性，使碳化物不易溶解，从而增加残留碳化物的数量。它的溶解只有在更高的温度和更长的时间下才能完成。如果碳化物聚集成大块状，或形成特殊的碳化物，则即使延长加热时间也不能使其充分溶解，因而将造成奥氏体中碳含量及合金化程度的降低。

2）合金元素对奥氏体形成速度的影响也受到合金碳化物溶入奥氏体的难易程度牵制。由于不同的合金元素和铁、碳的亲和力不同，因而它们在铁素体和碳化物中的分布也不同。非碳化物形成元素倾向集中在铁素体内；碳化物形成元素倾向集中在碳化物内。在奥氏体形成过程中，合金元素的这种不均匀分布，当残留碳化物完全溶解后，还明显地保留在奥氏体中。奥氏体均匀化过程，除碳的均匀化外，还包括合金元素的均匀化过程。由于合金元素在钢中的扩散速度大大落后于碳的扩散速度，所以合金钢奥氏体均匀化所需的时间比碳钢长得多。

3）合金元素的加入改变了临界点 A_1、A_3、A_{cm} 的位置，并使其成为一个温度范围。对一定的转变温度来说，改变临界点也就是改变了过热度，因而影响转变速度。如 Ni、Mn、Cu 等降低 A_1 点（扩大奥氏体区），增加了过热度，也就增大了奥氏体形成速度。而 Cr、Mo、Ti、Si、Al、W、V 等具有升高 A_1 点的作用（缩小奥氏体区），则相对降低了奥氏体的形成速度。

4）合金元素通过对原始组织的影响也影响奥氏体的形成速度。例如 Ni、Mn 等往往使珠光体细化，有利于奥氏体的形成。

此外，合金元素的加入还可以改变碳在奥氏体的溶解度，因而改变了相界面的浓度差及碳在奥氏体中的浓度梯度。

（2）合金钢中奥氏体均匀化 合金元素在钢的原始组织各相（铁素体及碳化物）中的

分布是不均匀的。如在退火状态下，碳化物形成元素主要集中在碳化物相中，而非碳化物形成元素则主要集中在铁素体中。可见强碳化物形成元素（W、V、Mo）几乎全部集中在碳化物中，非碳化物形成元素（Co）几乎全部集中在铁素体中。中强碳化物元素（Cr）在铁素体和碳化物中分布大体相同。但是，如果钢中没有比 Cr 更强的碳化物形成元素存在时，Cr 主要集中在碳化物中。合金元素的这种不均匀分布，一直到碳化物溶解完毕，还显著地保留在钢中。因而合金钢奥氏体形成后，除碳的均匀化外，还进行着合金元素的均匀化。合金元素的扩散比碳困难，如在 1000℃时，碳在奥氏体中的扩散系数为 $1 \times 10^{-7} \, \text{cm}^3/\text{s}$，而合金元素在奥氏体中的扩散系数只有 $1 \times 10^{-10} \sim 1 \times 10^{-11} \, \text{cm}^3/\text{s}$。在其他条件相同时，碳在奥氏体中的扩散速度比合金元素的扩散速度大 1000～10000 倍。此外，碳化物形成元素减小了碳在奥氏体中的扩散速度，这将降低碳的均匀化速度。因而合金钢均匀化所需的时间常常比碳钢长。因此对含 Cr、W、Mo、V、Ti 等碳化物形成元素的合金钢，如果形成了难溶解的特殊碳化物，则在加热后保温时间不足时，将会得到成分不均匀的奥氏体。此时，合金元素将主要集中在未溶解的碳化物及其周围的奥氏体中，淬火后就会得到成分不均匀的马氏体，这就不能充分发挥合金元素的作用，而且可能保证不了应有的淬透性。这些都有可能降低钢在热处理后的性能。

2.3.4　奥氏体晶粒度及影响因素

钢奥氏体化的目的是获得成分比较均匀、晶粒大小一定的奥氏体组织。在大多数情况下，希望得到细小的奥氏体晶粒。特殊情况下，也需要得到相对较大的奥氏体晶粒。为了获得所期望的奥氏体晶粒，必须弄清楚奥氏体晶粒度的概念及影响因素。

1. 奥氏体晶粒度

晶粒度是表示晶粒大小的一种尺度，对钢来说，一般是指奥氏体化后的实际晶粒大小。一般将晶粒度分为三种。

1) 起始晶粒度：在临界温度以上，奥氏体形成刚刚完成，其晶粒边界刚刚相互接触时的晶粒大小。

2) 实际晶粒度：在某一热处理条件下所得到的晶粒尺寸。实际晶粒度基本上决定了钢在实际热处理时的晶粒大小。

3) 本质晶粒度：根据标准试验方法，在（930±10）℃保温足够时间（3～8h）后测定的钢中晶粒的大小。晶粒尺寸在 8 级评定标准中，1～4 级者称为本质粗晶粒钢，5～8 级者称为本质细晶粒钢。在奥氏体晶粒度 8 级评定标准中，1 级最粗，8 级最细。超过 8 级者如 10～12 级称为超细晶粒。

奥氏体起始晶粒的大小取决于奥氏体的成核率和长大速度。在 $1 \, \text{mm}^2$ 面积内的晶粒数目 n 与成核率 N 和长大速度 G 之间的关系可用下式表示：

$$n = 1.01 \sqrt{\frac{N}{G}}$$

由此看出，N/G 值越大，则 n 越大，即晶粒越细小。说明增大成核率或降低长大速度是获得细小奥氏体晶粒的重要途径。奥氏体的实际晶粒度既取决于钢材的本质晶粒度，又和实际加热条件（温度和时间）有关。通常，在一般加热速度下，加热温度越高，保温时间越长，最后得到的实际晶粒越粗大。

2. 影响奥氏体晶粒度的因素

奥氏体的起始晶粒度取决于成核率 N 和长大速度 G 的比值 N/G，值越大，奥氏体起始晶粒度越细小。在起始晶粒形成之后，钢的实际晶粒度则取决于奥氏体晶粒在继续保温或升温过程中的长大倾向。而奥氏体晶粒长大倾向又和起始晶粒的大小、均匀性以及晶界能有关。起始晶粒度越小，其大小越不均匀，晶界能越高，则其长大倾向越大。晶粒的长大主要表现为晶界的移动，它实质上就是原子在晶界附近的扩散。而上述的这些因素又受加热温度，保温时间，钢的成分及第二相颗粒性质、大小、多少，原始组织以及加热速度等的影响。

（1）加热温度和保温时间的影响　晶粒长大和原子的扩散密切相关，所以温度越高，相应的保温时间越长，奥氏体晶粒将越粗大。

奥氏体晶粒长大速度可表示为

$$v = K \cdot e^{-\frac{Q}{RT}} \cdot \frac{\sigma}{D}$$

式中　K——常数；

D——奥氏体晶粒平均直径；

R——气体常数（8.314J/mol·K）；

Q——晶界移动的激活能，或原子扩散跨越晶界的激活能；

σ——奥氏体与旧相临界能。

奥氏体晶粒长大速度除随温度升高呈指数关系增加外，还和晶界能及晶粒大小有关。温度升高，晶粒急剧长大。晶粒尺寸越小，晶界能越高，晶粒长大速度越大。当晶粒长大到一限度时，由于 D 增大，σ 减小，其长大速度将减慢。

为了得到一定的晶粒度，必须同时控制温度和保温时间，低温下保温时间的影响较小。高温下保温时间的作用在开始时较大，而后减弱。因此，加热温度升高，其保温时间应该相应缩短，这样才能获得较为细小的奥氏体晶粒。

（2）加热速度的影响　加热速度实质上是过热度的问题。加热速度越大，过热度越大，奥氏体实际形成温度越高。由于高温下奥氏体晶核形成速度和长大速度比值大，所以获得细小的起始晶粒度。在保证奥氏体成分较为均匀的前提下，快速加热和短时间保温能够获得细小的奥氏体晶粒。

（3）碳含量的影响　碳含量增加时（在碳含量不足以形成未溶解的碳化物时），奥氏体的晶粒长大倾向增大。当碳含量超过一定值时，由于未溶渗碳体质点在晶界上起了阻碍作用，晶粒长大倾向减小，因此过共析钢在 $Ac_1 \sim A_{cm}$ 之间加热时，可以保持较为细小的晶粒，而在相同温度下加热时共析钢的晶粒长大倾向（过热敏感度）最大。

（4）脱氧剂及合金元素的影响　用 Al 脱氧的钢，晶粒长大倾向小，属于本质细晶粒钢；而用 Si、Mn 脱氧的钢，晶粒长大倾向大，一般属于本质粗晶粒钢。

Al 能细化晶粒的主要原因是钢中含有大量难熔的六方点阵结构的 AlN，其弥散析出在晶界上阻碍了晶界移动，从而阻止了晶粒长大。但是，当钢中的残余 Al 含量超过一定数量时，奥氏体晶粒反而更易粗化。

用 Si、Mn 脱氧的钢，不能像 Al 那样生成稳定的高度弥散的第二相颗粒，因此没有阻止晶粒长大的作用。

在钢中加入适量的Ⅳ－B 族元素（Ti，Zr）和Ⅴ－B 族元素（V、Nb、Ta），有强烈细化晶粒、升高晶粒粗化温度的作用。因为这些元素是强碳、氮化物形成元素，在钢中形成熔点高、稳定性强、不易聚集长大的 NbC、NbN、Nb（C、N）等化合物，其弥散分布在晶界上，使晶粒难以长大，从而保持细小的晶粒。

此外，能产生稳定碳化物的元素如 W、Mo、Cr 等，也有细化晶粒的作用。Ni、Co、Cu 等稍有细化晶粒的作用，而 P、O 等则是粗化晶粒的元素。

按照阻碍奥氏体晶粒长大程度不同，可将合金元素分成如下几类：

1）强烈阻碍晶粒长大的：Nb、Zr、Ti、Ta、V、Al 等。

2）有中等阻碍作用的：W、Mo、Cr 等。

3）稍有阻碍或不起作用的：Cu、Ni、Co、Si 等。

4）增大晶粒长大倾向的：C（指溶入奥氏体中）、P、Mn、O 等。

（5）原始组织的影响　原始组织主要影响起始晶粒度。一般说来，原始组织越细，碳化物分散度越大，所得到的奥氏体起始晶粒就越细小。因此，和粗珠光体相比，细珠光体所获得的奥氏体起始晶粒总是比较细小而均匀的。

从晶粒长大原理可知，起始晶粒越细小，则钢的晶粒长大倾向性越大，即钢的过热敏感性越大，在生产上较难控制。这就是许多高碳工具钢采用碳化物分散度较小的球化退火组织作为淬火原始组织的原因之一。原始组织极细的钢，不可用过高的加热温度和长时间保温，而宜采用快速加热、短期保温的工艺方法。

在高碳铬轴承钢中，未溶的、处于晶界上高度弥散的碳化物和氮化铝质点对奥氏体晶粒长大起着机械阻碍作用。

试验研究了轴承钢中铝和氮对奥氏体晶粒大小及晶粒长大倾向的影响，如图 2-29 所示。铝和氮含量不同的电炉钢，在 850～925℃范围内加热，奥氏体晶粒稍有长大；在 925～1050℃范围内加热，晶粒长大很快；1050℃以上，晶粒长得更快，尤其是铝含量较低的钢。

氮含量较低的酸性平炉钢（含 0.004% N），加热到 900℃以上，晶粒开始较快长大；温度继续升高，晶粒急剧长大。长大倾向明显大于各种工艺冶炼的电炉钢。

高碳铬轴承钢的奥氏体晶粒长大过程大致可以分为以下两个阶段：

1）主要受碳化物溶解过程所控制阶段。925℃以下，钢中碳化物部分溶解，尚有不少未溶的碳化物质点，这些质点阻碍奥氏体晶界的迁

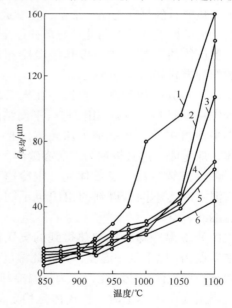

图 2-29　GCr15 钢中奥氏体晶粒大小（平均直径）与温度、铝含量及氮含量的关系

1—Al0.015%，N0.004%（酸性平炉钢）

2—Al0.019%，N0.008%（电炉钢）

3—Al0.023%，N0.009%（电炉钢）

4—Al0.038%，N0.009%（电炉钢）

5—Al0.043%，N0.010%（电炉钢）

6—Al0.043%，N0.016%（电炉钢）

移，阻止晶粒长大。氮化铝质点的影响并不突出。此阶段晶粒的长大行为与钢的冶炼方法、钢中铝与氮的含量关系并不密切。

2）受氮化铝的溶解和凝聚过程所控制阶段。925℃以上，钢中碳化物已基本溶解，甚至完全溶解，碳化物质点对晶粒长大的机械阻碍作用逐渐消失，此时阻碍晶粒长大的因素是未溶的氮化铝质点。随着氮化铝的溶解和凝聚过程的进行，奥氏体晶粒度变得越来越大。此阶段奥氏体晶粒的长大行为与钢的冶炼方法、钢中铝和氮的含量密切相关。

现实生产中，为了获得细小晶粒，对于原始组织中碳化物极为细小密集的钢，多采取快速短时的加热工艺。采用冷压力加工的方法生产钢材也可以使用热处理方法细化晶粒。近年来发展的快速加热－冷却多次循环热处理，利用快速加热提高奥氏体的成核率以及通过多次循环加热－冷却造成有利于成核的显微组织，从而达到奥氏体实际晶粒超细化，最终实现钢的强韧化。对于 GCr15 钢，为了提高细化效果，首先提高原始组织中碳化物的分散度，所以常以调质状态作为循环快速加热的预处理组织。

2.4 高碳铬轴承钢冷却时的组织转变

加热的目的是获得晶粒细小、化学成分均匀的奥氏体，冷却的目的是获得一定的组织以满足所需的性能要求，因此，冷却往往是钢热处理的关键。

奥氏体的冷却方式除极其缓慢冷却方式外，常用的两种方式如图 2-30 所示。

（1）极其缓慢冷却 奥氏体在极其缓慢的冷却过程中将按照 $Fe-Fe_3C$ 相图进行平衡结晶转变，其室温平衡组织是：共析钢为珠光体，亚共析钢为铁素体＋珠光体，过共析钢为二次渗碳体＋珠光体。

（2）连续冷却 奥氏体在一定冷速下连续冷却到室温，冷速不同，得到的组织也不同。方式有水冷、油冷、空冷。

（3）等温冷却 把加热得到的奥氏体迅速冷却到临界点 Ar_1 以下某一温度，并在此温度停留足够时间使过冷奥氏体完成转变，称为等温冷却转变。

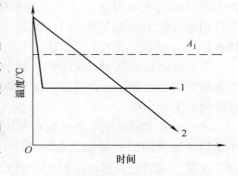

图 2-30 两种冷却方式示意图
1—等温冷却 2—连续冷却

当温度在 A_1 以上时，奥氏体是稳定的。当温度降低到 A_1 以下，奥氏体处于过冷状态，是不稳定的，将会发生组织转变，这种奥氏体称为过冷奥氏体。钢在冷却时的转变实质上是过冷奥氏体的转变。

2.4.1 无限缓慢冷却时的组织转变

高碳铬轴承钢缓慢冷却时的组织转变，可参照图 2-17 进行分析。当高碳铬轴承钢从加热至均匀奥氏体状态冷却到 A_{cm} 时，从富集碳和铬的奥氏体晶界处开始析出二次碳化物 $(Fe，Cr)_3C$，并沿晶界分布。冷至 A_1'' 时，发生共析转变即奥氏体向珠光体转变。随着温度的不断下降，奥氏体不断向珠光体转变，奥氏体数量不断减少，珠光体数量不断增加。当温度达 A_1' 时，奥氏体全部转变为珠光体。

值得注意的是，在温度 $A_1'\sim A_1''$ 范围内的某一温度停留都对应着一定量的奥氏体和珠光体，但其相对数量绝不能用杠杆定律来求得。

2.4.2　过冷奥氏体等温冷却转变

2.4.2.1　奥氏体等温转变曲线

过冷奥氏体等温转变时的转变量与等温时间之间关系的曲线，称为奥氏体等温转变曲线。其做法是将许多共析钢制成的小薄片圆试样（$\phi 10\text{mm}\times 1.5\text{mm}$），加热到 Ac_1 以上某一温度，使之获得均匀的奥氏体，然后将试样分别迅速投入不同温度（650℃、600℃、550℃、450℃、360℃…）的盐浴（或金属浴）中，进行等温转变，并测定奥氏体的转变开始与转变结束的时间，将其描绘在温度－时间坐标图上，再把奥氏体转变开始点、结束点分别连接起来得到曲线。通常，把曲线称为等温转变曲线，如图 2-31 所示。图 2-32 和图 2-33 为 GCr15 和 GCr15SiMn 钢等温转变曲线。

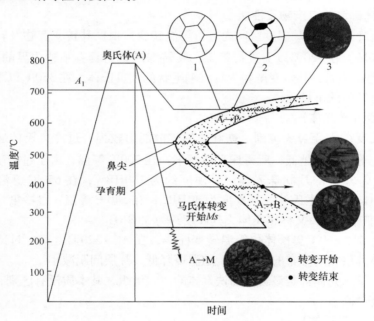

图 2-31　共析钢过冷奥氏体等温转变图

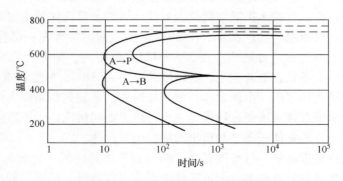

图 2-32　GCr15 过冷奥氏体等温转变曲线

【拓展阅读】

在 1929—1930 年，贝茵（EC. Bain）和达文波特（ES. Davenport）在研究奥氏体在不同温度条件下的转变过程中，发现了等温转变曲线，并以此阐明了钢的热处理的一般原理，而贝茵也因此成为钢铁热处理理论的奠基者。

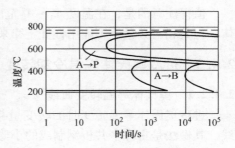

图 2-33　GCr15SiMn 钢等温转变曲线

对于高碳铬轴承钢，从图 2-32 和图 2-33 中可以看出，等温转变图也为珠光体区和贝氏体区。过冷奥氏体向珠光体转变在 600℃ 时稳定性最小。GCr15 钢过冷奥氏体向贝氏体转变分别在 450℃、400℃ 时稳定性最小，两类转变的最小稳定性时间大约相同（约 10s）。而 GCr15SiMn 钢，贝氏体的最小稳定时间大约在 5min。

2.4.2.2　奥氏体等温转变产物及性能

将奥氏体过冷至 $A_1 \sim Ms$ 温度区间内进行等温转变。根据其转变产物及转变温度大致可分为三个转变区域。在 520℃ 以上进行等温，其转变产物为具有平整边界的等轴状珠光体。在 400~500℃ 进行等温，其转变产物为具有羽毛状的上贝氏体。在 350℃ 以下进行等温，其转变产物为具有针状的下贝氏体。

1. 高温转变（珠光体）

高温转变温度在 A_1 至鼻尖范围。铁和碳的扩散能力较强，过冷奥氏体通过扩散型相变转变为珠光体。等温温度越低，所得珠光体越细。在 700℃ 等温，由于过冷度较小，所得的是片距为 0.4~0.5μm 的片状珠光体，其硬度约为 190HBW；在 650℃ 等温，得到片距为 0.25μm 的珠光体，又称索氏体，其硬度为 30HRC；在 540℃ 等温，过冷度增大，得到片距为 0.1μm 的极细珠光体，又称屈氏体，其硬度约为 38HRC。

对于 GCr15 钢，860℃ 奥氏体化等温转变曲线，在 $A_1 \sim 520℃$ 之间，过冷奥氏体产物为碳化物和铁素体片层相间分布的珠光体，随温度降低，片层间距减小。

总之，粗、细珠光体都是渗碳体和铁素体的片状组织，其本质没有区别，只是珠光体越细，强度和硬度越高。

2. 中温转变（贝氏体）

中温转变温度在 $520℃ \sim Ms$ 之间，铁和碳的扩散较困难，其中铁原子不能发生扩散，仅碳原子发生较小的位移，这种半扩散型转变为贝氏体转变。贝氏体是由过饱和的铁素体与碳化物组成的非片层状机械混合物。在 475~520℃ 温度范围内，首先一部分奥氏体转变为上贝氏体，随后按珠光体机理进行转变。在 375~475℃ 范围内，转变产物只有上贝氏体，该组织呈密集平行的白亮条状，形若羽毛，其硬度为 40~45HRC，塑性很差。

上贝氏体是一种两相组织，由铁素体和渗碳体组成，其领先相是铁素体，碳原子的扩散系数较小，碳原子由铁素体脱溶通过铁素体-奥氏体界面向奥氏体中扩散这个过程不能充分进行，结果碳化物便在铁素体板条之间析出而成为上贝氏体。

上贝氏体的形成温度越低，过冷度越大，新相和母相的体积（化学）自由能差值越大，所以形成了铁素体板条的数量越多。上贝氏体的形成温度越低，碳原子的扩散系数越小，上贝氏体中的渗碳体也就变得越小。

在 275~375℃ 范围内，开始阶段转变产物是下贝氏体，以后转变产物是上贝氏体。在 275℃~Ms 的温度下，转变产物是下贝氏体，该组织呈黑色竹叶状，其硬度为 45~55HRC，韧性较好。

下贝氏体形成时领先相也是铁素体。在下贝氏体转变时，温度更低，碳原子的扩散系数更小，碳原子在奥氏体中的扩散相当困难，而在铁素体中的短程扩散则尚可进行，结果使铁素体中碳的过饱和程度更大，并使碳原子在铁素体某些特定的晶面上偏聚，进而沉淀出碳化物。由此可见，下贝氏体中的碳化物一般只能析出在铁素体片的内部，并且排列成行，以一定的角度（一般为 55°~60°）与下贝氏体的长轴相交。

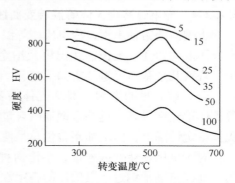

从珠光体区向贝氏体区过渡时，其转变机理的变化，反映在转变产物硬度的变化上，如图 2-34 所示。在珠光体区将转变温度降低到 535℃ 以下时，珠光体片距减小，硬度不断增加。再继续降低温度会使转变产物中出现大量上贝氏体。由于其组成物的弥散度比相同温度下形成的珠光体小，所以贝氏体的硬度低。因此，转变产物硬度开始下降，当贝氏体成为唯一的转变产物时，由于贝氏体中铁素体和碳化物弥散增大，降低转变温度又会使硬度提高。

图 2-34　GCr15 钢过冷奥氏体部分转变后淬火硬度（曲线上为转变百分数）

【拓展阅读】

贝茵发现，当奥氏体在珠光体和马氏体转变温度之间转变时会形成一种亚稳态微观组织，他将这种组织命名为贝氏体（Bainite）。

3. 低温转变（马氏体）

当以较快的冷却速度将奥氏体过冷到 Ms 以下时，其组织将转变为马氏体组织，称为马氏体转变。马氏体转变是强化钢铁材料的重要途径之一。由于马氏体的形成温度较低，过冷度很大，铁、碳原子难以扩散，所以马氏体转变时只发生 $\gamma - Fe \rightarrow \alpha - Fe$ 的晶格改组，是一种无扩散型转变。因此，马氏体与过冷奥氏体的碳含量相等。故马氏体是碳在 $\alpha - Fe$ 中的过饱和固溶体，是单相的亚稳组织。

马氏体为体心正方晶格，由于过饱和的碳原子的溶入，使其晶格常数 $a = b \neq c$，如图 2-35 所示。c/a 称为马氏体的正方度，马氏体中的碳含量越高，其正方度越大，晶格畸变越严重。

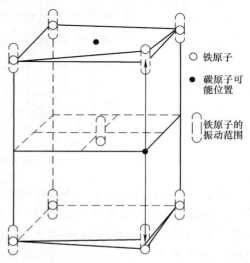

○ 铁原子

● 碳原子可能位置

▯ 铁原子的振动范围

2.4.2.3　过冷奥氏体等温转变的特点

由于钢种及奥氏体化条件不同，等温转变曲线的形状及其位置也不相同，但转变的基本规律

图 2-35　马氏体晶体结构示意图

大致相同，其特点如下：

1）当奥氏体过冷到临界点以下时，总要经过一定时间的间隔才开始转变，这段时间间隔称为孕育期。钢的成分不同，等温温度不同，孕育期长短也各不相同。

2）随着等温温度的降低，其孕育期先是缩短，到某一温度（鼻尖）后，又逐渐加长。处于鼻尖下的奥氏体最不稳定，极易分解，而且完成转变所需的时间最短。

2.4.2.4 影响过冷奥氏体等温转变曲线的因素

影响高碳铬轴承钢过冷奥氏体等温转变曲线的因素很多，如钢的成分、奥氏体的成分、奥氏体的均匀性、奥氏体化温度及冶金因素等。这些因素之间又互相影响。在复杂的因素中，现就几个基本因素分析如下：

（1）碳含量的影响 对珠光体转变区，亚共析钢随碳含量增加，将使整个曲线右移，奥氏体稳定性提高；过共析钢随碳含量增加，由于过剩碳化物质点增多，将使曲线左移，奥氏体稳定性降低，但增加碳含量总是使曲线"鼻尖"及 Ms 点下降。

对于贝氏体转变区来说，不论何种钢都随含碳量的增加而大大增加其稳定性。一般认为，高碳铬轴承钢过冷奥氏体的稳定性随奥氏体中碳浓度的增加而增大。

（2）合金元素的影响 铬、锰和硅都是增大过冷奥氏体的稳定性元素，使等温转变曲线右移。因为铬是形成碳化物的强元素，它还将使等温转变曲线珠光体转变区稳定的最小温度提高到650℃。过冷奥氏体在向珠光体和贝氏体转变前，先析出碳化物（图2-36虚线部分），甚至在淬火过程中，也不能防止过剩碳化物的析出。

由图2-37可知奥氏体化温度对GCr15钢的淬透性的影响，也清楚地看出过冷奥氏体的稳定性随奥氏体化的温度提高而增加。

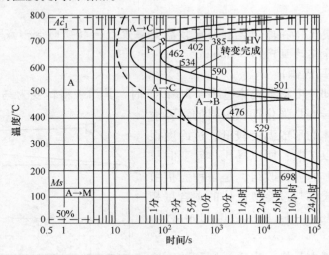

图 2-36 GCr15 钢等温转变曲线

当奥氏体中碳和铬的平均浓度相同时，过冷奥氏体的稳定性随其浓度不均匀性的增大而降低。例如，快速连续加热奥氏体时，出现很大的浓度梯度，使过冷奥氏体的稳定性降低。因此，当GCr15钢中奥氏体的平均成分相同时，快速加热淬火比缓慢加热淬火出现更多的屈氏体。如果在淬火后钢的组织中允许存在同样数量的屈氏体，那么，缩短奥氏体化时间，则需要提高奥氏体中碳和铬的浓度。表2-10列出了不同奥氏体化温度和时间，在淬火后获得

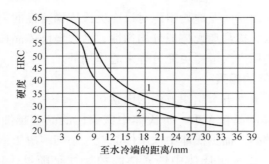

图 2-37　GCr15 钢不同奥氏体化温度对淬透性影响

1—850℃　2—820℃

1% 的屈氏体的条件下，对 GCr15 钢过冷奥氏体稳定性的影响。

表 2-10　奥氏体化温度、时间对 GCr15 钢过冷奥氏体稳定性的影响

奥氏体化温度/℃	835	915	925	950
保温时间/min	55	8.5	5.7	2.5
未溶碳化物数量（质量分数,%）	7.4	6.2	5.7	4.9
奥氏体碳含量（质量分数,%）	0.65	0.72	0.74	0.79

（3）加热温度和保温时间的影响　加热温度越高，保温时间越长，过冷奥氏体越稳定，等温转变曲线越向右移。这是因为加热温度越高，保温时间越长，奥氏体成分越均匀，晶粒越粗大，未溶质点减少，而使新相成核困难，使过冷奥氏体不易分解。

为此，即使同一成分的钢，加热温度或原组织的晶粒度不同，所测得的等温转变曲线也有较大区别。故钢的等温转变曲线都必须注明成分、加热温度和原始晶粒度。

图 2-38 为 GCr15 在 860℃ 和 1050℃ 奥氏体化后所测得的过冷奥氏体等温转变图。对比分析发现，当奥氏体化加热温度不同时，等温转变曲线形状和位置也存在显著差异。

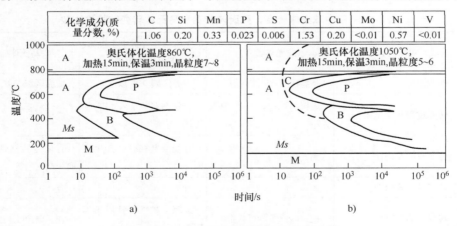

图 2-38　GCr15 钢过冷奥氏体等温转变图

（4）原始组织的影响　珠光体中原始碳化物颗粒越细小，分布越均匀，那么加热时就越容易溶解。奥氏体中合金成分均匀化程度提高，奥氏体稳定性增加。

关于奥氏体温度、保温时间及原始组织对过冷奥氏体稳定性的影响，主要是通过提高奥氏体碳含量及合金化浓度，提高奥氏体成分均匀性，增大奥氏体晶粒度，使得可作为新相结晶核心的碳化物、夹杂物质点溶解得更充分等来起作用的。

2.4.2.5　影响贝氏体性能的因素

贝氏体的强度取决于下列五个组织方面的因素：

（1）贝氏体中铁素体的晶粒大小　贝氏体中铁素体的晶粒越细，对位错运动的阻力越大，贝氏体的强度也就越高。而贝氏体中铁素体晶粒大小则取决于钢的化学成分和贝氏体形成的温度，尤其是后者。因为贝氏体中铁素体晶粒尺寸是随贝氏体形成温度的降低而减小的。

（2）碳化物的弥散度和分布状况　碳化物弥散度对下贝氏体强度的影响较大，但对上贝氏体的影响较小，原因在于上贝氏体中的碳化物分布不良，它分布在铁素体样板之间。贝氏体中碳化物的弥散度也与钢的化学成分，特别是与贝氏体形成温度有关。

（3）碳的固溶强化　随着贝氏体形成温度的降低，贝氏体的铁素体中碳的过饱和度是增加的，碳的固溶强化的作用也越来越明显。但与同一种钢的马氏体相比，贝氏体的铁素体中的碳含量要低得多，所以碳的固溶强化对强度所做的贡献也要小得多。关于碳的固溶强化的原因，部分是碳原子与刃型位错之间的相互作用，形成柯氏气团。

（4）合金元素的固溶强化　合金元素溶于贝氏体的铁素体中，对贝氏体的强度无疑是有作用的，但其作用比碳的固溶强化的作用要小些。

（5）位错密度　与一般的铁素体相比，上贝氏体和下贝氏体中铁素体的位错密度都比较高，其中尤以下贝氏体中铁素体的位错密度为甚。位错对贝氏体强度是有贡献的。

一般情况下，在这五方面的因素中，第一、二方面是主要的。

综上所述，随着贝氏体形成温度的降低，贝氏体中铁素体晶粒变细，铁素体中碳含量增加，碳化物的弥散度也增大。这三方面的因素都使贝氏体的强度增加。

现将钢中贝氏体转变、珠光体转变和马氏体转变的特性做一对比，见表2-11和表2-12。

表2-11　钢中珠光体转变、贝氏体转变和马氏体转变的特性比较

序号	对比内容	珠光体转变	贝氏体转变（以上贝氏体、下贝氏体为例）	马氏体转变
1	形成温度	高温区域（A_1以下）	中温区域（B_1以下）	低温区域（M_1以下）
2	转变过程及领先相	成核与长大，Fe_3C为领先相	成核与长大，α相为领先相	成核与长大
3	转变时的共格性	无共格性	有切变共格性，产生表面浮凸	有切变共格性，产生表面浮凸
4	转变时点阵切变	无	有	有
5	转变时的扩散性	铁、碳原子均可扩散	碳原子扩散，铁原子不扩散	铁、碳原子均无扩散
6	转变时碳原子扩散的大致距离/Å	>100	0~100	0
7	合金元素的分布	通过扩散重新分布	合金元素不扩散	合金元素不扩散

（续）

序号	对比内容	珠光体转变	贝氏体转变（以上贝氏体、下贝氏体为例）	马氏体转变
8	等温转变的完全性	可以完全转变	有的可以完全转变，有的不可能完全转变	不可能完全转变
9	转变产物的组织	$\gamma \rightarrow \alpha + Fe_3C$（呈层片状）	上贝氏体：$\gamma \rightarrow \alpha + Fe_3C$（非层片状） 下贝氏体：$\gamma \rightarrow \alpha + \varepsilon -$碳化物（非层片状）	$\gamma \rightarrow \alpha + \gamma R$ 最典型的两种是板条状和片状
10	转变产物的硬度	低	中	高

表 2-12 过冷奥氏体等温转变组织和性能

转变类型	组织名称	形成温度范围/℃	显微组织特征	硬度 HRC
珠光体转变	珠光体（P）	大于 650	在 400～500× 金相显微镜下可观察到铁素体和渗碳体片层组织	~20
	索氏体（S）	600～650	在 800～1000× 以上金相显微镜下才能分清层状特征	25～35
	屈氏体（T）	550～600	用光学显微镜观察呈黑色团状组织，电子显微镜（5000～15000×）下才能看出片层状	35～40
贝氏体转变	上贝氏体	350～550	金相显微镜下呈暗黑灰色羽毛状特征	40～48
	上贝氏体	230～350	金相显微镜下呈暗黑色针叶状特征	48～58
马氏体转变	马氏体（M）	小于 230	正常淬火下呈细针状马氏体（隐晶马氏体），过热淬火时呈粗大片状马氏体	60～65

2.4.3 过冷奥氏体连续冷却转变

等温转变曲线反映了过冷奥氏体等温转变规律。但是，实际生产中热处理的冷却过程大多是连续冷却，如炉冷、空冷、油冷、水冷等。尽管连续冷却时，过冷奥氏体的转变规律并无根本的改变，而且也可以利用等温转变曲线粗略地估计连续冷却时的转变，但毕竟与等温过程不同。为此，要精确定性定量地说明连续冷却时奥氏体的转变过程，必须借助奥氏体连续冷却转变曲线。其实连续冷却可以近似理解为无数极短时间等温冷却的积累，如图 2-39 所示。

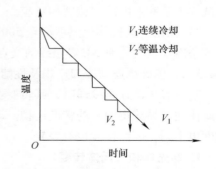

图 2-39 连续冷却近似为无数等温冷却

2.4.3.1 奥氏体连续冷却转变曲线

过冷奥氏体以不同速度连续冷却时的转变产物及其转变量与时间关系的曲线，称为奥氏体连续冷却转变曲线。连续冷却时，奥氏体开始向珠光体、贝氏体的转变温度和时间较等温时间更低、更长。图 2-39 为 GCr15 钢过冷奥氏体连续冷却转变图。GCr15 钢分别经 860℃和 1050℃奥氏体化后所测试的过冷奥氏体连续冷却转变图（与图 2-38 等温转变图相对应）。由于连续冷却可以近似为无数极短时间等温的积累，即连续冷却转变实际上是许多温差很小的等温转变过程的总和，因此按积分原理推论并经试验结果证实，与等温转变曲线相比，连续冷却转变曲线中的开始转变温度有所降低，而孕育期较长（图 2-40 中曲线向右下方偏移）。

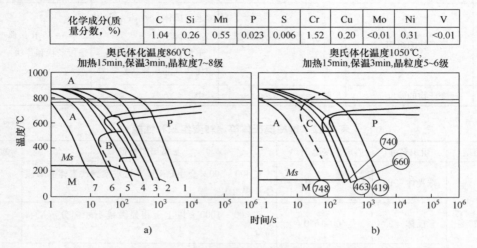

化学成分(质量分数，%)	C	Si	Mn	P	S	Cr	Cu	Mo	Ni	V
	1.04	0.26	0.55	0.023	0.006	1.52	0.20	<0.01	0.31	<0.01

图 2-40 GCr15 钢过冷奥氏体连续冷却转变图

根据图 2-40 可知，860℃奥氏体化时连续冷却过程中可发生贝氏体转变，而 1050℃时，则无中温贝氏体转变区。通常，在连续冷却转变图中均表示出不同冷却速度曲线，并在其与珠光体、贝氏体转变终止曲线相交处标记转变量数值（体积分数，%），冷却曲线下端注明硬度值（维氏硬度或洛氏硬度），图 2-40b 中的数值表示其维氏硬度值。

关于过冷奥氏体连续冷却转变图中的冷却速度，一般采用下述几种方法描述：

1）800 ~ 500℃范围内的平均冷却速度（℃/s 或℃/min）。

2）采用端淬试样水冷端的距离。在端淬规定的冷却条件下，试样的各点均相应于一定的冷却速度（随水冷端距离的增大而降低），因此可使连续冷却转变图上各条冷却曲线与端淬试样上某些点的冷却速度相对应。

3）采用自奥氏体化温度冷至 500℃所需时间来描述冷却速度，并通过连续冷却转变图中各条冷却曲线与 500℃等温线的交点来确定冷却时间。

2.4.3.2 奥氏体连续冷却产物及性能

过冷奥氏体连续冷却时，其转变不是在恒温下进行的，而是在一个温度范围内进行的，因此往往不易获得均一的转变产物。即使得到相同组织，也由于先后转变温度的不同，其分散度也不同，因而性能也有差异。

1. 珠光体和贝氏体转变

根据图 2-40a 中给出的不同冷却曲线，可以分析过冷奥氏体在连续冷却过程中所发生的组织转变。如按其中 1 ~ 3 曲线冷却时，最终全部获得珠光体类组织，并随冷却速度的提高（过冷度增大），转变产物的分散度相应增大，室温硬度分别为 289HV、303HV、339HV。冷却曲线 4 先后与珠光体转变曲线以及贝氏体转变曲线相交，从而使过冷奥氏体相应发生一定量的转变，最终通过马氏体开始转变温度 Ms 点冷至室温，形成由珠光体、贝氏体和马氏体组成的混合组织（尚有一定数量的残留奥氏体），其硬度约为 454HV。冷却曲线 5 在中温区开始与贝氏体转变曲线相交后，过冷奥氏体首先形成一定数量贝氏体，随后通过 Ms 点至室温的冷却过程中转变为马氏体，并保留少量残留奥氏体，该室温组织的硬度约为 509HV。冷却曲线 6、7 说明过冷奥氏体在 A_1 至 Ms 点温度范围冷却过程中不与珠光体和贝氏体转变曲线相交，不发生分解，最终通过 Ms 冷至室温时，只发生马氏体转变，因马氏体转变的不完全性，仍残留部分奥氏体（即残留奥氏体），其硬度分别为 890HV 和 933HV。不同冷却速度下得到的相组成与硬度见表 2-13。

表 2-13　GCr15 钢奥氏体不同冷却速度下转变的相组成与硬度

相组成（质量分数）与硬度	冷却曲线						
	1	2	3	4	5	6	7
珠光体（%）	100	100	100	40	—	—	—
贝氏体（%）	—	—	—	40	60	—	—
马氏体（%）	—	—	—	17	36	93	100
残留奥氏体（%）	—	—	—	3	4	7	—
硬度 HV	289	303	339	454	509	890	933

2. 马氏体转变

当奥体氏以大于临界冷却速度连续冷却至 Ms 点以下时，过冷奥氏体转变产物为马氏体。由于转变温度很低，过冷度很大，铁原子和碳原子的扩散被抑制，奥氏体向马氏体转变只发生 $\gamma-Fe \rightarrow \alpha-Fe$ 的晶格改变，而没有碳原子的扩散，因此这种转变也称非扩散型转变。马氏体中的碳含量就是原奥氏体中的碳含量。因此，马氏体实质上是碳在 $\alpha-Fe$ 中的过饱和固溶体。

马氏体由于溶于过多的碳而使 $\alpha-Fe$ 晶格严重歪扭，从而增加了塑性变形的抗力，故马氏体具有很高的硬度。马氏体碳含量越多，晶格歪扭越严重，马氏体硬度就越高。

马氏体转变是在一定温度范围内（$Ms \sim Mf$）进行的。从马氏体转变开始温度 Ms 开始，随着温度下降，不断形成马氏体，直到马氏体转变终止温度 Mf 结束。马氏体转变量主要是依靠温度的降低而增加。

高碳铬轴承钢过冷奥氏体向马氏体转变，实质上也是一种无扩散型转变。其转变程度主要取决于冷却时的温度，但在长时间（100～150h）保温时，也同样可以看到等温转变，但是，等温转变速度比较缓慢，且随着温度的降低而降低，随着转变的发展而减小。转变停止与温度无关，最终未转变的奥氏体基本相同。

根据图 2-38b 和图 2-40b 可知，当 GCr15 钢奥氏体化温度为 1050℃、二次碳化物全部固溶时，等温转变图与连续冷却转变图均出现了二次碳化物开始析出曲线（其最不稳定温度约为 700℃），即过冷奥氏体在发生珠光体或贝氏体转变之前，将首先沿奥氏体晶界析出网状碳化物。二次碳化物的析出主要取决于冷却速度，其析出的数量不仅与碳在奥氏体中的过饱和度有关，而且碳化物形成元素的扩散条件也具有一定影响。由于这些元素沿奥氏体晶界的扩散速度远大于晶内扩散（相差 $10^2 \sim 10^3$ 倍），故二次碳化物多沿晶界析出，从而形成断续或连续的网络状。二次碳化物网的平均厚度取决于碳化物析出的数量与奥氏体晶粒表面积之比。通过 GCr15 钢等温转变曲线估算，网状碳化物析出的临界冷却速度约为 12℃/s，所以，过冷奥氏体在实际冷却过程中为避免网状碳化物的析出，应控制冷却速度不低于 50℃/min。近年来，在 GCr15 钢的热加工生产中，为改善球化退火前的原始组织，多采取热轧（锻）后控制冷却工艺，主要是出于对网状碳化物的析出及其对组织与性能的不利影响的考虑。研究资料报道，采用超快速冷却结合缓冷技术，利用高温终轧后高于 200℃/s 的瞬时冷却速度冷却到一定温度后进行缓冷，使得过冷奥氏体快速通过二次碳化物析出温度区，抑制了二次碳化物网状析出，并在缓冷过程中完成珠光体转变，得到了抑制网状碳化物析出的细珠光体组织，既得到了理想组织又显著降低了能耗。

【拓展阅读】

为纪念德国金相学家阿道夫·马腾斯在金相技能改良和推广方面做出的贡献，人们将碳钢淬火后得到的板条状或针状组织称为马氏体（Martensite）。阿道夫·马腾斯在德国建立了测试材料科学，并以此为基础完善了金相学的试验和理论研究的方法论。

2.4.3.3 马氏体组织形态和性能

钢中马氏体主要有板条状马氏体和片（针）状马氏体两种形态。

（1）板条状马氏体 板条状马氏体以尺寸大致相同的板条为单元，结合成定向、平行排列的马氏体群，在一个奥氏体晶粒中可以有几个不同取向的马氏体群，如图 2-41 所示。钢中碳的质量分数在 0.25% 以下时，基本上是板条状马氏体，也称低碳马氏体。

图 2-41　板条状马氏体

（2）片状马氏体 片状马氏体的立体形状为薄的凸透镜状，在空间中形似铁饼。在金相显微镜下看到的仅是其截面形状，一般是交叉的针状或竹叶状，马氏体针之间形成一定的角度（60°），如图 2-42 所示。当钢中碳的质量分数大于 1.0% 时，大多数是片状马氏体，也称高碳马氏体。

当最大尺寸的马氏体片小到光学显微镜无法分辨时，便称为隐晶马氏体。在生产中正常淬火得到的片状马氏体一般都是隐晶马氏体。

碳的质量分数在 0.25% ~1% 范围内时，为板条状马氏体和针状马氏体的混合组织，如 45 钢淬火后得到的马氏体组织。

图 2-42 片状马氏体

马氏体是钢中最硬的组织。马氏体的硬度主要取决于其中碳的质量分数。碳的质量分数越高，马氏体的硬度越高，尤其是碳的质量分数较低时，这种关系非常明显。但当碳的质量分数大于 0.6% 时，其硬度变化逐渐趋于平缓，为 65～67HRC，如图 2-43 所示。

马氏体硬度提高的原因是过饱和的碳原子使晶格发生畸变，产生了强烈的固溶强化。同时在马氏体中又存在大量的微细孪晶和位错，它们都会提高塑性变形的抗力，从而产生了相变强化。

马氏体的塑性和韧性与其碳的质量分数（或形态）密切相关。高碳马氏体由于过饱和度大、内应力高和存在孪晶结构，所以硬而脆，塑性、韧性极差，但晶粒细化得到的

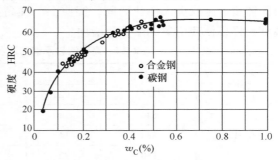

图 2-43 碳含量对马氏体硬度的影响

隐晶马氏体却有一定的韧性。而低碳马氏体由于过饱和度小、内应力低和存在位错亚结构，则不仅强度高，塑性、韧性也较好，故近年来在生产中，已日益广泛地采用低碳钢和低碳合金钢进行直接淬火获得低碳板条状马氏体的热处理工艺。

2.4.3.4 过冷奥氏体连续冷却转变的特点

1）连续冷却时随着冷却速度的增大，珠光体和贝氏体转变的开始温度逐渐移向低温，其转变温度范围也逐渐扩大，但完成转变所需的时间则缩短。

2）连续冷却时，过冷奥氏体在某温度区域的停留时间会影响其随后在较低温度下的转变。例如，在先共析铁素体析出区域的停留时间会影响其中温转变的孕育期和转变速度，在中温区域的停留时间也将影响其马氏体转变的开始温度及其转变量。

3）连续冷却时，奥氏体转变为珠光体的孕育期比在相应过冷度下等温转变时的孕育期要长些。

4）马氏体转变开始温度（Ms）和转变终止温度（Mf）随钢的成分不同而异。一般来说，大多数钢的 Mf 温度在室温以下。

2.4.3.5 影响马氏体转变因素

1. 影响马氏体转变曲线的因素

马氏体转变开始温度 Ms 和转变终止温度 Mf 的位置首先取决于淬火前奥氏体中碳和合

金元素的含量，而这些含量又与钢中的成分及加热时碳化物的溶解量有关。增加奥氏体中碳、铬和锰的含量，使马氏体转变开始温度（Ms 点）降低，并使整个马氏体曲线（$Ms-Mf$）降低，也就是说，过冷奥氏体在 Ms 点以下任何温度的转变量减少。图 2-44 表示 GCr15 钢在不同的奥氏体化温度下的马氏体曲线。由图可知，将奥氏体化温度从 860℃ 提高到 980℃，使 Ms 点从 200℃ 降低到 110℃。但是，再进一步提高奥氏体化温度，由于奥氏体成分不变，所以，对马氏体转变过程不再产生影响。

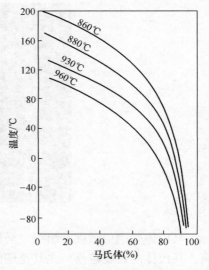

图 2-44　GCr15 钢马氏体曲线

2. 影响残留奥氏体量的因素

在冷却到室温或更低温度以后，残留奥氏体量取决于奥氏体化温度。表 2-14 列出了 GCr15 和 GCr15SiMn 钢在不同奥氏体化温度经冷却、深冷后，其相应的残留奥氏体量。延长奥氏体化时间，实质上与提高奥氏体化温度一样，使残留奥氏体数量增加。

表 2-14　高碳铬轴承钢的残留奥氏体量（质量分数,%）

牌号	奥氏体化温度/℃	冷却温度/℃				
		+20	0	−10	−70	−196
GCr15	840	12	10	9	6	3.5
	880	14	12	10	7	4.5
	980	32	25	22	12	8
GCr15SiMn	840	14	12	10	7	5
	880	18	15	13	8	6
	980	45	35	30	16	12

原始组织中碳化物相的弥散程度，同样也影响残留奥氏体的量。从表 2-15 可以看出，珠光体中碳化物弥散度高，淬火加热时所得到的奥氏体含有较多的合金元素，使淬火后的残留奥氏体含量增加。

表 2-15　GCr15 与 GCr15SiMn 钢原始组织对钢中残留奥氏体含量的影响

淬火前珠光体组织类型	残留奥氏体含量（质量分数,%）	
	GCr15	GCr15SiMn
点状的（正火与快速退火）	12 ~ 14	11 ~ 18
细粒状的（800℃退火）	—	12 ~ 14
粒状的（800℃退火）	7 ~ 8	—

2.4.3.6　奥氏体的稳定化效应

钢在淬火时一般不能获得百分之百的马氏体组织，还保留一部分未转变的奥氏体，即残留奥氏体。对于高碳钢，常常因残留奥氏体量较大而使硬度降低，有时在使用过程中因其转变为马氏体，使零件体积胀大而引起尺寸的变化或失效开裂。因此，对于某些零件（如轴承等），必须进行冷处理，使残留奥氏体在零摄氏度以下温度继续转变为马氏体。实践表明，许多钢的冷处理必须在淬火以后立即进行，因为在室温停留将使马氏体转变发生困难，即发生了奥氏体稳定化现象。

所谓奥氏体稳定化，是奥氏体由于内部结构在外界条件的影响下发生了某种变化，而使其向马氏体的转变呈现迟滞的现象。

奥氏体向马氏体转变的稳定化程度因各种条件变化而异，通常把奥氏体的稳定化划分为热稳定化和机械稳定化。本书主要对奥氏体热稳定化效应进行分析。

淬火时因缓慢冷却或在冷却过程中停留引起奥氏体稳定性提高，而使马氏体转变迟滞的现象称为奥氏体的热稳定化。

马氏体的转变量只取决于最终的冷却温度，而与时间无关。但这是针对连续冷却过程中的一般情况而言，没有考虑冷却速度对奥氏体稳定化的影响。实际上，若将钢在淬火过程中于某一温度下停留一定的时间后再继续冷却，其马氏体转变量与温度的关系便会发生变化。常见的情况如图 2-45 所示，在 Ms 点以下的 T_A 温度停留 τ 时间后再继续冷却，马氏体转变并不立即恢复，而要冷至 Ms' 温度才重新形成马氏体。即要滞后 θ（$\theta = T_A - Ms'$），转变才能继续进行。和正常情况下相比，同样温度（T_R）下转变量少了 δ（$\delta = M_1 - M_2$）。奥氏体稳定化程度通常使用滞后温度间隔 θ 度量，也可用形成的马氏体量 δ 度量。

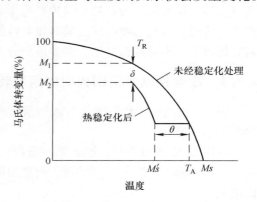

图 2-45 奥氏体热稳定化现象示意图
（Ms 以下等温停留）

试验证明，已转变马氏体量的多少，对热稳定化程度也有很大影响。已转变的马氏体量越多，等温停留时所产生的热稳定化程度越高，这说明马氏体形成时对周围奥氏体的机械作用促进了热稳定化程度的发展。热稳定化程度随已转变马氏体量的增多而增高。而且，马氏体量越多，θ 值增大越多。反之，已转变马氏体量越少，热稳定化程度越低。

等温停留时间对热稳定化程度也有明显的影响。在一定的等温温度下，保持的时间越长，则达到的奥氏体稳定化程度越高。

如果在 Ms 温度以下缓慢地连续冷却，可以看作是许多小的温度梯级的叠加，这种冷却同样使奥氏体稳定化。

同样，增大淬火零件的横截面，也会使奥氏体稳定化。大型零件从淬火介质中取出，空冷至室温时，会大大增加残留奥氏体的含量。

奥氏体稳定化，不仅当冷却到室温，在冷却到更低温度时，都能使残留奥氏体量增加。表 2-16 列出了 GCr15 钢淬火后在室温下停留时间对冷处理效果的影响。

如淬火后未进行冷处理时的残留奥氏体含量是 10%，而在室温下短时停放 5min 后，再冷却到 $-70 \sim -80℃$，则残留奥氏体含量降为 7%。若在深冷前停放 10 天，则深冷后残留奥氏体仍为 10%，即与未经冷处理时相同。

表 2-16　GCr15 钢淬火后在室温下停留时间对冷处理效果的影响

在 20℃时的停放时间	5min	100min	96h	240h
残留奥氏体（质量分数,%）	7	8	9.3	10

研究奥氏体热稳定化现象有重要的实际意义。例如，对于大多数钢，淬火后的冷处理应立即进行，以防止由于奥氏体稳定化而降低冷处理的效果。生产中也常利用热稳定化调整残留奥氏体量，以达到减小淬火变形，或改善钢的强韧性等目的。采用稳定化处理使残留奥氏体稳定化，还可提高精密零件的尺寸稳定性等。

2.5　高碳铬轴承钢回火时的组织转变及其应力变化

GCr15 钢淬火后回火过程中的转变也符合热处理原理的一般规律。随回火温度的变化，回火各阶段组织及应力的变化趋势为：80～200℃为马氏体迅速分解阶段；220～260℃为残留奥氏体大量分解阶段；320～430℃为淬火应力激烈消除阶段；大于400℃为碳化物颗粒明显长大阶段。这些温度区间是具有相对性的，而且在某一区间内除该主要过程之外，还进行着其他过程，不可能孤立地、明显地划分开来。

2.5.1　高碳铬轴承钢回火时的组织转变

GCr15 钢的回火膨胀曲线与碳钢及大多数低合金钢曲线相似，交替地出现收缩、膨胀、再收缩三个阶段。

从图 2-46 可以看出，回火第一阶段的膨胀效应（收缩），随淬火时奥氏体化温度的升高而升高。随淬火冷却速度的增大而变得明显，回火第二阶段的长度随残留奥氏体量的增加而增大。

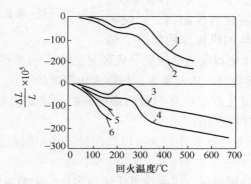

图 2-46　GCr15 钢回火时尺寸变化

1—840℃油淬（残留奥氏体的质量分数为1%）　　2—840℃水淬（残留奥氏体的质量分数为8.5%）

3—855℃油淬（残留奥氏体的质量分数为13.5%）　　4—855℃水淬（残留奥氏体的质量分数为9.5%）

5— 880℃油淬　6—980℃油淬

1. 马氏体的分解和碳化物的集聚

对于 GCr15 钢来说，在实际生产的淬火冷却速度下回火第一阶段（马氏体分解）早在淬火过程中（奥氏体向马氏体转变时）就已开始。马氏体转变开始温度（Ms）越高，分解程度就越高；淬火冷却速度越慢，分解程度也越高。此时分解按双相机理进行，即在固溶体中形成几乎不含碳的立方马氏体和碳含量不变（与贝氏体碳含量相同）或稍有减少的立方马氏体。

另外，淬火钢在室温存放，立方马氏体数量随存放时间的延长而增加，而立方马氏体中的碳含量保持不变或有较低程度的减少。表 2-17 列出了 GCr15 钢马氏体碳含量与回火温度的关系。从表可见，马氏体在 200℃ 左右分解结束，立方马氏体中的碳含量随回火温度的升高而降低，硬度降低到 58HRC。

GCr15 淬火钢回火时，马氏体分解过程中析出 ε 碳化物，是一些与马氏体共格、短小的彼此间局部连接的位向混乱的薄片。同样，在马氏体晶界上碳化物也以薄片状析出，其厚度与 ε 碳化物相同。由于碳化物的析出，立方马氏体的正方度减小，比体积减小，硬度略有降低。

表 2-17　GCr15 钢马氏体碳含量与回火温度的关系

奥氏体化温度/℃	回火温度/℃	硬度　HRC	C（质量分数,%）
850	150	61.5	0.26
900	150	61	0.31
930	150	61	0.34
870	100	64	0.43
870	150	61.5	0.26
870	200	58	0.14
870	250	57	0.06
870	300	55.5	0.06

在第三阶段回火区内提高温度时，物理性能变化不大，但碳化物相的形态则逐渐发生变化。280℃ 回火时，碳化物片增厚，片间距增大；380℃ 回火时，这些变化更甚，并使马氏体晶界上的薄片遭到破坏；550℃ 回火时，渗碳体片几乎全部球化，同时马氏体碳含量降低，趋向稳定状态的铁素体逐渐变为立方体。

当回火温度较高（400℃ 左右）时，合金元素的扩散能力增加，铬开始从铁素体向碳化物相转移，使碳化物变为合金渗碳体 $(Fe, Cr)_3C$。继续再提高回火温度，碳化物相的铬含量不断提高。

如果缩短回火时间，则马氏体转变的特性温度，如马氏体完全分解温度或"第三"转变的结束温度就会提高。图 2-47 所示为 GCr15 钢的硬度变化与回火温度和回火时间的关系曲线。

另外，具有弥散的原始组织（薄片状和细粒状珠光体）的高碳铬轴承钢淬火时，得到的马氏体铬含量较高，经 200~300℃ 回火时所达到的硬度比淬火前具有粒状珠光体组织的硬度高。此外，钢中的合金元素硅，在第一和第三阶段中，延缓了马氏体的分解，锰则影响不大。

2. 残留奥氏体的转变

残留奥氏体开始分解温度是指能够明显看出体积变化的转折点，GCr15 钢为 180℃，GCr15SiMn 钢为 200℃ 左右。

　　GCr15 钢回火时残留奥氏体转变程度如图 2-48 所示。奥氏体完全转变温度随回火时间的延长而降低。如果回火数小时，则奥氏体在 240 ~ 250℃温度下完全分解；若回火 100h，则在 190℃温度下完全分解；若回火 10000h，则在 150℃温度下完全分解。在回火时间很长的情况下，在 80℃时，就能清楚地看到残留奥氏体的转变。由图 2-47 和图 2-48 可以看出，在延长回火时间的同时，相应地降低回火温度，可获得较高的硬度。

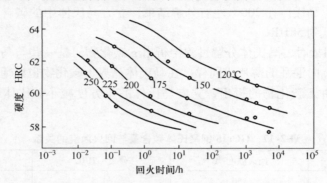

图 2-47　回火温度和回火时间对 GCr15 钢硬度的影响

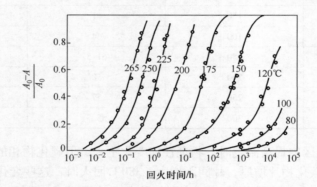

图 2-48　回火温度和时间对残留奥氏体转变程度的影响

　　高碳铬轴承钢中的残留奥氏体在 250 ~ 270℃基本可以完全转变。GCr15 钢回火时残留奥氏体转变产物的比体积，比相同温度下回火的马氏体要小，并且硬度也低，这种转变产物是贝氏体，且奥氏体的分解不经马氏体阶段。

　　如果 GCr15 钢在回火时施加恒定强磁场，可加速残留奥氏体分解。例如，在施加磁场时，225℃下回火 1h 就使残留奥氏体完全分解，而不加磁场时仅分解一半。

　　与马氏转变区连续冷却时分级保温相比，回火是使奥氏体稳定化的一种更有效的方法。图 2-49 所示为 GCr15 和 GCr15SiMn 钢残留奥氏体量与奥氏体化温度、回火前的冷却温度和回火温度的关系。从图 2-49 中可以看出，曲线具有相同的形状。随着回火前冷却温度的提高，残留奥氏体量平缓地增加，当达到一定的冷却温度（该温度取决于淬火温度和回火温度）时，奥氏体曲线突然转折，此后，奥氏体含量增加得较缓慢或不再增加，甚至下降。在后一种情况下，奥氏体曲线上出现最高值，与等温冷却相似，这个转折温度或最高温度相当于 $M's$ 点降到室温。

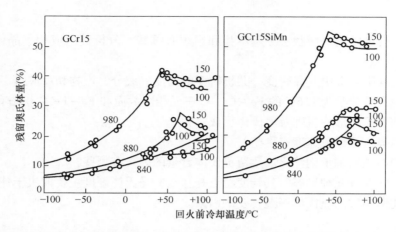

图 2-49 奥氏体化温度（840~980℃），回火前冷却温度以及回火温度（100℃
和 150℃）对钢中残留奥氏体量的影响

2.5.2 高碳铬轴承钢回火时的应力变化

淬火时的残余应力，在回火过程中，随着回火温度的升高而减小，最后完全消除。表 2-18 所列显示了回火温度对降低残余应力的影响。

回火时，拉应力降低的相应温度随离表面距离的增加而增大。同时，$\sigma=0$ 的中心点向表面靠近。截面中心部位的压应力降低的程度比拉应力降低的程度低。

表 2-18 不同回火温度下 GCr15 钢淬火套圈的残余应力　　　　（单位：MPa）

回火温度 /℃	离表面的距离/mm						$\sigma=0$ 的中心点离表面的距离/mm
	0.05	0.175	0.475	0.625	0.916	2.125	
不回火	108	133	89	92	31	−57	1.75
150	70	91	96	66	14	−52	1.2
250	62	49	31	23	8	−25	1.0
500	2	0	0	0	0	−5	—

注：套圈壁厚 5mm，在碳酸钠水溶液中淬火，回火 2h。

【讨论和习题】

建议分组讨论，5 人左右为一组。各小组查阅资料并准备提纲，在讨论课上分享。

1. 讨论

1.1 总结高碳铬轴承钢等温转变得到的组织、性能及转变温度范围。

1.2 总结讨论 GCr15 等温转变产物及性能对比。

1.3 查阅资料分析奥氏体稳定化效应及影响因素。

1.4 同学们在金工实习时制作过锤子，若对锤子进行热处理，试分析其加热和冷却过程中金相组织的变化情况。

1.5 轴承钢残余应力形成机理以及减小残余应力的措施是什么？

2. 习题

2.1 铁碳合金室温平衡状态下基本相和组织有哪些？分析其组成相、晶体结构、组织特征以及性能特点。

2.2 写出铁碳合金中共晶转变、共析转变的温度、成分、产物和反应式。

2.3 铬的质量分数为 1.6% 的 Fe – Cr – C 三元相图截面和 Fe – Fe$_3$C 相图有何区别？

2.4 总结奥氏体形成机理及奥氏体形成过程。

2.5 影响奥氏体形成速度有哪些？

2.6 影响高碳铬轴承钢淬火后残留奥氏体含量的因素有哪些？

2.7 马氏体有哪几种形态？其转变特点是什么？马氏体硬度主要取决于什么？

2.8 试述影响过冷奥氏体等温转变的因素。

第3章 高碳铬轴承钢制滚动轴承零件热处理工艺

【章前导读】

学习了轴承钢在加热和冷却过程时组织转变，明白了轴承钢热处理基本原理，那么针对不同服役环境的轴承钢制套圈如何进行"四把火"的热处理呢？如何制定出合适的工艺参数呢？

本章分析轴承钢制套圈的正火、退火、淬火、冷处理和回火的目的、工艺规范的确定、特点以及缺陷和防止办法等，并总结影响轴承寿命的材料因素。

高碳铬轴承钢是制造滚动轴承零件（套圈和滚动体）的主要钢种，其中 GCr15 钢用量最大，其次是 GCr15SiMn。高碳铬轴承钢的使用范围见表 3-1。高碳铬轴承钢零件加工及热处理通常有以下几种：

表 3-1 高碳铬轴承钢的使用范围

牌号	使用范围					
	套圈壁厚 /mm	钢球直径 /mm	圆锥滚子直径 /mm	圆柱滚子直径 /mm	球面滚子直径 /mm	滚针直径 /mm
GCr15	<25	<50	≤32	≤32	≤32	所有滚针
GCr15SiMn	≥25	≥50	>32	>32	>32	—

1）球化退火钢材→精密下料→冷辗套圈→淬火*→冷处理#→回火*→磨削→附加回火*→超精。

2）球化退火钢材→冷镦钢球（滚子）→淬火*→冷处理#→回火*→磨削→附加回火*→超精。

3）球化退火钢材→车削套圈和滚子→淬火*→冷处理#→回火*→磨削→附加回火*→超精。

4）热轧/热锻钢材→热锻套圈→正火#→球化退火*→淬火*→冷处理#→回火*→磨削→附加回火*→超精。

5）热轧/热锻钢材→热锻（冲）钢球→正火#→球化退火*→淬火*→冷处理#→回火*→磨削→附加回火*→超精。

注：*为必须进行的工序，#为根据需要而定的工序。

3.1 高碳铬轴承钢的正火

3.1.1 正火的目的

正火是将钢件加热到 Ac_3 或 Ac_{cm} 以上 30～50℃，保温一定时间后，空冷（吹风或喷雾冷）得到珠光体的一种热处理工艺。和退火相比，其冷却速度相对较快。正火的主要目的如下：

1）消除停锻温度高、冷却速度慢而出现的粗大网状碳化物，或是停锻温度低，晶粒沿变形方向被拉长而形成的线条状组织。这两种组织在退火过程中都不能完全消除，故必须经正火处理。

2）消除退火过热而产生的粗片状珠光体和不均匀的粗粒状珠光体组织。这种组织在退火返修前必须经正火处理。

3）要求特殊性能的轴承零件（高温回火轴承、超精密轴承、铁路轴承）及等温淬火的轴承零件，通过正火为退火和淬火做好组织准备。

一般正火的工艺根据正火的目的和正火零件的原始组织来制定。

3.1.2　正火工艺规范的确定

（1）加热温度　正火加热温度主要依据材料牌号、正火目的、正火前零件的组织状况来确定。消除粗大网状碳化物，正火温度选用 930～950℃，若一次正火不能消除粗大网状碳化物，可按相同温度进行第二次正火；消除不太粗的网状碳化物及退火过热组织，正火温度选用 900～920℃；细化组织的正火则采用 890～900℃。

（2）保温时间　在正常正火温度下，一般经 30min 保温，其目的是使轴承钢中剩余碳化物基本溶入奥氏体中。但还应根据实际生产中的零件大小、批量、加热方式、装炉方法等情况进行调整。

（3）冷却速度　正火冷却过程中，若冷却速度过小，非但不能改善组织，反而会再次析出网状碳化物；冷却速度过大，将会出现大量马氏体组织及因应力过大而产生的裂纹。因此，轴承钢正火冷却速度不应小于 50℃/min，在油、乳化液或水中冷却时，待零件冷至500℃左右就应取出，以免产生裂纹。正火后，应立即进行退火，若不能，则应先进行400～600℃回火，以消除应力。

高碳铬轴承钢轴承零件正火工艺规范见表 3-2。

表 3-2　高碳铬轴承钢制轴承零件正火工艺规范

正火目的	牌号	正 火 工 艺		
		温度/℃	保温时间/min	冷却方法
消除或减少粗大网状碳化物	GCr15	930～950	40～60	根据零件的有效厚度和正火温度正确选择正火后冷却条件，以免再次析出网状碳化物或增大碳化物颗粒及裂纹等缺陷。冷却方法有： ① 分散空冷 ② 强制吹风 ③ 喷雾冷却 ④ 乳化液中（70～100℃）或油中循环冷却到零件 300～400℃后空冷 ⑤ 70～80℃水中冷却到零件 300～400℃后空冷
	GCr15SiMn	890～920		
消除较粗网状碳化物，改善锻造后晶粒度以及消除粗片状珠光体	GCr15	900～920		
	GCr15SiMn	870～890		
细化组织和增加同一批零件的组织均匀性	GCr15	860～900		
	GCr15SiMn	840～860		
改善退火组织中粗大碳化物颗粒	GCr15	950～980		
	GCr15SiMn	940～960		

但是正火工艺消除网状碳化物存在局限性，如 GCr15 钢中的网状碳化物需加热到 930℃左右才能完全溶入奥氏体，而粗大的网状碳化物需要更高的温度才能完全消除。但是，当温度超过 900℃时，奥氏体晶粒明显长大，单位体积内晶界面积减少，在正火冷却时容易在晶界上重新析出网状碳化物。考虑到钢材的成分差异，不同批次的钢材中网状碳化物的完全溶解温度和奥氏体晶粒的长大倾向也不一致，所以高碳铬轴承钢的正火较难控制。因此，需要严格控制终锻（轧）温度来抑制网状碳化物析出。

3.1.3　常见正火缺陷及其防止方法

高碳铬轴承钢在正火工序中产生的缺陷主要有不合格的网状碳化物、严重的氧化脱碳和裂纹等。其产生原因及防止方法见表 3-3。

表 3-3　高碳铬轴承钢正火常见缺陷及防止方法

缺陷名称	产生原因	防止办法
网状碳化物大于标准中规定级别	① 正火温度偏低或保温时间短，全部保留锻造后网状碳化物 ② 正火后冷却太慢 ③ 原材料的网状碳化物严重	① 正确选择正火温度和保温时间 ② 加快冷却。可采用油冷、乳化液中冷却、喷雾冷却等方法 ③ 加强原材料检验
脱碳严重，超过留量	① 在氧化性气氛的电炉中加热 ② 正火温度高，装炉量多，保温时间长 ③ 正火前工序产生严重脱碳：原材料脱碳严重；锻造加热温度高，保温时间长	① 调整加热炉的火焰为还原性，或采用保护气氛加热 ② 炉子升温到正火温度后才装炉；尽可能选正火温度下限；少装炉，缩短保温时间 ③ 原材料脱碳层按标准控制；严格控制始锻温度 <1080℃
裂纹	① 冷速过快或冷却介质温度低 ② 锻造时遗留的裂纹	① 严格执行正火工艺，以保证零件温度冷却到不低于 300℃取出，并及时进行退火或回火 ② 加强对锻件正火前裂纹的检查

3.2　高碳铬轴承钢的退火

钢原始组织为均匀细粒状珠光体，其一般具有较高的淬透性，淬火加热温度范围较宽和淬火开裂倾向较小，淬回火后可以得到相对最佳的综合力学性能，即同时具有高强度、良好的韧性和塑性以及耐磨性。而原始组织为片状珠光体的钢在淬火时相对易开裂，因此需要退火对钢原始组织进行控制。退火是将钢加热到 Ac_1 以上或以下适当温度，保温一定时间，然后缓慢冷却（随炉冷等）的一种热处理工艺。

3.2.1　退火的目的

退火的主要目的如下：

1）片状珠光体转变为细粒状珠光体，为淬火做组织准备。

2）降低硬度，便于切削加工。

3）提高塑性，便于冷拉、冲压或冷辗。

4）消除应力，防止零件变形。

3.2.2 退火方法

1. 球化退火

轴承钢球化退火温度：GCr15 钢为 780～810℃，GCr15SiMn 为 780～800℃，GCr18Mo 和 GCr15SiMo 为 780～810℃。锻件经特殊热处理后，其退火温度应分别降低 10～20℃。球化退火分为低温球化退火、球化退火、等温球化退火、快速球化退火等。

1）低温球化退火。高碳铬轴承钢在低于 Ac_1 温度加热、保温，然后缓慢冷却进而得到球化组织。

低温球化退火，由于在低于 Ac_1 温度进行加热，所以不发生相变。其碳化物的球化过程是借助碳化物中的碳在此温度下的溶解、扩散以及再结晶，使其自发转变为表面自由能较小的球状碳化物的过程。其球化过程的速度，取决于球化温度、保温时间以及片状珠光体的片距大小。温度越高，保温时间越长，珠光体片距越小，越有利于碳和合金元素的溶解和扩散，使球化过程加速；反之，过程延缓。一般低温球化退火硬度达到规定范围的上限，保温时间必须在 15h 以上；达到硬度值规定范围的下限，保温时间则要延长到 100h 以上。因此在实际生产中，只有当退火前组织细小弥散，才采用低温球化退火工艺。

2）球化退火。加热温度高于 Ac_1 的球化退火，主要适用于锻造套圈、热冲球及模锻球的退火。

① 加热速度：考虑退火时的装炉量以及零件加热的均匀性，在加热至退火温度前，即 700～730℃进行保温，以达均匀透热。

② 加热温度：球化退火温度的选择除应保证在奥氏体化时碳化物相具有必要的溶解度外，还应考虑球化退火前的原始组织以及球化退火后的硬度范围。

当加热温度稍高于 Ac_1 时，钢的组织是不均匀的奥氏体和大量未溶碳化物。这些未溶碳化物，在冷却时就形成了大量的结晶核心，不均匀的奥氏体中碳浓度高的区域与碳化物邻近的地方也会形成结晶核心。因而，冷却后可得到细小的球化体。退火温度越高，保温时间越长，奥氏体越均匀，未溶碳化物越少，冷却时结晶核越少，越易形成片状珠光体。GCr15 钢退火温度超过 840℃时，退火组织将会出现片状珠光体。若退火温度低，则锻造后的片状珠光体被保留下来。如果退火前原始组织是粗片状和细的网状碳化物，则应选择较高的退火温度。在保证得到合格组织的前提下，硬度要求低的，退火温度应偏高。为此，高碳铬轴承钢球化退火温度见表 3-4。

表 3-4　高碳铬轴承钢球化退火温度

牌号	温度/℃	备注
GCr15	780～810	退火的零件不合格，其重新退火温度低于正常球化温度 10～20℃
GCr15SiMn	780～800	

③ 保温时间：保温时间随退火加热温度的提高而缩短。考虑到加热设备的均匀性、工件大小、装炉方法、装炉量以及退火组织的不均匀等影响，如图 3-1 所示，一般要求炉料最低温度部分在奥氏体温度下保温时间不得少于 1h，一般实际生产中常采用 3～6h。

④ 冷却速度：球化退火冷却速度的大小，影响碳化物的形状、大小和分散度，从而影响退火钢的硬度、淬回火工艺及最终的力学性能，如图 3-2 所示。

在奥氏体向珠光体转变开始和终了温度范围内（GCr15 钢为 750～690℃），冷却速度快，碳化物颗粒细，则球化不完全，钢的硬度增加，切削性能变差，冷却速度过慢则碳化物颗粒粗大。为此，冷却速度应控制在 10～20℃/h 范围内。装炉量大于 3t，应控制在 10～20℃/h；装炉量在 0.5～2t，应控制在 20～30℃/h。对于需锉削加工的热镦钢球或热轧钢球，其硬度可以提高到 200～250HBW，则相应的冷却速度为 150～200℃/h。淬火前不进行机械加工的毛坯以及淬火后需经高温回火的套圈毛坯，退火时也采用类似的冷却速度，以提高回火后的硬度。

当奥氏体向粒状珠光体转变结束后，冷却速度就不必加以控制。生产中一般冷至 650℃出炉，再自由冷却。

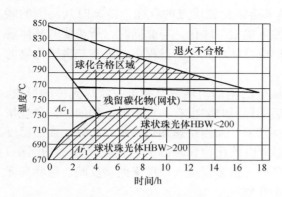

图 3-1　铬钢轴承球化退火温度、保温时间对退火组织的影响（热轧棒料 C1.0%，Cr1.0%）

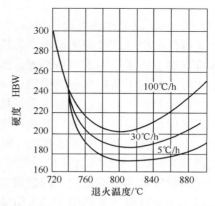

图 3-2　球化退火温度和冷却速度对硬度的影响

3）等温球化退火。轴承钢在球化退火时，为保证在奥氏体化时保持一定数量的未溶碳化物，需要加热到一定温度（780～810℃），以及在碳化物弥散度符合要求的温度下发生奥氏体向粒状珠光体转变，碳化物的弥散度取决于奥氏体的冷却速度或奥氏体向球状珠光体转变范围内的等温温度。一般认为连续冷却比等温转变好，因为它能消除过冷奥氏体稳定性因素的波动对退火结果的影响。

等温球化退火一般用双炉进行（加热炉和退火炉），也可在有速冷装置的推杆退火炉内进行。表 3-5 列出了 GCr15 钢加热到 800℃时，在不同温度下等温，与所需的时间、硬度值的关系。降低等温温度，退火组织中碳化物的分散度和硬度急剧增加。为此，要获得合格的硬度值并缩短退火周期，等温温度以 700～710℃为宜。但是，最终硬度较一般球化退火硬度高，故等温球化退火大多适用硬度偏高的情况。等温球化退火工艺如图 3-3 所示。

表 3-5　GCr15 钢加热到 800℃时，等温温度与等温时间、硬度的关系

等温温度/℃	720～730	720	700	680
等温时间	3～4h	30～40min	8min	2～4min
硬度　HBW	180～207	210～215	225～230	240～245

一般，在奥氏体转变为珠光体的过程中，奥氏体化温度对渗碳体的形态具有重要作用。当加热温度稍超过 Ac_1 时，奥氏体成分的不均匀性将有助于缓冷时共析渗碳体的球化；随着加热温度的增高，奥氏体均匀化程度提高，则使冷却时形成片状珠光体的倾向增大。对于

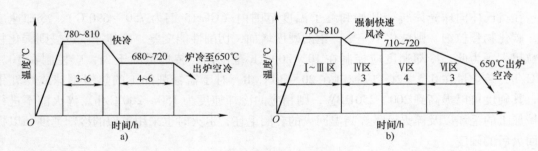

图 3-3　等温球化退火工艺
a）双炉等温球化退火　b）带速冷装置的连续推杆炉等温球化退火

GCr15 钢，Ac_1 以上加热奥氏体化时，由于大量未溶碳化物质点的存在，冷却时其周围的碳原子通过扩散将以这些碳化物质点为核心不断发生集聚与球化，与此同时，所造成的基体贫碳区将有助于铁素体的成核与长大。因此，在形成粒状珠光体的过程中，未溶二次碳化物的存在实际上起到了球化核心的作用。

当原始组织分散度较大时，为保持奥氏体成分的不均匀性，以利于粒状珠光体的形成，应适当降低加热温度。此外，加热速度与加热后的保温时间也有一定影响。例如，在常规情况下，GCr15 钢球化退火加热温度一般为 790～810℃，而当快速加热保温 30s 时，加热温度可提高至 850℃。粒状珠光体的分散度通常可直接以碳化物颗粒的平均直径（或平均间距）与单位面积中碳化物颗粒的平均数量表示，生产中一般多以退火硬度来间接反映。粒状珠光体分散度主要取决于加热温度和未溶碳化物大小和数量。

若等温球化退火工艺操作不当，常常出现下列缺陷：

① 常规球化退火工艺，从加热温度冷却到 550℃ 时，如果冷却速度太快，退火后将出现细粒状、点状和少量细片状珠光体组织，硬度偏高。

② 退火加热温度太低，退火后将出现点状、细粒状、细片状和极细的片状珠光体，硬度偏高。

③ 退火温度太高，退火后将出现网状或半网状碳化物和粗粒状珠光体。

④ 退火温度偏高，以缓慢速度冷却到等温温度，退火后将出现大颗粒碳化物和片状珠光体。

⑤ 从等温温度以较快的冷却速度冷却到 550℃ 出炉，退火后则容易在带状组织的低碳低铬带内形成片状珠光体带。

4）快速球化退火。工作环境温度较高的轴承零件，淬火后经不小于 200℃ 回火后，仍要求具有较高的硬度，为提高耐回火能力，一般要进行正火和快速球化退火。通常工艺如图 3-4 所示，为 900～920℃ 保温 40～60min，然后进行油冷、压缩空气或喷雾冷却，获得马氏体或马氏体＋贝氏体＋索氏体组织，然后 770～790℃ 保温 2～3h 后，以 50～100℃/h 冷却到 650℃ 出炉空冷，退火组织为细颗粒状＋点状珠光体组织，硬度为 207～241HBW。

5）碳化物超细化处理。GCr15 钢碳化物超细化处理的方法之一是高温固溶预处理法，此法消除或降低了碳化物带状和液析等级，可大幅度提高该钢的强韧性，充分发挥材料的潜力。超细化工艺的主要步骤是固溶均匀化→淬火→高温回火或短时间等温球化退火。GCr15 钢一般在 1050℃ 左右进行固溶处理，固溶的目的是把所有碳化物全部溶入奥氏体中，亚稳定的共晶碳化物（液析）也可部分溶解，并使成分均匀化。固溶均匀化后，将工件毛坯淬

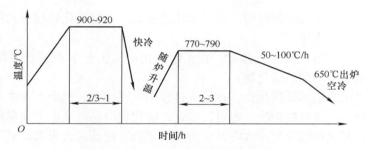

图 3-4　高碳铬轴承钢快速球化退火工艺

入 250~350℃的等温盐槽中进行等温处理，使之获得下贝氏体组织。最后将等温淬火后的工件在 690~720℃高温回火，或进行短时间的等温球化退火。其等温球化退火工艺通常为720℃加热 1h→升温到 780℃保温 1h→降温到 720℃保温 1h→随炉冷却到 500℃出炉，获得细粒状珠光体组织，然后再进行机械加工和最终热处理。

方法之二是形变－球化退火法：将中温形变与球化退火工艺相结合，应用于中小型轴承锻件。将 GCr15 钢热轧未退火料在 750~780℃范围内，使其断面缩减率为 40%~80%，中温挤压成形。具体工艺为：780℃×6min→挤压成形→720℃×30min，再以 30~50℃/h 速度冷却，可以获得细小而均匀的碳化物，而且球化时间也大为缩短。

2. 去应力退火

去应力退火是用于消除机械加工后零件内的残余应力和冲压零件的加工硬化。如超精密级轴承套圈和易变形套圈，淬火前进行去应力退火，可减少淬火后的变形。冲压套圈在加工前进行去应力退火，可消除加工硬化，便于切削加工。去应力退火工艺如图 3-5 所示。

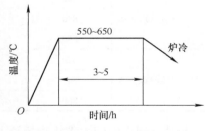

图 3-5　去应力退火工艺

3. 再结晶退火

对于冷冲、冷轧、冷锻的滚动体毛坯、冷拔钢（管）在尺寸改型过程中易产生冷作硬化。在经前一次冷变形加工后，为使破碎的晶粒得到重新结晶，必须进行再结晶退火才能进行下道工序的加工。高碳铬轴承钢的再结晶温度为 420~450℃。为加速再结晶过程，温度可选用 650~680℃。其工艺见表 3-6。

为了减少氧化脱碳，对滚动体毛坯、冷拔钢盘料应采取装箱加热，退火后直接出炉空冷。无装箱条件的可降至 560~580℃进行退火。

表 3-6　再结晶退火加热规范

牌号	温度/℃	时间/h	备注
GCr15	670~720	4~8	具体保温时间根据装炉量而定
GCr15SiMn	650~700	4~8	

3.2.3　原始组织对退火组织的影响

为了使退火后获得均匀分布的细粒状珠光体，要求退火前的组织为细珠光体类型（允许少量马氏体）和细小网状碳化物。退火前珠光体越细，退火加热时珠光体越易转变为奥氏体，球化温度越低，保温时间越短。由于球化温度低，未溶碳化物较多，则冷却后更易获得均匀分布的细粒状珠光体。

退火前原始组织为粗片状珠光体时，在正常球化退火工艺下不易获得均匀细粒状珠光体，而容易出现粗大不均匀的碳化物。

退火前原始组织为细网状碳化物，在退火过程中可以球化，但退火无法消除粗大网状碳化物，必须先进行正火改善组织后，再进行球化，碳化物沿晶界变形方向呈线条状析出，组织仍具有方向性，并使钢的强度大大降低。为此，要获得最佳退火组织，必须严格控制锻轧毛坯的工艺规范。

3.2.4　退火组织中碳化物颗粒大小和分布对轴承接触疲劳寿命的影响

GCr15 钢退火组织为均匀的细粒状珠光体（碳化物平均直径为 0.5 ~ 1.0μm，最小 0.2μm，最大 2.5μm）和不均匀粗粒状珠光体（碳化物平均直径为 2.5 ~ 3.5μm，最小 0.5μm，最大 6μm）。表 3-7 所列为不同淬火温度下轴承寿命数据。

表 3-7　不同淬火温度下轴承寿命数据

原始组织	淬火温度 /℃	平均寿命 /h	寿命波动范围 /h	稳定系数（最长寿命和最短寿命之比）
均匀细小粒状珠光体	820	396	198 ~ 561	2.8
	840	811	354 ~ 1941	5.5
	860	581	401 ~ 818	2.0
不均匀粗粒状珠光体	820	340	89 ~ 489	5.5
	840	505	186 ~ 1408	7.6
	860	558	413 ~ 870	2.1

另外，退火组织中碳化物颗粒大小，也将影响轴承接触疲劳寿命。退火组织中碳化物颗粒太小和太大都会降低轴承钢的疲劳寿命，过细的退火组织还将影响切削性能和冲压性能。所以轴承钢退火组织为均匀分布的细粒状珠光体为最佳。

3.2.5　高碳铬轴承钢退火后技术要求

高碳铬轴承钢退火后技术要求见表 3-8。

表 3-8　高碳铬轴承钢退火后技术要求

检查项目	G8Cr15、GCr15	GCr15SiMn、GCr15SiMo、GCr18Mo
硬度	179 ~ 207HBW（压痕直径4.5 ~ 4.2mm）或 88 ~ 94HRB	179 ~ 217HBW（压痕直径 4.5 ~ 4.1mm）或 88 ~ 97HRB
显微组织	细小、均匀分布的球化组织，应符合第一级别图中的第 2 ~ 4 级，允许有细点状球化组织存在，不允许有第一级别图中第 1 级和 5 级所示组织存在	
网状碳化物	应符合第四级别图中的第 1 ~ 2.5 级	
脱碳层深度	不大于单边最小加工余量的 2/3	

注：冷成形或碳化物细化处理等特殊工艺处理后的轴承零件退火后的硬度不应大于229HBW（压痕直径不应小于 4.0mm）。

3.2.6　常见退火缺陷及其防止方法

常见退火缺陷及其防止方法见表3-9。

表 3-9　常见退火缺陷及其防止方法

检查项目	合格要求	缺陷名称		产生原因	补救办法	防止措施
显微组织	分布均匀的点状、细粒状及粒状珠光体。按GB/T 34891—2017的要求，退火组织1～3级合格	欠热	点状珠光体加部分细片状珠光体	① 加热温度低或保温时间不足 ② 装炉量多，炉温均匀性差；原材料组织不均匀（带状、网状碳化物）；在正常工艺下还有部分工件或工件局部位置加热不足或保温不足 ③ 加热温度低，冷却快 ④ 原材料组织不均匀	可调整退火工艺，直接第二次退火。原则上不许第三次返修	① 合理制定工艺 ② 改善炉温均匀性 ③ 装炉量要合理，放置均匀 ④ 严格控制原材料及锻造组织 ⑤ 控制退火冷却速度不宜太快
		过热	大小分布不均的粒状珠光体加部分粗片状珠光体	① 加热温度过高或在温度范围上限，保温过长 ② 装炉量多，炉温均匀性差，原材料组织不均匀，在正常工艺下仍有部分工件或工件局部位置加热温度过高，保温时间过长 ③ 原材料组织不均匀	先正火，而后调整工艺快速退火或正常退火	① 合理制定工艺 ② 改善炉温均匀性 ③ 装炉量要合理，放置均匀 ④ 严格控制原材料及锻造组织
		粗大颗粒碳化物		① 锻造组织有粗片状珠光体 ② 退火温度高，冷速慢 ③ 原材料碳化物不均匀性严重（网状、带状） ④ 重复退火	先正火，再进行二次退火	① 严格控制原材料及锻造组织 ② 尽可能避免重复退火，更不能进行多次退火
		网状碳化物超过3级		① 锻件组织有严重网状碳化物，退火未能消除 ② 退火温度过高（高于880℃），冷速太慢	先正火，再进行二次退火	① 控制锻造组织 ② 防止退火失控超温和冷却太慢
硬度	GCr15 170～207HBW GCr15SiMn 179～217HBW	太硬	组织不合格	① 组织欠热，存在片状珠光体残留 ② 冷速太快，产生极细的点状珠光体	调整工艺第二次退火	加热充分，但不能过热，冷速合适
		太软		① 组织过热 ② 重复退火或退火冷速太慢，产生不均匀粗粒状珠光体	先正火，再进行第二次退火	
脱碳层	深度不超过车削留量的2/3	脱碳层超过规定深度		① 原材料锻造或正火脱碳严重 ② 炉子密封性差，退火温度太高，保温时间过长 ③ 正火，重复退火	改其他型号或报废	① 加强原材料及锻造质量控制 ② 不应正火者尽可能不正火 ③ 提高炉子的密封性 ④ 尽可能避免重复退火

3.3　高碳铬轴承钢的淬火

淬火是将钢件加热到 Ac_3 或 Ac_1 以上适当温度，保温一定时间后，在冷却介质中快速冷却，使奥氏体转变为马氏体或下贝氏体的一种热处理工艺。

淬火目的是提高轴承零件的硬度、强度、耐磨性和疲劳强度，并通过回火获得高的尺寸稳定性和综合力学性能。淬火后的显微组织由隐晶马氏体和细小结晶马氏体、细小而均匀分布的残留碳化物以及残留奥氏体组成。

【拓展阅读】

《史记·天官书》中有"水与火合为淬"，东汉班固所著《汉书·王褒传》中有"巧冶铸干将之朴，清水淬其锋"。

淬火是最重要、最常用的热处理方法之一。1955 年在辽阳三道壕出土的西汉铁剑经金相检验，发现其内部组织为马氏体，由此可见，这种剑实为钢剑经淬火处理得到的，证明我国在西汉以前已掌握淬火的技术。

3.3.1　淬火组织中各相成分对轴承性能的影响

（1）马氏体　马氏体是高碳铬轴承钢淬、回火后最基本的组织。其性能由马氏体中碳、合金元素的含量以及马氏体的形态和粗细程度决定。有研究表明，回火马氏体碳含量 $w(C)$ 为 0.45% 的轴承寿命最高（$w(C) > 0.5\%$ 变脆，$w(C) < 0.4\%$ 疲劳寿命降低），如图 3-6 所示。

（2）残留碳化物　如果将马氏体碳含量 $w(C)$ 固定在 0.45%，那么未溶碳化物量对轴承寿命的影响如图 3-7 所示。虽然，未溶碳化物少，轴承寿命较高，但是耐磨性有所下降。一般认为，应控制在 0.6% 左右为宜。残留碳化物颗粒越细小（平均直径为 0.56μm），分布越均匀，轴承的使用寿命越高。

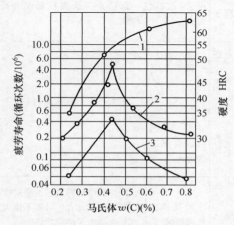

图 3-6　马氏体含碳量与疲劳寿命的关系

1—硬度　2—L_{50} 寿命　3—L_{10} 寿命

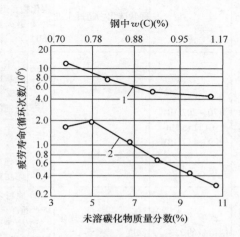

图 3-7　未溶碳化物量对疲劳寿命的影响

1—L_{50} 寿命　2—L_{10} 寿命

（3）残留奥氏体　由于马氏体转变温度较低导致其不能完全转变，钢中必然保留一定的残留奥氏体，而残留奥氏体是不稳定组织，其在轴承服役过程中转变为马氏体而发生尺寸变化，进而降低精度。残留奥氏体强度、硬度较低，但冲击韧性高，因此适量的残留奥氏体能提高轴承耐磨性和疲劳寿命。

为保证高碳铬轴承钢具有良好的综合性能，提高轴承可靠性，通过不同的淬火、回火工艺将组织中各相的相对量控制在最佳范围。由表 3-10 可知，淬火加热温度为 830℃ 时，组织中马氏体含量（质量分数）为 83.5%，残留碳化物为 6.5%，残留奥氏体为 10%，其疲劳寿命最高。

表 3-10　不同温度淬火后各相组织对轴承寿命的影响

淬火温度/℃	回火温度和时间（℃ ×min）	淬、回火后硬度 HRC	相含量（质量分数,%）			马氏体基体碳含量（质量分数,%）	接触应力为 5000MPa 的疲劳寿命（循环次数）
			马氏体	碳化物	残留奥氏体		
810	150 × 60	61.0	83.4	9.2	7.4	0.4	7×10^6
820	150 × 60	62.0	83.3	7.7	≈9.0	—	20×10^6
830	150 × 90	62.6	83.5	6.5	10.0	0.52	24×10^6
850	150 × 120	32.3	81.9	5.5	12.6	0.6	18×10^6
860	150 × 160	62.8	81.2	4.3	≈14.0	—	14×10^6
870	150 × 180	63.1	80.1	3.0	16.8	0.72	9×10^6
1035	150 × 120	58.0	73.6	0	26.4	0.96	8×10^6
1035	150 × 120	64.0	94.7	0	5.3		3×10^6

对于尺寸较大、壁较厚的轴承零件，在淬火加热和冷却中出现少量非马氏体（屈氏体、贝氏体）组织，当其数量不超过 JB/T 1255 淬火、回火组织级别图中规定允许的限度，可允许存在。资料表明，当屈氏体量很少时（质量分数 3% ~5%），实际上对接触疲劳强度并无影响，当质量分数超过 11% 时，则接触疲劳强度明显降低。组织中存在着大量的下贝氏体，不仅不会降低接触疲劳强度，甚至比硬度较高的马氏体的接触疲劳强度还高。其原因是贝氏体自身硬度较高，而且其碳化物相的形态和分布也有利。

3.3.2　淬火工艺参数的确定

淬火工艺参数包括淬火加热温度、加热时间以及冷却介质和冷却方法。

3.3.2.1　淬火加热温度

淬火加热温度对高碳铬轴承钢接触疲劳强度的影响是以某一最佳淬火温度下的最高值来衡量的。加热温度越高，碳化物溶解越多，奥氏体中碳及合金元素含量越高，淬透性和淬火硬度上升。在适宜的加热温度和保温时间下淬火，可获得金相组织与硬度的最佳配合。加热温度太低，会使奥氏体中合金元素固溶量不足，油冷后会出现非马氏体组织，使硬度和强度下降。但温度太高时，碳化物大量溶解并均匀化，阻止奥氏体晶粒长大的碳化物逐步减少甚至消失，晶粒开始粗化，淬火后会出现细长针状或者粗大针状马氏体组织，形成过热组织或者严重过热组织，残留奥氏体增多，强度和韧性都达不到要求。因此，淬火最佳加热温度应使奥氏体中有适宜的碳含量，并溶解大量 Cr、Mn、Mo 合金元素，而不产生晶粒长大及出现过热组织。一般认为，淬火温度在 840 ~ 880℃ 范围内接触疲劳强度最高，如图 3-8 所示。以 GCr15 钢为例，固溶体中 $w(C)$ 0.5% ~ 0.6%，$w(Cr)$ 1%，未溶解碳化物（质量分数）6% ~ 9% 为最佳。高碳铬轴承钢推荐的加热温度见表 3-11。

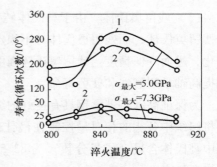

图 3-8　GCr15 钢的接触疲劳强度与奥氏体化温度的关系（150℃回火）

1—未冷处理　2— -70℃冷处理

表 3-11　高碳铬轴承钢推荐的加热温度

零件名称	零件直径/mm	牌号	加热温度/℃
套圈	2 ~ 20	GCr15	830 ~ 850
	20 ~ 35		830 ~ 850
	35 ~ 150		840 ~ 860
	150 ~ 300		820 ~ 860
	300 ~ 600	GCr15SiMn	820 ~ 840
	600 ~ 1800		820 ~ 840
滚子	1.5 ~ 5	GCr15	840 ~ 860
	5 ~ 15		840 ~ 860
	15 ~ 23		840 ~ 860
	23 ~ 30		820 ~ 840
	30 ~ 55	GCr15SiMn	830 ~ 850
	55 ~ 70		830 ~ 850
钢球	0.75 ~ 1.5	GCr15	830 ~ 850
	1.5 ~ 3		830 ~ 850
	3 ~ 14		840 ~ 860
	14 ~ 50		840 ~ 860
	50 ~ 75		840 ~ 860

　　影响淬火加热温度的因素有以下几个方面。

　　（1）合金元素对淬火加热温度的影响　铬具有阻止奥氏体晶粒长大的作用，故淬火加热温度可提高到 Ac_1 以上 80 ~ 100℃。GCr15SiMn 钢中含有合金元素硅和锰，可以提高钢的淬透性，但锰易使奥氏体晶粒长大，故其淬火加热温度比 GCr15 钢低 10 ~ 20℃。高碳铬轴承钢的临界点及在油中淬火的加热温度见表 3-12。

表 3-12　高碳铬轴承钢临界点及在油中淬火的加热温度

牌号	临界点/℃		在油中淬火的加热温度/℃
	Ac_1	A_{cm}	
GCr15	750 ~ 795	900	830 ~ 860
GCr15SiMn	720 ~ 760	872	820 ~ 845

（2）淬火组织对淬火加热温度的影响　一般应根据所需要的组织来确定淬火加热温度。若淬火温度低，则奥氏体中碳和合金元素的浓度低，淬火组织容易出现屈氏体；淬火温度高，奥氏体中碳和合金元素的浓度高，奥氏体的稳定性增加，使 Ms 点下降，增加了淬火后残留奥氏体的含量，使硬度和尺寸稳定性下降。若温度继续升高，则奥氏体晶粒长大，淬火后得到粗大针状马氏体，冲击韧度下降，如图 3-9 所示。继续提高温度将使零件淬火变形、开裂倾向性增加。

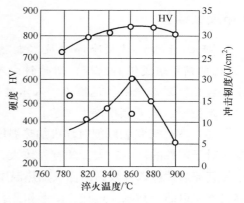

图 3-9　淬火温度对钢冲击韧度的影响

（3）原始组织对淬火加热温度的影响

1）细片状和点状珠光体组织（不合格组织）：退火欠热组织，由于碳化物较细，弥散度大，容易溶入奥氏体，淬火过热和产生裂纹的敏感性大。为此，要获得合格的淬火组织，必须降低淬火加热温度。一般限制在 800 ~ 835℃ 范围内。

2）点状珠光体（合格组织）：点状珠光体是正火—快速退火、感应快速退火而获得的。其淬火加热温度在 800 ~ 845℃ 较宽范围内可获得合格的淬火组织。

3）均匀细粒状珠光体（合格组织）：最优良的退火组织，其淬火温度范围为 810 ~ 850℃。这种组织不易过热，不易出现淬火裂纹、软点及屈氏体组织。

4）粒状珠光体（合格组织）：碳化物颗粒较粗，因此淬火加热温度范围变窄，即下限温度提高，上限温度下降，允许淬火加热温度限制在 820 ~ 840℃ 范围内。

5）不均匀的粗粒状珠光体：经多次退火或原材料存在粗颗粒状或带状碳化物而形成的。由于碳化物不均匀，加热时溶入奥氏体程度不同。温度过高，碳化物溶解多的地方（两带之间），碳和晶界阻碍作用小，马氏体易粗大，易出现局部过热或裂纹；温度偏低，在残留碳化物保留较多的地方（碳化物带上），奥氏体合金化程度不足，易出现屈氏体或硬度不足。如果碳化物颗粒细小弥散，而带间碳化物数量少且颗粒大，即使在正常的淬火加热温度下也会同时出现过热和欠热的组织。故淬火加热温度应控制在 820 ~ 840℃ 的窄小范围内，或者采用淬火加热温度的下限进行较长时间的保温。

6）不均匀的粗片和粗粒状珠光体：因退火过热、冷却速度过慢造成的。在同样的淬火温度下，由于碳化物形状的不同而造成溶解程度的不同，使局部产生过热和局部产生欠热。因此，在淬火加热温度上很难加以调整，必须重新进行退火。

图 3-10 所示为不同原始组织推荐的许可淬火温度范围。

（4）冷却速度对淬火加热温度的影响　冷却速度大，马氏体相对含量高，且不易产生屈氏体，但内应力较大，此时，淬火温度可选用下限。如：钢球在苏打水中淬火时，淬火热温度比在油中淬火温度低 10~20℃；冷却用油且油温较低时，选用淬火温度的下限；分级淬火则选用淬火温度的上限。

【拓展阅读】

《天工开物》对预冷淬火技术制锉记载"以已健钢鏨划成纵斜纹理，划时斜向入，则纹方成焰。划后烧红，退微冷，入水健"，其中"退微冷"就是预冷淬火工艺。

（5）零件形状和厚度对淬火加热温度的影响　对于零件的壁厚较大，球直径较大，为了增加其淬透性应选择较高的淬火加热温度；对于形状复杂、壁较薄的套圈，应选择偏低的加热温度，以防止和减少过热、变形和开裂的倾向。

（6）返修零件对淬火加热温度的影响　返修零件进行淬火（即二次淬火），不论返修前是否经高温回火处理，由于其内部组织及应力状态较为复杂而使变形、开裂和脱碳敏感性大。故第二次淬火加热温度应比正常加热温度低 5~10℃。

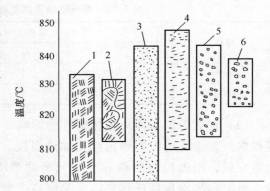

图 3-10　原始组织与淬火加热温度的关系
1—细层、片状珠光体　2—层片状珠光体
3—点状珠光体　4—细粒状珠光体
5—粒状珠光体　6—粗粒状珠光体

3.3.2.2　淬火加热时间

淬火加热时间包括升温、匀热和保温时间。一般总的加热时间 = 升温时间 +（升温 + 匀热）时间 ×（0.3~0.5）。加热时间也与加热温度有关。保温时间是指工件到达淬火加热温度后，延续加热时间，使表面和中心达到均匀一致。保温时间的确定应考虑下列因素：

1）淬火加热温度高，保温时间相应缩短。

2）原始组织中碳化物颗粒粗，保温时间应长，碳化物颗粒越细小、越弥散，保温时间越短。

3）工件壁厚与装炉量：厚度大，零件摆放过密，装炉量大，需要的保温时间长。

4）加热介质：在真空炉中加热比在空气炉中（可拉气氛）加热时间长，在空气炉中又比在盐炉中加热保温时间长。

5）零件形状：形状复杂的零件，由于淬火加热温度低，保温时间也应适当延长。

6）冷却介质：采用水冷的零件保温时间短，采用油冷的零件保温时间长。

实际生产中，零件保温时间的计算有两种方法。一种方法是根据零件有效壁厚确定加热系数，盐炉加热系数为 0.6~1.6min/mm²。有效壁厚大，取系数的下限值；有效壁厚小，取系数的上限值。轴承零件有效壁厚的确定如图 3-11 所示。

另一种方法是根据装炉量及工件到温后计算，即保温时间为到温时间的 1/3~1（电阻炉）。

对于滚子、钢球，其加热时间和保温时间分别如图 3-12 和图 3-13 所示。推荐的轴承钢加热温度与加热时间的关系见表 3-13。

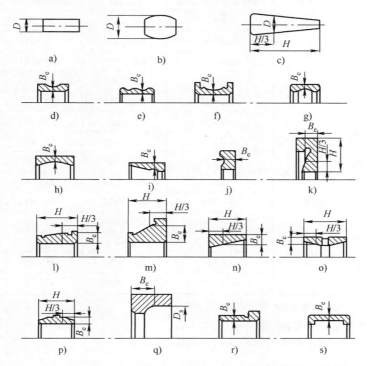

图 3-11　轴承零件有效厚度（S）的计算

S—有效壁厚　B—宽度　H—长度　D—滚子的有效直径

注：1. 对圆柱滚子，D 为公称直径；对圆锥滚子，D 为距大端面 H/3 处的直径（H 为滚子长度）；对球面滚子，D 为最大直径。

2. B_e 为套圈的有效壁厚。图 d~j 所示的套圈 B_e 为套圈的沟底壁厚；图 k 所示的套圈 B_e 为距套圈内环面 H/3 处的厚度（H 为内外直径差值的 1/2）；图 l~n 所示的套圈 B_e 为距套圈大端面 H/3 处的壁厚（H 为套圈高度）；图 o、p 所示的套圈 B_e 为距套圈端面 H/3 处的壁厚（H 为套圈高度）；图 q 所示的套圈 B_e、D_s 分别为接触圆处的厚度和直径；图 r、s 所示的套圈 B_e 为套圈滚动面处的壁厚。

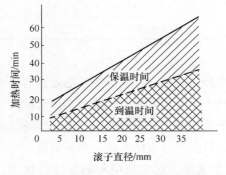

图 3-12　加热时间与滚子直径的关系

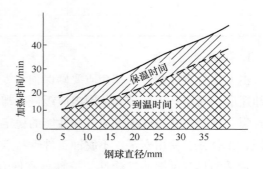

图 3-13　加热时间与钢球直径的关系

表 3-13　推荐的轴承钢加热温度与加热时间的关系

牌号	零件名称	零件有效厚度/mm	加热温度/℃	加热时间/min	备注
GCr15	套圈	≤3	835~845	23~35	
		>3~6	840~850	35~45	
		>6~9	845~855	45~55	
		>9~12	850~860	55~60	
GCr15SiMn	套圈	>12~15	820~830	50~55	电炉加热
		>15~20	825~835	55~60	
		>20~30	835~840	60~65	
		>30~50	835~845	65~75	
GCr15	钢球	≤3	840~845	23~35	
		>3~15	845~850	35~45	
		>15~50	850~860	50~65	
	滚子	≤3	835~845	23~25	
		>3~10	840~850	35~45	
		>10~22	845~855	45~55	

注：1. 快速（感应）加热温度比表中规定的温度高 30~50℃。

2. 产品返修加热温度比正常温度低 5~10℃。

3. 大钢球在水溶性介质中冷却，其加热温度比正常低 10~15℃。

3.3.2.3　淬火冷却介质和方法

从 GCr15 钢连续冷却曲线可知，奥氏体最不稳定温度范围为 650~450℃。因此，在此温度范围内应快速冷却，而为了减小在马氏体转变区的冷却速度，又应减缓冷却速度。表 3-14 所列为 GCr15 钢在不同加热温度下保温 30min 的临界冷却速度。为此，要满足淬火质量要求，必须选择合理的冷却方式和冷却介质。

表 3-14　加热温度与临界冷却速度的关系

加热温度/℃	临界冷却速度/(℃/s)
830	36
920	7.8~8.5
1100	4.8~6

1. 淬火冷却介质

由上述分析可知，冷却介质要确保轴承零件在冷却过程中，在奥氏体不稳定区有足够的冷却速度，而在马氏体转变范围内应缓慢冷却，以减小组织转变应力，从而减小套圈的变形和开裂。且冷却介质应确保成分和性能的稳定性，不易变质，具有黏度小、流动性好、不易燃烧、无公害、使用安全、不腐蚀工件等特点。淬火后的零件表面光洁，容易清洗。

轴承钢具有足够的淬透性，按轴承零件有效壁厚大小，通常选用不同冷却特性的淬火油。常用的淬火介质及应用范围见表 3-15。常用淬火油的物理化学性能见表 3-16。淬火硝盐的物理化学性能见表 3-17。

表 3-15　常用淬火冷却介质应用范围

淬火冷却介质类别	淬火介质名称	GCr15		GCr15SiMn 和 GCr18Mo	
		套圈有效壁厚①/mm（≤）	滚动体有效壁厚①/mm（≤）	套圈有效壁厚①/mm（≤）	滚动体有效壁厚①/mm（≤）
淬火油	超速淬火油	15	40	50	70
	超速发黑淬火油				
	快速淬火油	12	30	40	60
	快速发黑淬火油				
	快速光亮淬火油				
	快速真空淬火油	10	20	—	40
	真空淬火油	8	15	—	30
	快速等温（分级）淬火油	10	20	35	50
	快速等温（分级）发黑淬火油				
	等温（分级）淬火油	8	16	30	40
	等温（分级）发黑淬火油				
淬火硝盐	50%（质量分数）KNO₃ + 50%（质量分数）NaNO₂	所有零件，但是不适合油淬的厚壁零件			
	55%（质量分数）KNO₃ + 45%（质量分数）NaNO₂				

注：GCr18Mo 轴承零件多采用贝氏体淬火，套圈有效壁厚应≤45mm。

① 套圈有效壁厚和滚动体有效直径按照 GB/T 34891—2017 中附录 A 确定。

表 3-16　常用淬火油的物理化学性能

淬火介质名称	运动黏度（40℃）/(mm²/s)	微量水分/(mg/kg)（≤）	冷却特性			闪点/℃（≥）	倾点/℃（≤）	酸值mgKOH/g（≤）	铜腐蚀（100℃，3h）级（≤）	饱和蒸汽压（20℃）/Pa	热氧化安定性	
			最大冷却速度/(℃/s)	300℃时冷却速度/(℃/s)	特性温度/℃（≥）						黏度比（%）（≤）	残炭增加值（≤）
超速淬火油	≤20	500	≥100	≥10	680	160	−15	0.3	1	—	1.25	1.25
超速发黑淬火油	≤20					160		10		—		1.25
快速淬火油	≤28	300	≥90	4~10		180		0.3	1	—		1.25
快速发黑淬火油	≤28		≥90			180		10		—		1.25
快速光亮淬火油	≤38		≥80			200	−10	0.3	1	—		1.25
快速真空淬火油	≤35		≥90			210		0.3	1	6.7×10⁻³		1.25

（续）

淬火介质名称	运动黏度（40℃）/(mm²/s)	微量水分/(mg/kg)（≤）	最大冷却速度/(℃/s)	300℃时冷却速度/(℃/s)	特性温度/℃（≥）	闪点/℃（≥）	倾点/℃（≤）	酸值 mgKOH/g（≤）	铜腐蚀（100℃，3h）级（≤）	饱和蒸汽压（20℃）/Pa	黏度比（%）（≤）	残炭增加值（≤）
			冷却特性								热氧化安定性	
真空淬火油	35~70	300	≥60	—	700	230	−10	0.3	1	6.7×10⁻³	1.25	1.25
快速等温（分级）淬火油	45~80		75~95	4~8		220		0.3	1			1.25
快速等温（分级）发黑淬火油	45~80		75~95			220		10				—
等温（分级）淬火油	≥90		70~85	3~7		260		0.3	1			1.25
等温（分级）发黑淬火油	≥90		70~85			260		10				—
试验方法	GB/T 265—1988	GB/T 11133—2015	GB/T 30823—2014			GB/T 3536—2008	GB/T 3535—2006	GB/T 7304—2014	GB/T 5096—2017	SH/T 0293—1992	SH/T 0219—1992	

硝盐淬火机制不同于其他淬火介质。在大部分液体淬火介质中，热传导贯穿了蒸汽膜、沸腾和对流三个阶段。硝盐淬火没有蒸汽膜阶段，因此可以消除蒸汽膜阶段产生的变形，进而减小零件变形，提高零件硬度均匀性。高碳铬轴承钢制轴承零件淬火用硝盐浴工艺要求温度控制在（160±5）~（240±5）℃，根据不同的组织和性能要求，选择不同的淬火冷却介质使用温度。对于风电及铁路轴承零件等重点产品正常生产时，盐浴介质冷却性能应采用淬火烈度测试仪实时在线监测。

表 3-17　硝盐的化学成分、pH 值及熔点

项目	物理化学性能			试验方法
	合格品	优质品	高纯品	
纯度（质量分数,%），≥	99.00	99.35	99.5	GB/T 1918—2021、GB/T 2367—2016
水分含量（质量分数,%），≤	1.00	0.75	0.50	GB/T 13025.3—2012
硫酸根（质量分数,%），≤	0.05	0.03	0.01	GB/T 23844—2019

（续）

项目	物理化学性能			试验方法
	合格品	优质品	高纯品	
碳酸根（质量分数,%），≤	0.05	0.03	0.01	GB/T 1918—2021、GB/T 4553—2016
氯离子（质量分数,%），≤	0.05	0.03	0.01	GB/T 23945—2009
钙、镁铁总量（质量分数,%），≤	0.10	0.05	0.03	GB/T 13025.6—2012、GB/T 3049—2006
水不溶物（质量分数,%），≤	0.04	0.03	0.02	GB/T 13025.4—2012
pH 值	6.5～8.5			GB/T 9724—2007
熔点/℃	135～145			GB/T 21781—2008

2. 淬火冷却方法

根据轴承服役性能要求轴承零件具备不同的热处理质量，而零件的形状、壁厚和尺寸都对热处理质量存在影响。通常马氏体淬火冷却方法有：小零件的自由落下冷却、上下振动冷却、压模淬火、分级淬火、等温淬火和旋转机冷却（速度小于 1.5m/s）等。

1）直接淬火：将轴承零件加热至淬火温度，保温后将零件直接投入冷却介质中，冷却至接近室温。大多数轴承零件均采用直接淬火。

2）分级淬火：将轴承零件加热至淬火温度，保温后将零件投入 Ms 点以下某一恒温介质中进行停留，使零件表面和中心温差减小，从而减小淬火应力和减少零件的变形和开裂。对于形状复杂、易变形的薄壁零件，宜采用分级淬火。

分级淬火温度应根据保证淬火后的零件硬度在合格范围内，且满足残留奥氏体不太多的条件来确定。分级淬火温度对硬度、残留奥氏体量的影响分别如图 3-14、图 3-15 所示。

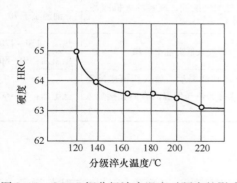 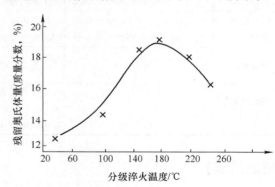

图 3-14　GCr15 钢分级淬火温度对硬度的影响　　图 3-15　GCr15 钢分级淬火温度对残留奥氏体量的影响

从图 3-15 中可知，当分级淬火温度为 180℃时，残留奥氏体量最多，所以高碳铬轴承钢制零件分级淬火温度一般选择在 120～150℃范围内，可获得较适宜的硬度和残留奥氏体含量。分级淬火温度停留时间过长，残留奥氏体增多，如图 3-16 所示。另外，为了减少残留奥氏体的稳定化，分级淬火后应立即进行冷处理和回火。

高碳铬轴承钢制套圈分级淬火工艺一般为：奥氏体化后，投入 120～170℃的油中冷却

2～5min，再放入30～60℃机械油中冷却。

3）等温淬火：对于要求具有高冲击韧性、高可靠性的轴承套圈，常采用等温淬火。由于等温温度在 Ms 点以下，所以等温淬火组织是马氏体而非贝氏体。图 3-17 所示为在 135℃ 等温温度下淬火时，冲击韧度与等温时间的关系。等温淬火的零件，无需回火处理，只需在初磨和终磨后进行 130～140℃、3～4h 的附加回火。

轴承零件常用的淬火冷却方法见表 3-18。

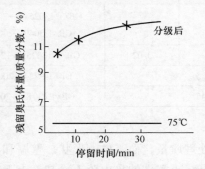

图 3-16　GCr15 钢 180℃分级淬火停留时间和随后冷处理对残留奥氏体量的影响

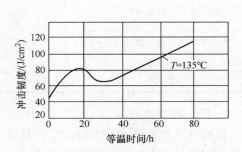

图 3-17　等温时间对 GCr15 冲击韧度的影响

表 3-18　轴承零件常用的淬火冷却方法

零件名称	直径、壁厚/mm	淬火冷却方法	淬火冷却介质温度/℃
滚动体	大中小型滚子和钢球	自动摇框、滚筒、溜球协板和振动导板等	油：30～60
中小型套圈	直径小于200	手窜、自动摇框、强力搅动油、喷油冷却、振动淬火机冷却	油：30～60
大型套圈	直径200～400	手窜式旋转、淬火机、吊架窜动，同时喷油冷却	油：30～60
特大型套圈和滚子	直径大于1000 的薄壁套圈 直径40～1000 的套圈和滚子	吊架机冷却、同时吹气搅油，旋转淬火机冷却、同时吹气搅油	油温小于70
薄壁套圈	壁厚小于8	在热油中冷却后，即放入低温油中冷却	热油：130～170 低温油：30～80
超轻、特轻套圈	—	先在高温油中冷却到油温后，放入压模中冷至30～40℃时脱模，或将加热与保温的套圈直接放入压模中进行油冷	低温油：30～60

【拓展阅读】

《北史·艺术列传》中"怀文造宿铁刀，其法烧生铁精，以重柔铤，数宿则成钢。以柔铁为刀脊，浴以五牲之溺，淬以五牲之脂，斩甲过三十札"，五牲之脂是动物油，淬火应力小，变形开裂倾向小。怀文创造性提出采用尿液进行淬火。五牲之溺含盐，冷却能力强，淬硬层深。浴以五牲之溺，淬以五牲之脂是不是双液淬火？

3.3.3　淬火后质量检验

轴承零件淬火后质量检验见表 3-19。

表 3-19　轴承零件淬火后质量检验（JB/T 1255）

零件名称	检验项目	技术要求	检验方法
套圈	① 硬度 ② 显微组织 ③ 裂纹与其他缺陷 ④ 变形（椭圆、翘曲以及尺寸胀缩）	① 硬度。套圈淬火后硬度 >63HRC ② 显微组织。套圈淬火后显微组织应由隐晶或细小结晶状马氏体、均匀分布的细小残留碳化物和少量的残留奥氏体所组成。不允许有过热针状马氏体或屈氏体组织超过规定。淬火后残留粗大碳化物颗粒平均直径 <4.2μm，碳化物网 <3 级，见表 3-20 ③ 不允许有裂纹，脱碳、软点等缺陷不得超过规定值 ④ 套圈的变形按表 3-21 ~ 表 3-23 进行控制	① 用洛氏硬度计、布氏硬度计、维氏硬度计或显微硬度计检查 ② 淬火、回火后显微组织需在套圈纵断面上进行取样，用金相显微镜进行检查，放大倍数为 500 ~ 1000 倍 　腐蚀剂用 4%（质量分数）硝酸酒精溶液 　显示淬火、回火晶粒度可用苦味酸苛性钠水溶液（2g 苦味酸，25g 氢氧化钠，100mL 蒸馏水），将试样煮沸 20min ③ 将淬回火的套圈用压力机或其他方法压断后，肉眼观察其断口的特征 ④ 检查软点和脱碳用冷酸洗方法，其深度用金相法测定。软点用硬度计测定。裂纹用磁力探伤、冷酸洗、油浸喷砂等方法进行检查 ⑤ 圆度用外径测量仪测量；挠曲用 G803 仪器检查；尺寸胀缩用外径测量仪检查。圆锥内圈用 D13 或 D914 检查。在检查出套圈变形超过规定时，则需 100% 进行变形的检查。套圈变形超过规定可按后述整形方法进行
钢球	① 硬度 ② 显微组织 ③ 裂纹与其他缺陷	钢球直径 ≤45mm，淬火后硬度 >64HRC；钢球直径 >45mm，淬火后硬度 >63HRC，其他均同套圈	同套圈①、②、③、④
圆柱滚针	① 硬度 ② 显微组织 ③ 裂纹与其他缺陷	同套圈	同套圈①、②、③、④

表 3-20　轴承零件淬回火后的显微组织

公差等级	零件材料	成品尺寸						显微组织级别		
		套圈有效壁厚/mm		钢球直径/mm		滚子有效直径/mm		马氏体（第二级别图）	屈氏体（第三级别图）[2]	
		>	≤	>	≤	>	≤		距工作面3mm 以内	距工作面3mm 以外
PN P6 P6X P5	G8Cr15 GCr15	—	12	—	25.4	—	12	第1~4级	第 1 级	
		12	15	25.4	50	12	26		第 1 级	第 2 级
		15	—	50	—	26	—		第 2 级	
	其他钢种	—	30		50		26		第 1 级	第 2 级
		30	—		50		26		第 2 级	
P2 P4	所有钢种[1]	—	12	—	25.4	—	12	第1~3级	第 1 级	
		12	—	25.4		12		第1~4级	第 1 级	第 2 级
所有公差等级	GCr15	微型轴承						第1~3级	不允许存在	

① 所有钢种指 G8Cr15、GCr15、GCr15SiMn、GCr15SiMo 及 GCr18Mo，其他钢种指 GCr15SiMn、GCr15SiMo 及 GCr18Mo。
② 屈氏体指针状屈氏体或块状屈氏体。

表 3-21　轴承外圈淬回火后允许外径变动量及外径留量　　　　（单位：mm）

公称外径/mm		直径系列2、3、4	直径系列8、9、1、0	尺寸系列08、09、00、01、82、83	外径留量（推荐值）	
>	≤		外径变动量 max		min	max
—	30	0.06	0.08	0.10	0.15	0.25
30	80	0.12	0.16	0.18	0.20	0.30
80	150	0.20	0.25	0.30	0.30	0.45
150	200	0.25	0.30	0.35	0.35	0.55
200	250	0.30	0.40	0.50	0.50	0.70
250	315	0.45	0.55	0.65	0.65	0.85
315	400	0.50	0.70	0.70	0.80	1.10
400	500	0.65	0.70	0.85	1.10	1.30
500	630	0.80	0.85	1.00	1.20	1.55

表 3-22　轴承内圈淬回火后允许内径变动量及内径留量　　　　（单位：mm）

公称外径/mm		直径系列2、3、4	直径系列8、9、1、0	尺寸系列08、09、00、01、82、83	内径留量（推荐值）	
>	≤		内径变动量 max		min	max
—	30	0.05	0.08	0.10	0.15	0.25
30	80	0.12	0.14	0.16	0.20	0.30
80	150	0.18	0.25	0.30	0.30	0.45
150	200	0.25	0.30	0.35	0.35	0.55
200	250	0.30	0.40	0.50	0.50	0.70
250	315	0.40	0.55	0.55	0.65	0.85
315	400	0.50	0.60	0.70	0.80	1.10
400	500	0.60	0.70	0.85	1.10	1.30

表 3-23　轴承套圈淬回火后允许的平面度及宽度留量　　　　（单位：mm）

公称直径[①]		直径系列2、3、4			直径系列8、9、1、0			尺寸系列08、09、00、01、82、83		
>	≤	宽度留量		平面度	宽度留量		平面度	宽度留量		平面度
		min	max	max	min	max	max	min	max	max
30	50	0.25	0.35	0.20	0.30	0.40	0.25	0.40	0.50	0.35
50	80	0.30	0.42	0.25	0.35	0.47	0.30	0.45	0.57	0.40
80	120	0.35	0.50	0.30	0.40	0.55	0.35	0.50	0.62	0.45
120	180	0.40	0.55	0.35	0.50	0.65	0.45	0.60	0.75	0.50
180	250	0.45	0.63	0.40	0.55	0.73	0.48	0.65	0.83	0.55
250	300	0.50	0.70	0.45	0.60	0.80	0.52	0.75	0.95	0.60
300	400	0.60	0.85	0.55	0.70	0.95	0.60	0.85	1.10	0.75
400	500	0.70	0.95	0.60	0.80	1.05	0.70	0.95	1.20	0.80

① 指内圈的公称内径或外圈的公称外径。

3.3.4　常见淬火缺陷及其防止方法

1. 淬火变形和裂纹

变形和裂纹是淬火过程中最易产生的缺陷，严重的变形和裂纹将使零件报废。实践证明，淬火过程中的快冷使零件内部产生内应力是导致变形、开裂的根本原因。因此，为了最大限度地减少和防止淬火变形和开裂，必须了解内应力产生的原因及其影响因素，以及内应力与变形、开裂间的相互关系。

（1）淬火内应力　淬火内应力根据其产生原因，可分两类。

1）热应力。钢在加热或冷却时，由于零件表面和心部温差，由热胀冷缩引起的内应力，称为热应力。以实心圆柱体为例，说明冷却过程中其应力的形成和变化情况。冷却开始时，由于表面冷却快，温度下降快而收缩量大；心部冷却慢，温度下降慢而收缩量小。表里相互牵制的结果使表层产生了拉应力，心部则承受压应力。随冷却的继续，表里温差增大，其内应力也随之增大，当应力增大到超过材料在该温度下的屈服极限时，将产生塑性变形。由于心部温度高于表面，因而总是心部先沿轴向缩短。塑性变形的结果使其内应力不再增大。冷却到一定时间后，表层温度的降低减慢，则其收缩量也减小，而此时心部仍在不断收缩，于是表层的拉应力及心部的压应力将逐渐减小，直至消失。可是，随冷却的继续，表层温度越来越低，收缩量也越来越小，甚至停止收缩，而心部由于温度尚高，还要不断收缩，结果最后在零件表层形成压应力，心部则为拉应力。

2）组织应力。钢在冷却时，由于组织转变引起的内应力称为组织应力。由于钢中基本组织的比体积不同（比体积大小顺序如下：淬火马氏体、回火马氏体、下贝氏体、上贝氏体、屈氏体、索氏体、珠光体、奥氏体），所以，钢在冷却过程中进行相变时，必定伴随着体积的变化。另外，由于零件表里冷却速度不一致，使相变不同时进行或不能进行同一种转变，形成不同的组织，从而产生了组织应力。

淬火快冷时，当表面冷至 Ms 点即发生马氏体转变，并引起体积膨胀。但由于受到尚未进行转变的心部的阻碍，使表层产生压应力，而心部则为拉应力。当应力足够大时，即会引起变形。当心部温度冷至 Ms 点时，也要发生马氏体转变，体积也随之膨胀，但此时受到已转变的表层牵制，最后的残余应力是表层受拉，心部受压。

3）影响内应力的因素。引起内应力的根本原因在于零件表里存在温差。故凡是增加零件表里温差的因素，均增加其内应力。

加热时，奥氏体化学成分不同，其导热性、热膨胀性以及马氏体的比体积也将不同。导热性越差，热膨胀系数越大，马氏体比体积越大，产生的应力也越大。加热和冷却时，一般来说，加热速度和冷却速度越大，温差也越大，应力也越大；加热和冷却越不均匀，则其应力也越大；零件截面越大，表里温差越大，应力也越大。此外，零件的形状、奥氏体晶粒大小和操作方法等，都会对淬火内应力产生不同程度的影响。

在淬火零件中，总是同时存在着热应力和组织应力。零件中总的残余应力是两者综合作用的结果，且综合作用又是十分复杂的，在各种因素影响下，既可能相互抵消而削弱，也可能相互叠加而加强。

（2）淬火变形　轴承套圈淬火引起的变形，包括尺寸胀缩的相似变形和几何形状发生变化的非相似变形。两种变形都是由于热应力和组织应力的综合作用产生的，但要分别测定两种应力相当困难。一般认为，热应力比组织应力小得多，膨胀和收缩受残留奥氏体的影响较大，变形则与到达 Ms 点的时间差值的大小有较大关系。

1）膨胀与收缩。淬火前后，钢中各相的比体积不同，因此淬火相变，必然引起体积的变化，即表现为套圈直径尺寸的胀大或缩小。一般因胀大造成的报废较少，而外径的缩小可导致产生大批的废品。因此预估淬火时的胀缩，并采取必要的措施，使其限制在一定范围内，对确定磨削留量、减少废品将起到很大的作用。

一般情况下，外径小于 200mm 的套圈在连续淬火炉中淬火时，由于马氏体的转变所引起的体积变化，大部分是胀大。图 3-18 所示为套圈在连续淬火炉油淬后外径膨胀规律。套圈外径尺寸越大，膨胀量越大。试验套圈为中载荷轴承（6200），设 $50mm \leqslant D \leqslant 200mm$，其膨胀规律为 $d = kD - m$，$d = 0.002D - 0.060mm$。

淬火组织中各相成分的含量引起套圈淬火胀缩的主要原因。表 3-24 所列显示了高碳铬轴承钢淬火组织和体积变化的关系。淬火组织中残留奥氏体含量越多，马氏体数量越少，体积变化就越小。因此，凡是增加淬火组织中奥氏体含量的因素，均使套圈的膨胀量减小。淬火时在 Ms 点以下冷却速度快的比冷却速度慢的膨胀量大，套圈壁薄的比壁厚的膨胀量大，如图 3-19 所示。此外，奥氏体化工艺、冷却介质的种类以及冷却介质有无搅拌及搅拌速度等都影响套圈的膨胀量。

对于淬火后外径缩小的套圈，可以用冷处理和回火方法减少残留奥氏体，使之胀大；对于回火后的套圈，则进行胎模压形重新淬火。

表 3-24 轴承钢的淬火组织与体积变化

淬火组织（体积分数,%）			马氏体中固溶的碳含量（质量分数,%）	由淬火引起的体积变化（%）
马氏体	残留奥氏体	碳化物		
89	7	4		0.42
85	7	8	0.45	0.39
86	10	4		0.29
82	10	8		0.26

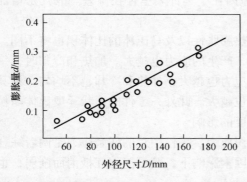

图 3-18 轴承外圈的外径尺寸与膨胀量的关系

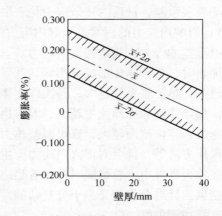

图 3-19 轴承套圈淬火膨胀率与壁厚的关系
$\overline{x}$—平均值 σ—均方差

2）变形。轴承套圈产生非相似变形，即几何形状的变化，主要有径向不均匀变形（圆度）和轴向不均匀变形（翘曲或锥度）两种，如图 3-20 所示。

造成这两种变形的主要原因是淬火时套圈各部位到达 Ms 点时间不同，进而引起马氏体转变有先后，产生不一致的组织应力。此外，淬火加热时，由于炉温不均匀和装炉方式不当等，均会造成套圈不均匀加热；淬火冷却时，套圈上、下端冷却速度的不一致以及淬火油的搅拌速度大小不等造成的不均匀冷却，都会使套圈变形增加。

套圈淬火前本身的刚性大小、原始应力大小以及套圈在加热和冷却时自身的碰撞等也将使淬火变形表现得更为复杂。

3）减少和防止变形的方法。

① 淬火前先加热到 650～700℃，然后再升温到淬火温度的二次加热，既可达到均匀加热的目的，又可以消除淬火前的原始应力。

② 采用热油（100～140℃）淬火或采用在 Ms 点以上保温 1～2min 后空冷的马氏体分级淬火，减小各部位到达 Ms 点的时间差，减小马氏体转变时产生的组织应力。图 3-21 所示为油温与变形的关系。试验套圈尺寸为外径 50mm×内径 40mm×宽 20mm。

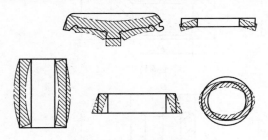

图 3-20　套圈淬火变形

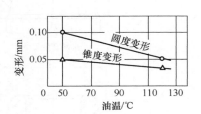

图 3-21　油温和淬火变形关系

③ 适当调节淬火油的搅拌速度。搅拌速度快，圆度变形增大；搅拌速度慢，锥度变形增大。壁厚的套圈应快速搅拌，壁薄的套圈应缓慢搅拌。

为了减小锥度变形，应使套圈两端的冷却速度相同或同时达到 Ms 点。生产中可采用能使套圈在淬火油中翻转 180°的淬火机构，如外径为 130mm、内径为 120mm、宽 40mm 的套圈在油中冷却 20s 后，再翻转 180°油冷，锥度变形可由原来的 0.15mm 减小到 0.01mm。

④ 对于壁薄的易变形套圈，采用强制防止变形的夹具——淬火压床。

4）变形的补救方法。套圈淬、回火后，若变形量（圆度和翘曲度）超过规定允许范围，应进行整形，整形方法如下：

① 重物压平法和胎具压紧法：主要用于超轻、特轻系列以及推力轴承套圈的翘曲。重物压平法是将淬火套圈在油中冷至 120～150℃时，迅速取出放在平板上，将套圈整齐堆放，然后加重物施压，待零件冷至室温后除去重物。胎具压紧法是将分级淬火套圈冷至内外均匀后，迅速取出在胎具上压紧，待零件冷至室温后取出再进行回火。

② 热整形法：利用淬火后套圈的组织和应力不稳定状态，借锤击的外力改变套圈的变形方向，产生微小塑性变形以达到减小变形量的目的。热整形必须在套圈淬火出油温度较高（120～150℃）时进行，迅速测出变形的最高点，用钢锤轻敲，锤击力依据套圈变形的大小

而定，最后使变形量比规定值小 0.05 ~ 0.10mm 为止。变形大的套圈应采取多次锤击的方法。当多次锤击后，变形量仍超过规定值，可采用回火后再顶形的方法整形。热整形后的套圈需要回火，其回火规范与常规回火规范不同。

③ 内撑整形法：校正圆度变形的常用方法，可在淬火后或回火后进行。其是在套圈直径最小处用螺钉撑开，使短轴反变形为长轴。根据经验：

淬火套圈：反变形量 = 原变形量 × (1 ~ 1.5) + (0.1 ~ 0.2)mm。

淬、回火套圈：反变形量 = 原变形量 × (2 ~ 2.5) + (0.2 ~ 0.3)mm（轻系列取 2，重系列取 2.5）。

上顶后，按正常工艺回火，待零件冷至室温后卸顶，按正常工艺再回火一次，进一步清除应力。

④ 胎模胀形法：适用于圆锥外圈一头收缩过大的情况。胀形胎模结构如图 3-22 所示。图中 $\alpha = \alpha_1$，$B = B_1$，$D_1 = D + \Delta d$，$\Delta d = Df$，$f = 0.0035 ~ 0.015$，f 值经试验选定。

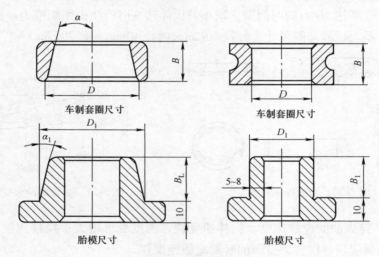

图 3-22　胀形胎模结构

(3) 淬火裂纹　零件在淬火过程中产生的裂纹，多数是在马氏体转变温度范围内冷却时，由于淬火应力在零件表面附近所产生的拉应力超过了该温度下钢的断裂强度而引起的。因此，一般情况下，淬火时在 Ms 点以下快冷是造成淬火裂纹的主要原因。不过淬火前原始应力过大、原材料中的缺陷及其引起的应力集中、加热时零件表面的脱碳都可能促使裂纹的形成。常见轴承零件的淬火裂纹如下：

1）淬火过热形成的裂纹。淬火加热温度过高、保温时间过长，引起奥氏体晶粒粗大，使淬火后马氏体脆性增加，强度下降而开裂。其裂纹特征是：套圈沿圆周方向的细裂纹，常产生在厚薄交界处，钢球裂纹呈 S 形或 Y 形。在碳酸钠水溶液中淬火多为 S 形裂纹，在油中淬火多为 Y 形裂纹。

2）冷却速度过大产生的裂纹。零件在冷却速度过大的介质中淬火或落入底部有水的油槽中冷却，由于冷却速度过大，显著增加组织应力而形成裂纹。该种裂纹常在厚薄交界处产生。

3）淬火前原始应力产生的裂纹。零件淬火前，如果没有充分消除冷加工应力，或者零件返修前未去除前一次淬火应力，那么未消除的应力就与淬火应力相互叠加进而产生裂纹。

4）应力集中产生的裂纹。套圈端面打字过深、车削痕过深、油沟尖而深以及钢球锉削痕迹等都可能在淬火过程中因产生应力集中而形成裂纹。

5）材料缺陷引起的裂纹。钢中的缺陷如疏松、缩孔残余、白点、气孔、夹渣、夹杂物以及碳化物分布不均匀都可能引起局部强度下降和应力集中，而形成裂纹。

6）表面脱碳产生的裂纹。表面脱碳不但使零件表面强度降低，而且使表层和心部 Ms 点温度不同，冷却时马氏体转变先后时间不同而引起较大的内应力，故产生间断、细小、不深的网状淬火裂纹。

7）淬火后未及时回火产生的裂纹。淬火马氏体在淬火应力的长时间作用下，其断裂强度随时间的延长而降低。因此，淬火后的零件不及时回火，将产生裂纹。

8）撞击产生的裂纹。套圈淬火后，出油温度较高，若立即清洗或回火前受到碰撞，则由于淬火应力过大和机械碰撞力而产生沿纵向宽大整齐的贯穿性大裂纹。

2. 屈氏体与软点

屈氏体是淬火过程中，由于冷却速度小于淬火临界冷却速度而发生珠光体类型转变的产物。它是极细珠光体，形状有块状、针状、带状和网状，一般硬度偏低。

块状屈氏体是由于加热不足产生的，针状屈氏体是冷却不良产生的，而网状屈氏体一般认为是针状屈氏体的连续形式，带状屈氏体是带状碳化物引起在贫碳区呈条带状分布的屈氏体。

软点是零件淬火后，局部硬度低于规定值的部分。离零件表面 0.4mm 以内，硬度低于正常范围 2~3HRC 的轻微软点称为表面软点；面积较大、较深，硬度在 40~55HRC 范围较严重的软点称为体积软点。软点处的显微组织为马氏体基体上存在大量屈氏体和较多残留碳化物。

屈氏体和软点会引起硬度和强度降低，使耐磨性和耐疲劳性下降，此外还会降低零件的防锈能力。因此，轴承零件表层不允许有严重屈氏体和软点存在。

产生屈氏体及软点的主要原因如下：

1）原始组织不均匀。如碳化物偏析、颗粒大小不均匀、球化不完全有细片状珠光体等，这些组织都可能使同一零件既产生屈氏体又产生针状马氏体。因此应适当延长保温时间并增强淬火冷却能力。

2）淬火加热不足。如加热温度偏低或保温时间过短。

3）淬火冷却速度不够。应采用搅拌、喷油、旋转淬火机等强制冷却的方式。

4）零件表面不清洁，如有油污、铁锈等。

5）零件表面脱碳。

6）淬火加热不均匀。

7）钢的淬透性不足，如 GCr15 钢较 GCr15SiMn 易产生屈氏体和软点。

常见淬火缺陷及其防止方法见表 3-25。

表 3-25　淬火缺陷及防止方法

检查项目	缺陷名称	产生原因	防止方法
显微组织	过热针状马氏组织	① 淬火温度过高或在较高温度下保温时间过长 ② 原材料碳化物带状严重 ③ 退火组织中碳化物大小分布不均匀或部分存在细片状珠光体	① 降低淬火温度 ② 按材料标准控制碳化物不均匀程度 ③ 提高退火质量，使退火组织为均匀细粒状珠光体
	1~2 级屈氏体组织	① 淬火温度偏低或淬火温度正常而保温时间不足 ② 冷却太慢 ③ 原材料碳化物不均匀性严重和退火组织不均匀	① 提高淬火温度和延长保温时间 ② 增加冷却能力，采用旋转淬火机等 ③ 按材料标准控制碳化物不均匀程度 ④ 提高退火组织的均匀性
	局部区域有针状马氏体同时还存在块状、网状和条状屈氏体	① 退火组织极不均匀，有细片状珠光体，组织未球化 ② 淬火温度偏高，保温时间长 ③ 原材料碳化物带状严重	① 降低淬火温度，适当延长保温时间 ② 增加冷却能力 ③ 提高退火组织的均匀性
	碳化物网状 >2.5 级	① 原材料的网状超过 2.5 级 ② 锻造时停锻温度过高以及退火温度过高，冷却缓慢形成网状	在盐炉或保护气体炉中加热到 930~950℃ 正火，正火后低温退火，再进行淬火回火
	残留粗大碳化物直径超过 4.2μm	① 反复退火 ② 原材料碳化严重不均匀	加强对原材料的控制，尽量避免反复退火
硬度	硬度偏低，显微组织合格	① 淬火保温时间太短 ② 表面脱碳严重 ③ 淬火温度偏低 ④ 油冷慢，出油温度高	① 延长保温时间 ② 适当提高淬火温度 5~10℃ ③ 在保护气体炉中或涂 3%~5% 硼酸酒精溶液加热
	硬度偏低，显微组织出现块状或网状屈氏体	淬火温度偏低或冷却不良	① 适当提高淬火温度或延长保温时间 ② 强化冷却
断口	欠热断口	淬火温度偏低	提高淬火温度
	过热断口	淬火温度过高	降低淬火温度
	粗颗粒状断口，显微组织合格	锻造过烧	控制锻造加热温度不要超过 1100℃
	带小亮点的断口	网状碳化物严重	按标准控制碳化物网状≤3 级
软点	体积软点（40~55HRC）	锻造过程局部脱碳，淬火加热温度低，保温不够，冷却不良	提高淬火加热温度或适当延长保温时间以及增加冷却能力
	表面软点（比正常硬度低 2~3HRC）	碳酸钠水溶液配制不当，温度较高，或碳酸钠水溶液上面有油	采用热苏打水溶液温度 <35℃，或增加碳酸钠水溶液浓度 15%~20%

（续）

检查项目	缺陷名称	产生原因	防止方法
表面缺陷	氧化、脱碳、腐蚀坑严重	炉子密封性差，淬火前工件表面清洗不干净，淬火温度高或保温时间长，锻件和棒料的脱碳严重	改进炉子密封性，淬火前工件表面清洗干净，在保护气体炉中加热或涂 3% ~ 5% 硼酸酒精，盐炉加热淬火后需清洗干净
变形	变形量超过规定	退火组织不均匀，淬火加热温度高，装炉量多，加热不均，冷却太快和不均，加热和冷却中机械碰撞	提高退火组织的均匀性，增加去应力退火工序，降低淬火加热温度，提高加热和冷却的均匀性，在热油中冷却或压模淬火，清除加热和冷却中机械碰撞等。采用上述措施后变形量仍超过规定，可采用整形方法
裂纹	淬火裂纹	①组织过热，淬火温度过高或在淬火温度上限保温时间过长 ②冷却太快，油温低，淬火油中含水分超过 0.25% ③应力集中，如圆锥内圈油沟呈尖角，车削套圈表面留有粗而深的刀痕，以及套圈端面打字处 ④表面脱碳 ⑤返修中间未经退火 ⑥淬火后未及时回火	降低淬火温度，提高零件出油温度或提高淬火油的温度，提高车削表面光洁程度，增加去应力工序，减少表面的脱碳、贫碳，以及在设计和加工中避免零件产生应力集中

3.3.5　贝氏体等温淬火

　　贝氏体等温淬火是将零件加热到奥氏体化，在贝氏体转变温度保温，使奥氏体转变为贝氏体为主的淬火工艺。目前，贝氏体淬火技术已成熟，与马氏体淬火相比，贝氏体等温淬火是一个等温的过程。贝氏体是铁素体和渗碳体的混合物，受碳在铁素体和渗碳体之间扩散控制。与马氏体相似，贝氏体中的铁素体为位错亚结构，具有片状或板条形态。在某种程度上，贝氏体的形成机制为切变和扩散。通常需要几小时，才能完成贝氏体热处理，特别是对工件有高硬度要求时，为了获得对滚动接触疲劳性能有利的高硬度，必须采用较低的等温转变温度（接近 Ms），因此需要延长等温转变时间，才能得到完全的贝氏体组织。贝氏体转变温度越低，碳化物越细，且贝氏体结构的强度和硬度就越高。贝氏体组织为铁素体片中分布有超细弥散的渗碳体，淬火后的组织为完全下贝氏体 + 未溶碳化物、下贝氏体 + 马氏体 + 未溶碳化物，或下贝氏体 + 少量的屈氏体 + 未溶碳化物混合组织。它适用于在工作条件恶劣、润滑差、受高冲击负荷的铁路、轧机、矿山、采煤、钻井等条件下工作。缺点是淬火后的硬度低于常规马氏体组织，耐磨性受到一定影响，且增加成本。

　　贝氏体淬火适用于奥氏体在贝氏体转变区稳定性差的钢种，如 CCr15、GCr18Mo，不适用于加 Mn 的钢，如 GCr15SiMn，因为该钢的过冷奥氏体在贝氏体转变区的稳定性高，转变时间长，很不经济。

　　贝氏体淬火工艺特点如下：

1）毛坯需经碳化物细化处理，通常选用正火和快速退火，要求退火组织为 JB/T 1255 中 2~3 级退火组织。

2）淬火加热温度比常规马氏体淬火温度高 20~30℃，淬火加热应在可控气氛炉或盐浴炉中进行。

3）冷却在 220~240℃ 硝盐中进行，按冷却介质的 0.5%~1.5%（质量分数）加水，以调节冷却速度。

4）零件表面呈压应力，有利于接触疲劳寿命的提高，无淬火裂纹。

5）贝氏体淬火后套圈尺寸胀大，以 NJ3226/Q1/S0 为例，01 胀大 0.4~0.6mm；02 胀大 0.25~0.4mm。

6）高的尺寸稳定性。贝氏体淬火后组织为下贝氏体 + 未溶碳化物以及 <3%（体积分数）残留奥氏体所组成。在 120℃ 使用温度下，组织稳定，零件尺寸稳定，如用 GCr18Mo 制造的 NJ3226/01、02 尺寸稳定性 ≤1.25×10³mm，小于标准规定限值（1×10⁴mm）。

7）力学性能良好。贝氏体淬火与常规马氏体淬火相比，耐磨性、接触疲劳寿命相当，抗弯强度提高 15%，K_{IC} 提高 20%，冲击韧度比回火马氏体提高 2 倍以上。

下贝氏体等温淬火可以减小热应力和变形，使零件表面呈压应力，从而提高轴承寿命和可靠性，但是热处理成本高。

GCr15、GCr18Mo 贝氏体淬火工艺见图 3-23 和表 3-26。

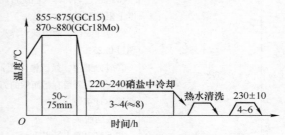

图 3-23　GCr15、GCr18Mo 贝氏体淬火工艺（8h 适用于 GCr18Mo）

表 3-26　GCr15、GCr18Mo 贝氏体淬火工艺

牌号	套圈壁厚/mm	淬火工艺参数		
		温度/℃	保留时间/min	盐浴等温时间
GCr15	≤10	855~860	60	(220~240)℃ ×(3~4) h
	>10~14	860~865	60	
	>14~18	870~880	60	
	>18~22	870~880	60	
	>22~25	875~885	60	
GCr18Mo	40~45	865~870	60	240℃ ×8h
	45~50	890~895	60	
	50~55	895~900	60	
	55~60	900~905	60	
100CrMnMoSi8 - 4 - 6[①]	55~60	875~885	60~70	240℃ ×10h
	60~70	885~895	60~70	
	≥70	895~910	60~70	

① 100CrMnMosi8 - 4 - 6 化学成分（质量分数）为：C 0.93%~1.05%，Si 0.40%~0.60%，Mn 0.80%~1.10%，P <0.025%，S <0.015%，Cr 1.80%~2.05%，Mo 0.50%~0.60%，O≤15×10⁻⁶。

贝氏体淬火后，需经 70~80℃ 热清洗。对于大型轴承零件还需进行回火。其回火工艺见表 3-27。

贝氏体等温淬火后技术要求如下：

1）硬度。套圈成品硬度要求见表 3-28。

2）晶粒度。小于 8 级，或更细的晶粒度。

3）显微组织由贝氏体、未溶碳化物和少量屈氏体组成。贝氏体组织 ≤1 级。

4）不允许有裂纹。

5）变形量。贝氏体处理后尺寸均胀大 0.3%~0.4%（直径）。

表 3-27　贝氏体处理后的回火工艺

牌号	回火工艺	成品硬度
GCr15	260℃×2.5h	(58±2)HRC
GCr18Mo	260℃×4h	—
100CrMnMoSi8-4-6	260℃×4h	—

表 3-28　套圈成品硬度要求

牌号	套圈直径	成品硬度
GCr15	≤25mm	58~62HRC
GCr18Mo	>25mm	

3.4　高碳铬轴承钢的冷处理

轴承零件淬火后，是否进行冷处理对最终的组织有较大的影响。一般情况下，轴承钢在淬火后含有约 15% 的残留奥氏体（体积分数），虽经过回火处理，仍不能全部转变和稳定。当长期存放在室温下，奥氏体会转变为马氏体而导致尺寸发生变化。为此，要稳定组织和尺寸，必须通过相应的处理以减少残留奥氏体的含量，并使之稳定化。冷处理是淬火的继续，是将零件放在 0℃ 以下某温度的介质中继续冷却的热处理工艺，其目的是让淬火后的残留奥氏体转变为马氏体，进而减少残留奥氏体含量，并使奥氏体趋于稳定，提高零件的尺寸稳定性和硬度。因此，对超精密以及按专用技术条件规定的轴承零件淬火后，应进行冷处理。

3.4.1　冷处理温度

冷处理温度主要根据钢的马氏体转变终止点（Mf）、淬火组织中残留奥氏体含量、冷处理对力学性能的影响、零件的技术要求和形状复杂情况而定。GCr15 钢在正常淬火规范下并连续冷却到低温下，其马氏体转变终止温度 Mf 点在 -70℃ 左右。低于 Mf 点温度的冷处理对减少残留奥氏体的效果并不显著。图 3-24 所示为高碳铬轴承钢的冷处理温度对残留奥氏体含量的影响。冷处理温度对 GCr15 钢的多次冲击疲劳的影响见表 3-29。不同热处理工艺下套圈尺寸变化如图 3-25 所示。

GCr15 钢采用的冷处理温度：一般精密级的多在 -20℃ 冷冻室内处理；高精度（P2、P4级）产品零件采用 -78℃ 或低温箱等其他冷处理方法。如采用 -183℃ 和 -195℃ 冷处理与

-80℃相比, 不仅不能显著减小残留奥氏体含量, 还会加大零件内应力, 会引起超显微裂纹, 从而降低疲劳寿命和冲击韧度, 所以很少采用。

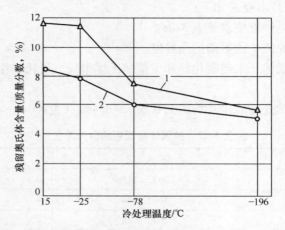

图 3-24　高碳铬轴承钢冷处理温度对残留奥氏体含量的影响

1—GCr15, 850℃淬火　2—GCr15SiMn, 830℃淬火

表 3-29　冷处理温度对 GCr15 钢的多次冲击疲劳寿命的影响

热处理规范	多次冲击疲劳寿命/min			
	第一次	第二次	第三次	第四次
820℃油淬, 回火	85	145	55	95
820℃油淬, -50℃冷处理, 回火	140	70	—	105
820℃油淬, -80℃冷处理, 回火	145	70	220	145
820℃油淬, -183℃冷处理, 回火	60	45	40	50

注: 试验牌号 GCr15, 试样形状为环状, 外径为 52.5mm, 内径为 44.8mm, 宽度为 15.2mm, 在直径方向进行冲击, 冲击能量为 6.08N·m, 每分钟 208 次。

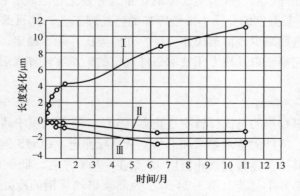

图 3-25　不同热处理工艺下套圈尺寸变化

Ⅰ—在 50~60℃油中淬火, 150℃回火 2h　Ⅱ—在 50~60℃油中淬火, -70℃深冷处理, 150℃回火 2h

Ⅲ—在 50~60℃油中淬火, 流动冷水冷却, 150℃回火 2h

3.4.2 冷处理时间

冷处理时间与残留奥氏体量的关系如图 3-26 所示。随冷处理时间的延长，残留奥氏体有所减少，再延长时间其影响甚微。且从马氏体相变来看，奥氏体转变是在 *Ms ~ Mf* 温度范围内完成的。考虑零件表面至心部的均温，故须保温一定时间。根据装入量不同，一般到冷处理时间为 1 ~ 1.5h。一般冷处理不能使残留奥氏体全部转变。

3.4.3 冷处理方法

淬冷后到冷处理之间的停留时间不宜过长，一般不超过 2h。生产中，零件淬冷到室温后，立即在低温箱或干冰酒精中进行冷处理。从淬冷后到冷处理之间停留时间越短，冷处理的效果越好。停留时间过久，易出现残

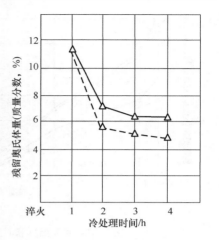

图 3-26 冷处理时间与 GCr15
残留奥氏体量的关系
实线——78℃ 虚线——196℃

留奥氏体的陈化稳定，降低冷处理效果。对形状复杂的零件淬冷到室温后立即进行冷处理会产生开裂。因此，对这类零件在淬火和冷到室温后，可先进行 110 ~ 130℃ 保温 30 ~ 40min 预回火，再进行冷处理，但回火会使残留奥氏体陈化稳定。冷处理后零件应放在空气中恢复到室温后立即进行回火，否则，会导致零件开裂。一般从冷处理后至回火的停留时间不应超过 4h。

对于某些零件的尺寸稳定性有特殊要求时，可采用多次冷处理与活化相结合的工艺，即在第一次冷处理后，待零件温度恢复到室温，进行 110 ~ 120℃ 加热 1 ~ 2h 的活化处理，出炉后冷却到室温再进行第二次冷处理。

3.5 高碳铬轴承钢的回火与附加回火

3.5.1 高碳铬轴承钢的回火

回火是决定轴承零件使用性能的最后热处理工序，是将淬火后的零件重新加热到 A_1 以下某一温度，保温一定时间后冷却到室温的一种热处理工艺。实质是淬火马氏体分解、碳化物析出、聚集长大、残留奥氏体转变及铁素体再结晶的综合过程，是非平衡态向介稳态或稳定态的转变。GCr15 和 GCr15SiMn 钢在淬火组织中存在着两种亚稳定组织——马氏体和残留奥氏体，有自发转化或诱发转化为稳定组织的趋势。同时，零件在淬火后处于高应力状态，在长时间存放或使用过程中，极易引起尺寸改变，丧失精度，甚至开裂。通过回火可以消除残余应力，防止开裂，并能使亚稳组织转变为相对稳定的组织，从而稳定尺寸，提高韧性，获得良好的综合力学性能。回火的目的是减小并稳定残余应力、稳定组织、避免裂纹和变形，适当降低硬度的同时大幅度提高韧性，从而使零件获得最佳的综合力学性能。

3.5.1.1 回火温度和时间对组织和性能影响

GCr15 钢随回火温度上升，硬度呈单调下降趋势，而冲击韧度在 200℃ 左右有局部峰值，225℃ 左右有局部谷值。回火温度和时间对 GCr15 和 GCr15SiMn 钢残留奥氏体含量的影响如图 3-27 和图 3-28 所示，对硬度的影响如图 3-29 所示，对应力消除程度的影响如图 3-30 所示。

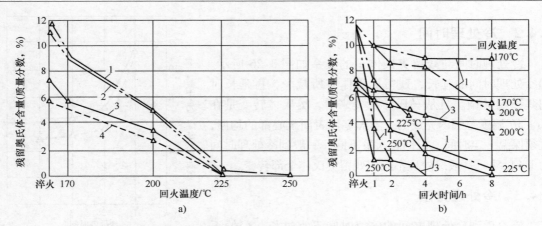

图 3-27　回火温度和时间对 GCr15 (850℃淬火) 残留奥氏体含量的影响

a) 回火温度的影响 (保温 8h)　b) 回火时间的影响

1—未经冷处理 (15℃)　2—冷处理 (−25℃, 1h)　3—冷处理 (−78℃, 1h)　4—冷处理 (−196℃, 1h)

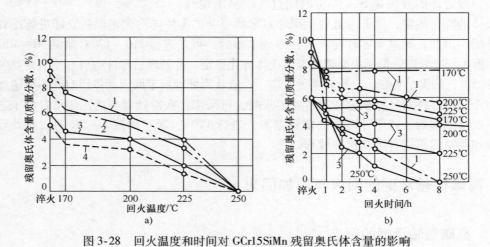

图 3-28　回火温度和时间对 GCr15SiMn 残留奥氏体含量的影响

a) 回火温度的影响 (保温 8h)　b) 回火时间的影响

1—未经冷处理 (15℃)　2—冷处理 (−25℃, 1h)　3—冷处理 (−78℃, 1h)　4—冷处理 (−196℃, 1h)

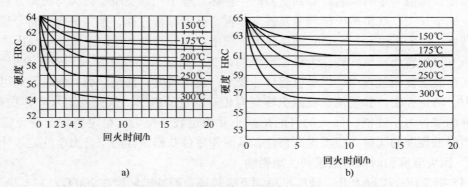

图 3-29　回火温度和时间对 GCr15 和 GCr15SiMn 硬度的影响

a) GCr15　b) GCr15SiMn

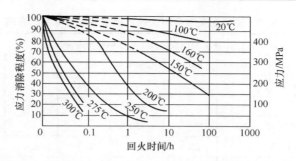

图 3-30　回火温度和时间对 GCr15 应力消除程度的影响

随着回火温度的升高和保温时间的延长，应力消除的程度越高。硬度随回火温度的升高而降低。回火 2h，硬度降低较快，再延长保温时间，硬度下降趋于平缓，回火温度达 250℃ 时，残留奥氏体已全部转变。回火温度低于 170℃，回火保温时间对残留奥氏体转变影响不大。

回火温度对接触疲劳寿命、耐磨性能和力学性能的影响见图 3-31、图 3-32 和图 3-33 以及表 3-30。回火温度对耐磨性和接触疲劳强度的影响主要取决于回火后的硬度。回火温度提高到 150℃ 以上，硬度下降到 62HRC 以下，磨损加剧，其寿命不断降低。回火温度越高，硬度、抗压强度和抗扭强度越小，而抗弯强度、接触疲劳寿命和抗拉强度存在最佳回火温度。

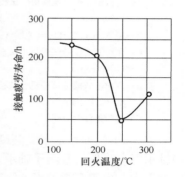

图 3-31　回火温度对 GCr15
接触疲劳寿命的影响

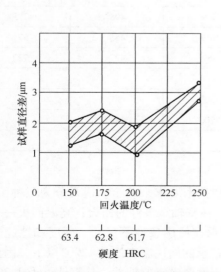

图 3-32　回火温度对 GCr15 耐磨性的影响

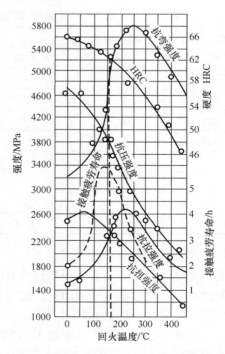

图 3-33　回火温度对 GCr15 力学性能的影响

表 3-30　回火温度对高碳铬轴承钢接触疲劳寿命的影响

牌号	在下列回火温度下的接触疲劳寿命/h							试验条件
	150℃	180℃	200℃	250℃	300℃	350℃	400℃	
GCr15	230	—	205	—	115	—	—	A
GCr15	290	—	200	—	—	—	—	B
GCr15SiMn	400	490	—	250	—	—	—	C
GCr15	15.1	—	13.6	8.6	6.3	3.6	1.3	D
GCr15SiMn	18.2	—	14.1	9.6	6.6	2.3	1.6	E

注：A—在对滚式疲劳试验机上试验，使 ϕ14.8mm 的球在两个 ϕ150mm 的圆柱之间滚动，载荷 $P=1.47$kN，转速 $n=$ 1750r/min；

B—用 ϕ15mm 的球，其他同 A；

C—在对滚式疲劳试验机上试验，使 ϕ15mm 钢球在两个 ϕ250mm 圆柱体之间滚动，载荷 $P=2.45$kN，转速 $n=$ 1100r/min；

D—在对滚式疲劳试验机上试验，使 ϕ6mm 圆柱形试样在两个 ϕ150mm 圆柱体之间滚动，载荷 $P=1.04$kN，转速 $n=6280$r/min；

E—试验条件同 D。

　　表 3-31 所列显示了套圈硬度对整套轴承和单个零件寿命的影响。降低套圈的硬度，会使轴承寿命降低，且滚子轴承寿命降低的程度比球轴承大。套圈硬度的变化对滚动体的寿命影响不大。由于套圈的寿命随其硬度的降低而缩短，所以轴承因接触疲劳而失效的比率不断增加。套圈硬度降低时，整套轴承寿命的降低要比套圈本身寿命的降低小些，因为大部分轴承都是由于滚动体的破坏而报废。

表 3-31　套圈硬度对整套轴承和单个零件寿命的影响

套圈的回火温度/℃	套圈的硬度 HRC	寿命 L_{50}/h			套圈的破坏比率（%）
		套圈	滚动体	整套轴承	
307 轴承					
150	61.8	1123	808	498	47.5
200	59.2	936	1012	456	57
250	57.8	569	869	427	72
2207 滚子轴承					
150	62.0	4630	4700	3802	36
200	59.7	2319	3200	184	62
250	58.3	1242		1055	85

3.5.1.2　回火工艺

　　高碳铬轴承钢回火工艺应根据轴承的服役条件和技术要求来确定。通常分为三种工艺：常规回火——一般轴承零件的回火；稳定化回火——精密轴承零件的回火；高温回火——一些航空轴承及其他特殊轴承零件的回火。为保证轴承在使用条件下尺寸、硬度和性能的稳定，回火温度应比轴承工作温度高 30~50℃。一般轴承的使用温度均在 120℃ 以下，因此常规回火温度采用 150~180℃。对载荷较轻、尺寸稳定性要求高的轴承，其零件可采用 200~250℃回火。在高温下工作的轴承，根据使用温度，零件的回火温度可选用 S_0（200℃）、S_1

（250℃）、S_2（300℃）、S_3（350℃）或 S_4（400℃）。

回火时间应保证在回火温度下，零件受热均匀，组织转变充分，有效消除残余应力，进而达到预定的性能要求。通常按轴承零件大小和精度等级来选择回火时间，一般轴承零件是在热风循环空气电炉、油浴炉或硝盐浴炉中进行回火，保温 3~5h。如果在油浴炉或硝盐浴炉中回火，保温时间可稍缩短。大型和特大型轴承零件的回火时间，根据其尺寸和壁厚可选 6~12h。

一般轴承零件回火规范见表 3-32。精密轴承零件回火均在油浴炉中进行，且回火时间可增加 2~3h。

轴承零件高温回火规范见表 3-33。为了保证轴承零件有高的尺寸稳定性，零件回火前必须冷却至室温或者在流动水中冷却，方可进行回火。

表 3-32　一般轴承零件回火规范

名　称	轴承零件精度等级	回火温度/℃，时间/h	备　注
中小型滚子	0级、I级、II级、III级	150~180，2.5~4	滚子直径≤28mm
大型滚子	一般品	150~180，3~6	28mm<滚子直径≤50mm
	一般品	150~180，6~12	滚子直径>50mm
钢球	一般品	150~180，3~4	钢球直径<48.76mm
	5级、10级、16级	150~180，3~6	
中小型套圈	一般品	150~180，2.5~4	—
	P2级、P4级	160~200，3~6	
大型轴承套圈（GCr15SiMn钢）	一般品	150~180，6~12	—
特大型轴承套圈	一般品	150~180，8~12	—
关节轴承套圈	一般品	200~250，2~3	—
有枢轴的长圆滚子	一般品	320~330，2~3	—

表 3-33　轴承零件高温回火规范

回火温度/℃			保温时间/h	回火介质
套圈	滚子	钢球		
200	同一般回火工艺	同一般回火工艺	3	过热气缸油或在热风循环电炉中进行 HG-38、HG-52、HG-62（过热气缸油）或 HG-72H、HG-65H、HG-33H（合成过热气缸油）
250	直径<15mm，170~180	直径<25.4mm，150~160	3	
	直径≥15mm，250	直径≥25.4mm，250	—	
300	300	300	3	在热风循环电炉中进行
350	350	350	3	
400	400	400	3	

3.5.1.3 回火后技术要求及质量检查

1. 回火后技术要求

轴承零件回火后的硬度要求见表3-34。高温回火零件的硬度应符合表3-35。高于300℃回火后零件的硬度按图样规定。

轴承零件回火后的显微组织、脱碳、贫碳和变形等均按淬火后技术要求检验。轴承零件的回火稳定性即硬度差应小于1HRC。

2. 回火质量检查

回火后质量检查除淬火、回火后的检查项目外，必须进行钢球压碎载荷（按GB/T 308）和耐回火性的检查。耐回火性检查主要是检查回火是否充分，其方法是将已回火零件用原回火温度，重新回火3h，在原回火硬度测点附近复测，硬度下降不超过1HRC者为合格。

表 3-34 轴承零件常规回火后的硬度要求（JB/T 1255）

零件	成品尺寸/mm		回火后硬度 HRC
	>	≤	
套圈有效壁厚	—	12	60 ~ 65
	12	30	59 ~ 64
	30	—	58 ~ 63
钢球公称直径	—	30	61 ~ 66
	30	50	59 ~ 64
	50	—	58 ~ 64
滚子有效直径	—	20	61 ~ 66
	20	40	59 ~ 65
	40	—	58 ~ 64

表 3-35 高温回火的高碳铬轴承钢制轴承零件的硬度要求

零件	成品尺寸/mm		高温回火后硬度 HRC				
	>	≤	200℃	250℃	300℃	350℃	400℃
套圈有效壁厚	—	12	59 ~ 64	57 ~ 62	55 ~ 59		
	12	30	57 ~ 62	56 ~ 60	54 ~ 58		
	30	—	56 ~ 61	55 ~ 59	53 ~ 57		
钢球公称直径	—	30	60 ~ 65	58 ~ 63	56 ~ 60		
	30	50	58 ~ 63	57 ~ 61	55 ~ 59	52	48
	50	—	57 ~ 62	56 ~ 60	54 ~ 58		
滚子有效直径	—	20	60 ~ 65	58 ~ 63	56 ~ 60		
	20	40	58 ~ 63	57 ~ 61	55 ~ 59		
	40	—	57 ~ 62	57 ~ 60	54 ~ 58		

注：滚动体无特殊要求时，可不进行高温回火，硬度值按常规回火硬度。

3.5.2　附加回火

轴承尺寸稳定性主要取决于组织稳定和应力松弛，目前提高尺寸稳定性的主要措施是减少残留奥氏体含量或奥氏体稳定化处理，同时也采用附加回火方法。附加回火也称稳定化处理。轴承零件工作表面在磨削过程中会产生局部发热，从而引起轴承零件近表层的马氏体再分解。同时，磨削还使表层产生塑性变形和加工硬化，使零件表层产生拉应力，有时应力波及深度达 0.3 ~ 0.45mm，其和回火时未消除的残余应力相互作用使应力重新分布，最后导致轴承零件尺寸和表层组织发生变化而影响精度和寿命。当磨削应力过大时，还会使零件产生烧伤和龟裂。因此轴承零件在磨削工序中，进行附加回火可以消除或减小磨削应力，进一步稳定组织，提高轴承的尺寸稳定性。

1. 附加回火工艺规范

一般附加回火温度比原回火温度低 20 ~ 30℃，采用 120 ~ 160℃，保温时间为 3 ~ 4h，以免使零件硬度降低和尺寸发生变化。温度越高，磨削应力消除越充分，但必须保证零件硬度不降低和表面不出现氧化色。

一般延长附加回火的时间对消除应力的效果，不如提高温度明显。回火前 4h 残余应力的减小较明显，再延长时间则降低应力的趋势减弱。生产中应根据轴承精度和回火设备等情况而定。附加回火的次数视零件的要求和磨削过程中产生的应力情况决定。附加回火工艺见表 3-36。

表 3-36　轴承零件附加回火工艺

名称	轴承零件精度等级	附加回火温度与保温时间
中、小型滚子	0 级、Ⅰ 级	120 ~ 160℃，12h
	Ⅱ 级	120 ~ 160℃，3 ~ 4h
钢球	3 级、5 级、10 级、16 级	120 ~ 160℃，12h
大型钢球	20 级、一般级	120 ~ 160℃，3 ~ 5h
中小型套圈	P2 级	粗磨后：140 ~ 180℃，4 ~ 12h
	P4 级	细磨后：120 ~ 160℃，3 ~ 24h
	P4 级	120 ~ 160℃，3 ~ 5h
	短圆柱滚子	120 ~ 160℃，3 ~ 5h
	P0、P6、P6X	120 ~ 160℃，3 ~ 4h
大型、特大型套圈	P0、P6	120 ~ 160℃，3 ~ 4h

2. 附加回火对轴承寿命的影响

附加回火可以在粗磨和精磨之间进行，也可在终磨之后进行。因此，附加回火对轴承寿命的影响也有所不同。

粗磨之后的附加回火影响无法估计，因为粗磨产生的组织变化层已在精磨时完全被磨去。在终磨和精磨之间进行附加回火，虽然不能完全消除磨削应力，但会使磨削应力明显减小。这样，最后加工出来的轴承其表层内的应力状态同样也是变化的，因为精磨工艺并未完全去除磨削产生的变质层。表 3-37 所列显示了抛光前附加回火对 GCr15 钢接触疲劳强度的影响。由表 3-37 可知，磨削后进行附加回火，尽管会减小残余拉应力，但是由于磨削变质层中马氏体稳定性降低，所以附加回火后，接触疲劳强度降低。

如果在精研后进行附加回火，那么对轴承零件工作层组织的影响更大，因为精研产生的塑性变形比磨削更大。表 3-38 列出的数据显示了在不同精研压力和速度下，精研后的附加回火对轴承寿命的影响。

如对于 P2 和 P4 级的轴承套圈、0 级的滚子、G3 和 G5 级的钢球、淬火后须进行（-70~-80℃）×1h 的冷处理，（150~200℃）×4h 回火，以及附加回火，以减小磨削应力，保证尺寸稳定性。

表 3-37　抛光前附加回火对 GCr15 钢接触疲劳强度的影响

热处理	硬度　HRC	L_{90}/h	L_{50}/h
未附加回火	63	33	104
135℃，2h 回火	62.9	22	89

表 3-38　不同精研压力和速度下，精研后的附加回火对轴承寿命的影响

精研压力（0.9MPa）未回火	精研速度（160m/min）140℃，3h 回火	精研压力（0.6MPa）未回火	精研速度（100m/min）140℃，3h 回火
L_{90} 531	203	134	81
L_{50} 1729	1578	1211	1578

3.6　影响轴承寿命的材料因素及其控制

3.6.1　影响轴承寿命的材料因素

3.6.1.1　轴承钢纯净度的影响

轴承在工作时，套圈和滚动体要承受高的交变接触应力，材料中的氧化物等夹杂物对交变接触应力非常敏感，因此纯净度是影响轴承寿命的主要因素之一。轴承钢的纯净度主要指钢中氧含量以及夹杂物的大小及其分布。

（1）氧含量　钢中的氧主要以氧化物夹杂的形式存在，降低轴承钢中的氧含量可以明显提高轴承的疲劳寿命。由图 3-34 可知，随着氧含量和氧化物夹杂含量减小，轴承寿命呈

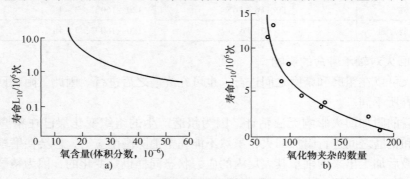

图 3-34　氧及氧化物含量对轴承寿命的影响

a）氧含量对寿命的影响　b）氧化物夹杂对寿命的影响

指数增加，含量越少，寿命越长。

（2）非金属夹杂物 非金属夹杂物破坏了金属的连续性，导致轴承钢的疲劳强度降低。非金属夹杂物根据其大小可分为高倍夹杂（主要指硫化物、氧化物、硅酸盐和碳氮化钛）和低倍夹杂（指单个长度大于 0.5mm 的非金属夹杂物），其影响见第 1 章的介绍。

3.6.1.2 淬火组织的影响

GCr15 钢常规马氏体淬火时，在碳和铬含量较低的区域，马氏体转变开始温度 Ms 点升高，淬火后形成以板条马氏体为主的隐晶马氏体，其在淬火过程中被自回火，制样浸蚀后该区容易被浸蚀，在显微镜下观察呈黑色，并密布着白色剩余碳化物小球，称为黑区。黑区硬度约 760HV。在碳和铬含量较高、成分也较均匀的区域，马氏体转变开始温度 Ms 点较低，淬火后形成以孪晶马氏体为主的隐针或细针状马氏体，其在淬火过程中不被自回火，制样浸蚀时不容易被浸蚀，在显微镜下观察呈白色，故称为白区，该区显微硬度为 813～861HV。低温回火后，黑白反差比较明显，而且回火还可以消除淬火时形成的应力。因此，GCr15钢淬回火后的组织中存在黑白区，检查也常在回火后进行，并重点观察白区内马氏体针的粗细程度，同时，也要考虑黑白区比例、晶粒粗细、残留碳化物数量等，从而判断热处理工艺是否正确，零件的组织是否合格。现行标准 GB/T 34891—2017《滚动轴承 高碳铬轴承钢零件热处理技术条件》将马氏体组织分为 4 个级别，各级别的组织特征见表 3-39。

表 3-39 高碳铬轴承钢不同级别的淬回火组织特征

组别	级别	光学显微镜下的组织特征及成因（500×）	电镜下的组织特征
马氏体	1	隐晶马氏体 + 较多碳化物 + 少量残留奥氏体。该组织是在淬火温度下限和保温时间合适的情况下形成的	板条马氏体 + 少量孪晶马氏体。特征是马氏体束成条状，平行排列的板条清晰可见，孪晶马氏体细而短，分布均匀
	2	细小孪晶马氏体 + 隐晶马氏体 + 局部细小针状马氏体 + 少量残留碳化物 + 残留奥氏体。该组织是在淬火温度稍高、保温时间适宜的条件下形成的	板条马氏体 + 较多孪晶马氏体。特征是以板条马氏体为主，板条较宽，在板条马氏体中有局部的孪晶马氏体生成，板条有破碎，有微孪晶棒出现。孪晶马氏体粗大，相对量明显增加，孪晶开始在板条上生成，有的可穿过板条界
	3	细小孪晶马氏体 + 隐晶马氏体 + 少量细小针状马氏体 + 较少量残留碳化物 + 较多残留奥氏体。该组织是在淬火温度的上限和适宜保温时间下形成的	较多的孪晶马氏体 + 板条马氏体。特征是马氏体板条较宽
	4	细小孪晶马氏体 + 少量针状马氏体 + 局部针状马氏体 + 较少量残留碳化物 + 较多残留奥氏体。该组织是在淬火温度上限和适宜的保温时间下或由于原始组织均匀性差形成的	孪晶马氏体 + 板条马氏体。特征是以孪晶马氏体为主，板条马氏体较宽，数量也少

（续）

组别	级别	光学显微镜下的组织特征及成因（500×）	电镜下的组织特征
屈氏体	1级块状屈氏体	隐晶马氏体+少量块状和针状屈氏体+较多残留碳化物+少量残留奥氏体。该组织是由于淬火温度低或原始组织不均匀形成的	板条马氏体+少量孪晶马氏体+屈氏体
	1级针状屈氏体	隐晶马氏体或细小孪晶马氏体+针状（网状）屈氏体+残留碳化物+残留奥氏体。该组织是在淬火温度适宜，而冷却不良的情况下形成的	板条马氏体+少量孪晶马氏体+屈氏体
	2级块状屈氏体	隐晶马氏体+大块状屈氏体+较多的残留碳化物+少量残留奥氏体。该组织是在淬火温度偏低时产生的	板条马氏体+少量孪晶马氏体+较多的屈氏体
	2级针状屈氏体	隐晶马氏体+针状和小块状屈氏体+残留碳化物+残留奥氏体。该组织是在冷却不良时产生的	板条马氏体+少量孪晶马氏体+大量屈氏体

　　淬火温度低，淬火组织以板条马氏体为主。随着淬火加热温度的升高，奥氏体中碳含量增加，孪晶马氏体增多。当基体中碳的质量分数超过0.6%时，淬火组织以孪晶马氏体为主。在常规淬火温度（820~860℃）下淬火，两种马氏体混合存在，板条马氏体略占多数。GCr15钢在835~860℃淬火，基体中碳的质量分数为0.5%~0.6%，力学性能最好。在840℃左右淬火，金相组织为2~3级，抗弯强度、冲击韧度、接触疲劳寿命都具有最佳值。GCr15钢不同淬火温度与组织和性能的关系见表3-40。

表3-40　GCr15钢不同淬火温度与组织和性能的关系（均用160℃回火）

淬火温度/℃	组织级别（级）	马氏体中碳含量（质量分数，%）	残留奥氏体量（质量分数,%）	硬度 HRC	抗弯强度 σ_{bb}/MPa	冲击韧度 α_K/(J/cm²)（夏比缺口）	额定寿命 L_{10}/10⁷次	中值寿命 L_{10}/10⁷次	斜率 α
810	欠热	—	—	61.5	—	—	0.5364	2.2268	1.3238
820	1	0.41	—	62.8	3234	6.67	—	—	—
835	1~2	0.49	10.4	63.7	2724	5.19	1.7709	3.3674	2.9311
845	2	0.52	14.7	63.9~64.1	3420	5.19	1.6470	4.1002	2.0659
855	3	0.55	—	64.4~64.9	3263	3.53	—	—	—
865	3~4	0.89	16.9	64.3~65.1	2960	3.43	1.5290	3.8761	2.0253
875	5	0.67	21.2	64.5~65.4	2739	2.55	1.0927	3.0276	1.8486
885	过热	0.67	—	64.8~65.3	2450	2.45	0.1296	0.5483	1.3063

3.6.1.3　残留奥氏体的影响

高碳铬轴承钢经正常淬回火后，含有 8%～20%（质量分数）残留奥氏体。淬回火后残留奥氏体含量对 GCr15 钢硬度和接触疲劳寿命的影响如图 3-35 所示。

由图 3-35 可知，残留奥氏体含量越多，硬度和接触疲劳寿命越高，但存在峰值，其峰值的残留奥氏体含量不同，硬度峰值出现在 17% 左右，接触疲劳寿命峰值出现在 9% 左右。且当载荷减小时，残留奥氏体含量增多对接触疲劳寿命的影响减小。原因是当残留奥氏体含量不多时对强度降低的影响不大，而增韧的作用则比较明显。也即载荷较小时残留奥氏体发生少量变形，既削减了应力峰值，又使已变形的残留奥氏体强化和发生应力应变诱发马氏体相变而强化。但当载荷大时，残留奥氏体较大的塑性变形与基体局部产生应力集中的破裂，使寿命降低。

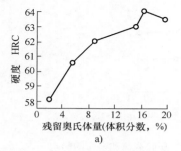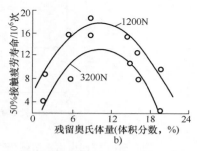

图 3-35　残留奥氏体含量对 GCr15 硬度和寿命的影响

3.6.1.4　未溶碳化物的影响

淬火钢中未溶碳化物的数量、形貌、大小、分布，受钢的化学成分、淬火前原始组织以及奥氏体化条件的影响。碳化物是硬脆相，可以提高轴承的耐磨性，但是若碳化物呈非球形且颗粒较大时，易引起应力集中而产生裂纹，从而降低韧性。淬火未溶碳化物还影响淬火马氏体的碳含量和残留奥氏体含量及分布，从而对钢的性能产生附加影响。图 3-36 所示为不同碳含量的钢，淬火后使马氏体碳含量和残留奥氏体相同而未溶碳化物不同，经 150℃ 回火后的力学性能图。可以看出，由于马氏体碳含量相同，而且硬度较高，未溶碳化物少量增高，硬度增高值不大，反映强度和韧性的压碎载荷则有所降低，对应力集中敏感的接触疲劳寿命则明显降低。因此，淬回火后未溶碳化物过多对钢的综合力学性能和失效抗力是有害的。

为了避免轴承钢中未溶碳化物带来的危害，要求未溶碳化物少（数量少）、小（尺寸小）、匀（彼此大小相差很小，而且分布均匀）、圆（每粒碳化物皆呈球形）。但是轴承钢淬回火后有少量未溶碳化物是有利的，其不仅可以保持足够的耐磨性，而且也是获得细晶粒隐晶马氏体的必备条件。

3.6.1.5　残留应力的影响

轴承零件淬回火后，存在较大的内应力，如图 3-37 所示。随着表面残余压应力的增大，疲劳强度随之增高；反之，表面残余内应力为拉应力时，钢的疲劳强度降低。这是由于疲劳失效出现在承受过大拉应力时，当表面有较大压应力时，会抵消同等数值的拉应力而使钢实际承受拉应力数值减小，进而使疲劳强度极限增高；当表面有较大拉应力时，会与承受的拉应力叠加而使钢实际承受的拉应力明显增大，进而降低疲劳强度极限。

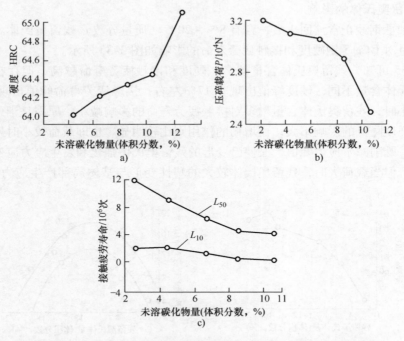

图 3-36　淬回火后未溶碳化物对硬度、压碎载荷和寿命的影响

3.6.2　影响轴承寿命的材料因素的控制

为了使上述影响轴承寿命的材料因素处于最佳状态，首先需要控制淬火前钢的原始组织，可以采取的技术措施有高温（1050℃）奥氏体化，速冷至 630℃ 等温正火，获得细小、均匀分布的片状珠光体组织，或者冷至 420℃ 等温处理，获得贝氏体组织。经过这两种细化预处理后，组织更加细化弥散，硬度也相应提高到 340 ~ 420HBW，给一般切削加工带来了一定的困难。

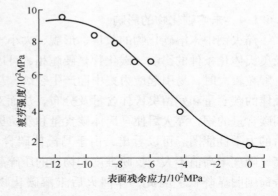

图 3-37　表面残余应力对淬回火钢疲劳强度的影响

当钢中的原始组织一定时，马氏体的碳含量（即淬火加热后的奥氏体碳含量）、残留奥氏体量和未溶碳化物量主要取决于淬火加热时的奥氏体化温度及保温时间，如图 3-38 和图 3-39 所示。随着淬火加热温度的增高（时间一定），钢中未溶碳化物量减少（淬火马氏体碳含量增高），残留奥氏体量增多，硬度则先随着淬火温度的增高而增大，达到峰值后又随着温度的升高而减小。当淬火加热温度一定时，随着奥氏体化时间的延长，未溶碳化物量减少，残留奥氏体量增多，硬度增大，时间较长时，这种趋势减缓。当原始组织中碳化物细小时，因碳化物易溶入奥氏体，故使淬火后的硬度峰值移向较低温度和出现在较短的奥氏体化时间。

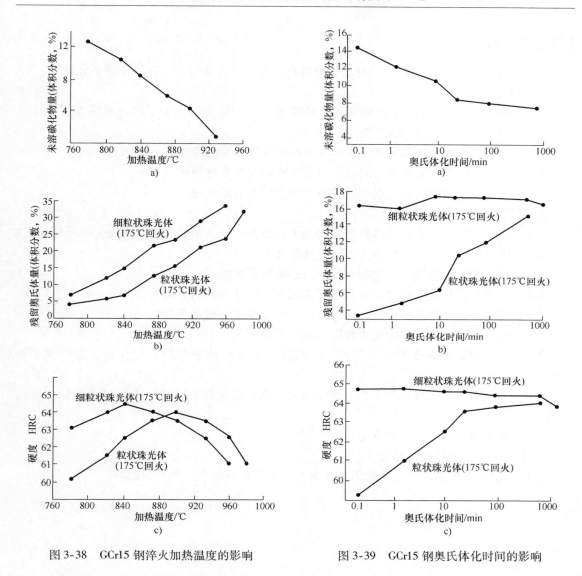

图 3-38 GCr15 钢淬火加热温度的影响   图 3-39 GCr15 钢奥氏体化时间的影响

由此可知，GCr15 钢淬火后未溶碳化物量在 7% 左右，残留奥氏体量在 9% 左右（隐晶马氏体的平均碳的质量分数在 0.55%左右）为最佳组织。且当原始组织中碳化物细小、分布均匀时，可获得高的综合力学性能，从而提高服役寿命，如图 3-40 所示。但是具有细小弥散分布碳化物的原始组织，淬火加热保温时，未溶的细小碳化物会聚集长大并粗化。因此，淬火加热时间不宜过长，采用快速加热奥氏体化淬火工艺，可获得更高的综合力学性能。

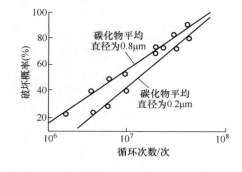

图 3-40 原始组织中碳化物颗粒大小对寿命影响

【讨论和习题】

建议分组讨论，5 人左右为一组。各小组查阅资料并准备提纲，在讨论课上分享。

1. 讨论

1.1　对于直径大于 13mm 的钢球在碳酸钠水溶液中淬火时，为了防止或减少屈氏体的产生，应注意什么或采取什么措施？

1.2　分析如何减小机器人薄壁轴承套圈在淬火过程中的变形。

1.3　讨论分析影响轴承寿命的材料因素有哪些及其影响规律。

1.4　讨论轴承钢热处理过程中热应力和组织应力形成机理。

2. 习题

2.1　原始组织为片状珠光体的高碳铬轴承钢是否可以选用低温球化退火？原因是什么？

2.2　碳化物超细化处理的方法及特点是什么？

2.3　淬火组织中各相成分及相对量如何影响轴承性能？

2.4　影响高碳铬轴承钢淬火加热温度的因素有哪些及如何影响？

2.5　哪些轴承零件适用于分级淬火？分级淬火温度一般是多少？

2.6　轴承套圈淬火后发生胀大和缩小的主要原因是什么？

2.7　轴承套圈淬火变形有哪两种？影响这两种变形的主要因素是什么？怎样减少和防止？

2.8　轴承零件淬火裂纹产生的主要原因是什么？常见淬火裂纹有哪些以及预防措施是什么？

2.9　贝氏体淬火工艺的特点是什么？

2.10　冷处理的目的是什么？

2.11　轴承零件附加回火的原因是什么？回火工艺对轴承性能有何影响？

第4章　渗碳轴承钢制滚动轴承零件热处理工艺

【章前导读】

学习了用量最大的高碳铬轴承钢（GCr15）"四把火"的工艺，那么对于要承受较大冲击载荷的高铁轴箱轴承、轧机轴承要采用什么钢材呢？其热处理的工艺又如何呢？

本章主要介绍化学热处理原理及渗碳轴承钢的化学成分、应用范围及主要性能、渗碳层厚度设计方法及检测技术，概述渗碳层组织性能和缺陷。以典型案例形式分析特大型轴承零件、转向滚轮轴承外圈、滚针轴承冲压外圈、等速万向节轴承和中小型轴承零件渗碳热处理。

高碳铬轴承钢以其优异的耐疲劳、耐磨性等已使用一百多年，但是在轧钢机轴承、矿山机械轴承、重型车辆轴承、汽车及拖拉机转向滚动轴承、机车车辆轴承等工作时不仅承受高达几千兆帕的载荷，而且还承受强烈的冲击和磨损。这类轴承零件如果仍然用高碳轴承钢制造，热处理后虽然硬度、耐磨性和疲劳强度很高，但脆性大、冲击性能差。如果采用低碳合金钢，经过渗碳处理后，则零件表面层具有高的硬度、耐磨性和疲劳强度，而心部为低碳马氏体，具有高的韧性和足够的强度。渗碳轴承钢实际上是优质低碳或低碳合金钢，经渗碳和热处理淬回火后表面硬度为 $58 \sim 62$HRC，心部硬度为 $30 \sim 45$HRC，表面耐磨，心部有良好的韧性。其不仅可以承受较大的冲击载荷，又有较高的接触疲劳寿命，特别适用于承受较大的冲击载荷和尺寸较大的大型轴承零件以及高 $d_m n$ 值下使用的轴承零件等。和高碳铬轴承钢相比，其有如下优点：

1）渗碳轴承钢可以对渗碳层深度、表面碳浓度及其分布梯度进行自由调控，因此适用于在不同服役条件下工作的轴承。

2）由于渗碳轴承钢表面渗碳层在淬火后与其心部相比具有较大的比体积和较低的马氏体转变开始温度（Ms），因此热处理后，渗碳轴承钢表面是残余压应力，从而提高了表面接触疲劳寿命和旋转疲劳强度，如图 4-1 和图 4-2 所示。

3）由于渗碳轴承钢经渗碳及淬火后，可获得较高的硬度，进而保证了高的抗压性能和耐磨性。

4）渗碳轴承钢热处理后心部碳含量依然较低，进而使承受冲击韧性能力大大提高。

5）由于渗碳后表面是残余压应力，具有抑制缺口敏感性作用，进而避免了高碳铬轴承钢易脆断失效的风险。

6）渗碳轴承钢制轴承零件具有较好的尺寸稳定性，且耐磨性和高碳铬轴承钢基本相同。

渗碳零件的表面和心部的碳浓度不同，淬火冷却时心部先发生组织转变，表面渗碳层后发生组织转变。这样，渗碳层表面是残余压应力，进而使零件具有良好的耐疲劳性和抗断裂性。如圆锥滚子轴承内圈的油沟通常是不磨的，高碳铬轴承钢淬火后表面是残余拉应力，易使油沟的不平表面产生淬火裂纹。而渗碳钢的油沟表面是残余压应力，不仅具有高的弯曲疲劳强度，且可防止开裂，延缓裂纹在套圈滚道表面的扩展。

渗碳轴承钢主要是在低碳或低碳合金钢基体上进行渗碳热处理，其实质是金属表面化学热处理。

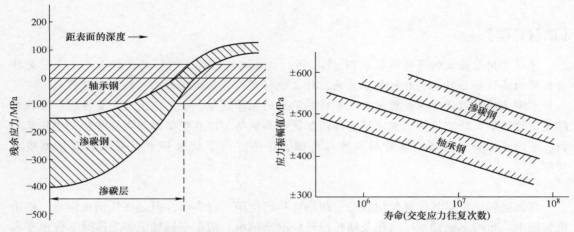

图 4-1　渗碳轴承钢和高碳铬轴承钢残余应力　　图 4-2　渗碳轴承钢及高碳铬轴承钢转变疲劳强度

【拓展阅读】

渗碳工艺起源于战国后期所创造的渗碳钢。1968 年在河北满城发掘了西汉中山靖王刘胜墓，出土了举世闻名的"金缕玉衣"，同时还出土了 490 件铁制兵器，其中 5105 号剑表面有明显的渗碳层并经淬火，硬度达 900～1170HV，中心硬度为 220～300HV。此剑表面硬度高，锋利耐磨，心部韧性好，不易折断。

4.1　化学热处理

将金属或合金工件置于一定温度的活性介质中保温，使一种或几种元素渗入工件的表面，从而改变表面层的化学成分、组织和性能，称为化学热处理。

通过改变表面化学成分及随后的热处理，可以在同一材料的零件上，使心部和表面获得不同的组织和性能。例如，保持零件心部具有高的强韧性的同时，使表面有很高的硬度和耐磨性、耐蚀性等一系列优良的性能。因此，化学热处理是当今热处理领域中一项方兴未艾、很有前途的热处理工艺。化学热处理的分类见表 4-1。

表 4-1　化学热处理分类

根据渗入元素分类	渗入非金属元素	单元渗：C、N、B、O、S、Si
		多元渗：C + N、O + N、O + C + N
	渗入金属元素	单元渗：Al、Cr、Ti、V、Nb、Zn
		多元渗：Al + Si、Al + Cr、Al + V、Al + Cr + Si

（续）

根据渗入元素对零件表面性能作用分类	提高渗层强度及耐磨性（渗 C、N、B、Nb、V）
	提高抗氧化、耐高温性能（渗 Al、Cr）
	提高抗咬合、抗擦伤性能（渗 S、N、P）
	提高耐蚀性（渗 N、Si、Zn）
根据介质物理状态分类	固体法
	液体法
	气体法

利用金属或非金属元素渗入零件表面，可以与基体金属形成固溶体、特殊化合物层，渗入元素组元之间可通过化学反应在渗层表面形成化合物，从而使渗层的组织和性能发生显著变化。

4.1.1　化学热处理原理

渗剂元素原子渗入工件大致可分为五个过程，这些过程是相互交叉进行的，如图 4-3 所示。

1）渗剂中的反应。

2）渗剂中的扩散，也称为外扩散。包括渗剂反应产生的渗入元素向零件表面扩散及相界面反应产物从界面逸散。温度越高或渗剂流速越大，扩散越快。

3）相界面反应，渗入元素中的活性原子吸附于零件表面，被吸附的活性原子与零件表面的原子发生吸附与解吸附反应。

4）金属零件中的内扩散，渗入元素原子从零件表面向内部扩散。

5）金属中的反应，渗入元素达到一定浓度后，在金属零件中形成新相。

图 4-3 所示的五个基本过程既独立，又互相制约。虽然该图远不能真实地描述复杂的化学热处理过程的全貌，但为了解化学热处理过程的机理，建立化学热处理过程动力学方程提供了一个概括的模型。

零件表面吸附了渗入元素的活性原子后，该元素的浓度增加，致使表面和内部存在浓度梯度，从而发生渗入元素原子由浓度高处向低处迁移，这种原子迁移现象，称为扩散。在化学热处理过程中，所发生的扩散现象有纯扩散、相变的扩散和反应扩散。

（1）纯扩散　纯扩散是指渗入元素原子在基体中形成连续固溶体，在扩散过程中不发生相变或化合物的形成和分解的扩散过程。这种扩散现象多发生在起始阶段，或因渗剂活性欠佳，致使被渗零件表面达不到饱和浓度的情况下发生。

在化学热处理中，根据渗入元素的不同，其可与铁形成间隙固溶体或置换固溶体。C、N 与铁形成间隙固溶体。Al、Cr、Si 等与铁形成置换固溶体，这些元素渗入时的扩散过程为非稳态扩散过程。

渗层形成速度通常用渗入元素在基体金属中的扩散系数表征。因此，凡影响扩散系数的因素均影响渗层形成速度。这些因素主要有温度、渗入元素的原子尺寸及其与基体的相互作用、基体的晶格类型、第三元素的作用、基体中渗入元素的浓度、基体中晶体缺陷、不均匀应力场、磁性转变及辐照等。化学热处理过程中的其他工艺因素也有较大的影响，例如，在

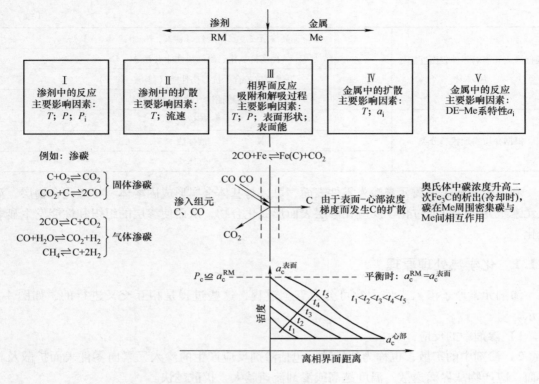

图 4-3　化学热处理中组元渗入过程

T—温度　t—时间　P—总压力　P_i—渗剂中组元的分压力　a_i—元素的活度　P_c—碳势　Me—金属　DE—扩散元素
RM—渗剂　a_c^{RM}—渗碳介质中碳的活度　$a_c^{表面}$—零件表面碳的活度　$a_c^{心部}$—零件心部碳的活度

其他条件相同时，钢在活性介质中快速加热（高频感应加热化学热处理）比普通化学热处理快得多。零件表面形状和尺寸，在相同的工艺条件下，也会影响渗层的形成速度。试验证明：扩散层深度或体积与工件表面的曲率有关。

（2）反应扩散　渗入元素渗入基体后，在扩散温度下，随着其在表面浓度的增加，伴随着形成新相（一般形成某种化合物）的扩散称为反应扩散。显然，反应扩散只有在有限固溶的合金系中才有可能发生。反应扩散新相的形成过程有两种情形：一种是渗入元素先达到其基体中的极限溶解度后，再形成新的化合物相，该相在状态图中与饱和固溶体处于平衡状态；另一种情形是在扩散温度下，基体表面与活性介质直接发生化学反应而在表面形成极薄的化合物层。新相的长大需要通过所形成的化合物层，其长大速度取决于渗入元素在新相中的扩散及在毗邻相中的扩散。

4.1.2　渗碳

为了增加零件表层的碳含量及确保一定的碳浓度梯度，将零件放在渗碳介质中加热并保温，使碳原子渗入表层的化学热处理工艺，称为渗碳。

低碳钢渗碳后，表层变成高碳，而内部则仍为低碳，经淬火及低温回火后，表面层具有足够高的硬度、耐磨性及疲劳强度，而心部仍保持足够的强度和韧性。因此，机械零件为获得高的表面硬度、高的接触疲劳强度和弯曲疲劳强度、高的冲击韧性等，而通常采用渗碳工艺。渗碳剂一般有固体渗碳、液体渗碳、气体渗碳三大类。无论采用哪种渗碳剂，渗碳均包括渗碳剂分解、碳原子的吸收和扩散三个过程，主要渗碳组分为 CO 或 CH_4，其反应分别是

$$2CO \rightarrow [C] + CO_2$$
$$2CO \rightarrow 2[C] + O_2$$
$$CO + H_2 \rightarrow [C] + H_2O$$
$$CH_4 \rightarrow [C] + 2H_2$$

【拓展阅读】

明代宋应星《天工开物》记载了一种焖熬法固体渗碳工艺，"凡针，先锤铁为细条。用铁尺一根，锥成线眼，抽过条铁成线，逐寸剪断成针。先鎈其末成颖，用小槌敲扁其本，钢锥穿鼻，复鎈其外。然后入釜，慢火炒熬。炒后以土末松木火矢、豆豉三物罨盖，下用火蒸。"可知当时的渗碳是在釜中进行的，采用釜外供热方式，固体渗碳剂中松木火矢是一种木炭，同书有说明火矢是木材经"不闭穴火"所获产物，是主要的渗入剂；豆豉也是含碳物质，是辅助渗入剂；土末是分散剂，对防止含碳物质的相互黏结和炭黑的析出有一定的作用。这与现在装箱固体渗碳方法一致。

1. 渗碳用钢

渗碳用钢中碳的质量分数一般为 0.15% ~ 0.25%，为了提高心部强度，可以提高到 0.30%。一般要求不高的渗碳件，多用碳素钢来制造。但碳素钢淬透性差，心部强度低，淬火变形开裂倾向大，渗碳时晶粒容易长大，因此，对于零件截面较大、形状复杂，表面耐磨性、疲劳强度、心部力学性能要求高的零件，多用合金渗碳钢来制造。合金渗碳钢中的合金元素主要有 Cr、Ni、Mn、W、Mo、Ti、V、B 等。这些元素中，Cr、Ni、Mo、B 等主要起提高淬透性的作用。V、Ti、W、Mo 等主要是使钢在渗碳温度下长期保温时，奥氏体晶粒不会明显长大，保持细小的奥氏体晶粒，这对渗碳层及心部的强度和韧性的提高均有好处。Mn 是促使奥氏体晶粒长大的元素，故其含量要加以限制，为了便于渗碳后施行直接淬火，通常在含 Mn 的钢中加入 Ti、V 等能够形成强碳化物的元素，阻止渗碳时奥氏体晶粒长大，以保持细小的奥氏体晶粒。

2. 渗碳工艺

零件渗碳表层的碳浓度、渗层深度及渗层碳浓度分布是渗碳件的主要技术要求，其对渗层组织与性能有着决定性的影响。为此，首先是正确选择钢种及渗碳介质，然后就是正确选择渗碳温度和时间。

（1）渗碳温度的选择　在渗碳过程中，随着渗碳温度的升高，碳在奥氏体中溶解度增加。碳在奥氏体中溶解度的增大，使扩散初期零件的表层和内部之间产生较大的碳浓度梯度，也使扩散过程加速。总的来说，提高渗碳温度，可提高渗碳层深度，而渗层碳浓度分布平缓。

但是提高渗碳温度虽然可以提高渗碳速度，但过高的渗碳温度将会导致奥氏体晶粒的显著长大，使渗碳件的组织和性能恶化，且增加零件的变形，缩短设备使用寿命，因此通常采用的渗碳温度为 900 ~ 950℃。对于渗层要求较薄的精密零件，渗碳温度可以选择略低些（880 ~ 900℃），而采用真空渗碳、离子渗碳，温度可提高到 950 ~ 1100℃。

（2）渗碳时间　碳在钢中的扩散速度和深度是温度和时间的函数。

$$\delta = \frac{802.6\sqrt{\tau}}{10} \cdot \frac{3720}{T}$$

式中　　δ——渗碳层深度（mm）；

　　　　τ——保温时间（h）；

　　　　T——热力学温度（K）。

渗碳保温时间对渗层中碳浓度分布的影响很大，若炉气成分一定，随着时间的延长，零件表面碳浓度升高，碳浓度梯度减小。碳浓度梯度平缓的渗层，对提高工件承载能力、延长使用寿命是有利的。实际渗碳工艺是由温度和时间共同决定的，既要考虑提高生产率，又要得到适宜的渗层组织，从而保证零件具有良好的力学性能。渗碳温度确定后，保温时间根据渗层深度要求来确定。

3. 渗碳后的热处理

钢经渗碳后，常用的热处理工艺有以下几种：

（1）直接淬火 + 低温回火　渗碳后工件从渗碳温度降至淬火起始温度，即直接进行淬冷。此法常用于气体渗碳及液体渗碳。固体渗碳由于操作上的困难，很少采用。通常，淬火前应先预冷，目的是减少变形，并使表面残留奥氏体量因碳化物的析出而减少。预冷温度一般稍高于心部的 Ar_3，以免心部析出先共析

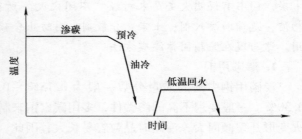

图 4-4　直接淬火 + 低温回火

铁素体。对于心部强度要求不高，而要求变形极小时，可以预冷到较低温度（稍高于 Ar_1），淬火后再进行低温回火，工艺曲线如图 4-4 所示。

直接淬火的优点是工艺简单，减少一道淬火加热工序，从而减少变形及氧化脱碳。但本质粗晶粒钢制零件在渗碳时加热，奥氏体晶粒容易长大，如果采用直接淬火，则会使韧性显著下降。因此，只有本质细晶粒钢（低合金渗碳钢）在渗碳后才经常采用直接淬火工艺。

（2）一次淬火 + 低温回火　零件渗碳后随炉冷却或出炉坑冷或空冷到室温，再重新加热到淬火温度进行淬火，称为一次淬火法，随后进行低温回火，工艺曲线如图 4-5 所示。淬火温度根据零件要求而定，一般选用稍高于 Ac_3，可使心部晶粒细化，不出现游离铁素体，从而可获得较高的强度和硬度，强度和韧性的配合也较好。然而对于

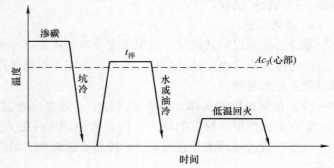

图 4-5　一次淬火 + 低温回火

高碳的表层来说，先共析碳化物溶入奥氏体，淬火后残留奥氏体较多进而影响硬度。因此，对要求表面较高硬度和高的耐磨性，而心部不要求高强度的工件来说，可选用稍高于 Ac_1 的温度作为淬火加热温度。此时，心部存在大量先共析铁素体，强度和硬度都比较低，而表面则有相当数量未溶先共析碳化物和少量残留奥氏体，所以硬度高，耐磨性能好。一次淬火法

多用于固体渗碳后不宜直接淬火的工件，或气体渗碳后高频表面加热淬火的工件。

（3）两次淬火＋低温回火　渗碳缓冷后进行两次淬火，是一种同时保证心部与表面都获得高性能的方法，如图 4-6 所示。第一次淬火加热温度稍高于零件心部成分的 Ac_3，目的是细化心部晶粒，消除表层网状碳化物。第二次淬火的目的是使表层获得隐晶马氏体和粒状碳化物，以保证渗层的高强度、高耐磨性，因此选择稍高于 Ac_1 点的温度（770～820℃）加热淬火。进行第二次淬火后，随即进行 180～200℃ 的低温回火。两次淬火比较复杂，成本高，零件变形大，目前已较少应用。由于采用两次淬火零件变形较大，因而第一次淬火可用正火代替，以减少变形。

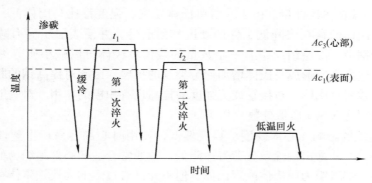

图 4-6　两次淬火＋低温回火

（4）淬火前进行一次或多次高温回火　此工艺主要应用于高强度合金渗碳钢。因合金元素含量较多，渗碳淬火后，表层存在大量残留奥氏体，表面硬度只有 50～55HRC，故在淬火前进行一次或两次高温（600～650℃）回火，使合金碳化物析出并聚集，这些碳化物在随后淬火加热时不能充分溶解，从而使奥氏体中合金元素及碳含量降低，Ms 升高，淬火后残留奥氏体量减少，如图 4-7 所示。

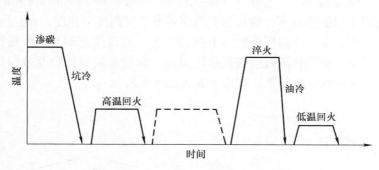

图 4-7　两次淬火＋低温回火

4. 渗碳后组织和性能的关系

经渗碳处理后的低碳钢件，获得具有高硬度和高强度的渗层和较高韧性的心部组织，其耐磨性、拉伸及静弯曲强度，以及反复弯曲和接触应力作用下的疲劳极限均有显著提高。渗碳件的强韧性能取决于表层与心部性能之间的配比以及渗碳层深度与工件截面尺寸（或直径）的比值。

（1）渗层组织结构对性能的影响

1）碳浓度。碳浓度是决定渗层组织的先决条件。由于渗层碳含量不同，组织结构也不同，从而影响渗碳件的性能。一般认为表面碳的质量分数为 0.8% ~ 1.05% 较为适合，而且获得的渗层碳浓度梯度平缓。

2）渗层碳化物。渗层碳化物的数量、大小、形状及分布状况对渗碳层的性能影响很大。一般表层过多的碳化物，特别是呈块状或粗大网状分布时，将导致疲劳强度、冲击韧性、断裂韧性等变差。而当碳化物量适当并呈粒状分布时，将大大提高渗碳件的疲劳强度及耐磨性，所以在渗碳生产中，对碳化物形态的控制具有重要的意义。

3）渗层中的残留奥氏体量。由于残留奥氏体硬度、强度都比马氏体低，而塑性，韧性则较高，残留奥氏体的存在将降低工件的硬度和耐磨性，并使表层压应力减小。但研究表明，在合金渗碳钢中，渗层组织中有一定数量的残留奥氏体可以减小疲劳裂纹尖端的局部应力，或避免被应力诱发形成马氏体增加疲劳裂纹的扩展，因此对提高钢的断裂韧性有一定益处。一定量的残留奥氏体，对接触疲劳强度的提高也有积极的作用。对一般零件，渗层中残留奥氏体量控制在 5%（质量分数）以下。

（2）心部组织的影响　心部硬度、强度偏低，使用时心部容易产生塑性变形，使渗层剥落。硬度过高，会使冲击韧性及疲劳寿命降低。故通常合适的心部组织为低碳马氏体。零件较大时，允许心部组织为屈氏体或索氏体，但不允许有过多的大块铁素体存在。否则，会使心部硬度（强度）过低，加速疲劳裂纹的扩展。

（3）渗层深度及表里性能匹配的影响　低碳钢零件渗碳处理后，表面强度高于心部强度。零件受扭转或弯曲载荷作用，表面应力最大，应力向心部传递逐渐减弱。为使零件能持续正常工作，要求零件渗层深度能使传递到心部的应力低于心部强度，若应力大于材料的屈服极限，则产生塑性变形。此时，卸载后渗层弹性变形恢复，而心部却不能恢复，如此多次反复作用，渗层与心部交界处就会产生裂纹，并逐步扩展。为防止渗层剥落，可采取提高心部强度和增加渗层厚度的办法，也可采取其中的一种办法。对于心部强度较低的钢，在表面碳浓度和渗层组织相同的情况下，增加渗层厚度可显著提高疲劳强度，而且抗弯强度也随之增加，在实际生产中，常选用渗层深度为上限的工艺。值得注意的是，渗层深度不可过大，因为渗层深度的增加，往往伴随着表面碳浓度增高，致使大块碳化物及残留奥氏体量增加，导致疲劳强度和冲击韧性反而降低，如图 4-8 和图 4-9 所示。

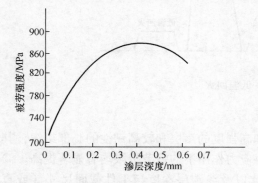

图 4-8　渗碳层深度对疲劳强度的影响

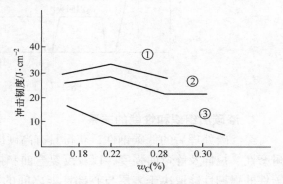

图 4-9　渗碳层深度对韧性的影响
①—0.7mm　②—1.0mm　③—1.2mm

4.1.3 渗氮

在一定温度下保温使活性氮原子渗入零件表面的化学热处理工艺称为渗氮。钢件经渗氮后可获得高的表面硬度（1000~1200HV）、高的耐磨性、高的疲劳强度、高硬性及高的耐蚀性，并且热处理变形极小。根据渗氮时的加热方式及渗氮机理的不同，分为普通渗氮及等离子渗氮两大类。普通渗氮又可分为气体渗氮、液体渗氮和固体渗氮。渗氮过程和渗碳一样，包括渗氮剂的分解、氮原子在渗剂中扩散、相界面反应、氮原子在基体中的扩散以及氮化物形成。目前使用最多的渗氮介质是氨气，在渗氮温度时，氨气处于亚稳定状态，其发生如下分解：

$$2NH_3 \Leftrightarrow 3H_2 + 2[N]$$

当活性氮原子遇到铁原子时发生如下反应：

$$Fe + [N] \Leftrightarrow Fe(N)$$
$$4Fe + [N] \Leftrightarrow Fe_4(N)$$
$$(2~3)Fe + [N] \Leftrightarrow Fe_{2~3}(N)$$
$$2Fe + [N] \Leftrightarrow Fe_2(N)$$

一般，一分部氨气在未与零件表面接触时就已分解，此时活性氮原子很快复合成分子氮而失去活性，只有在零件表面上分解形成的氮原子才会被零件表面吸收，并扩散到零件内部形成渗氮层。图 4-10 是渗氮层形成过程示意图。

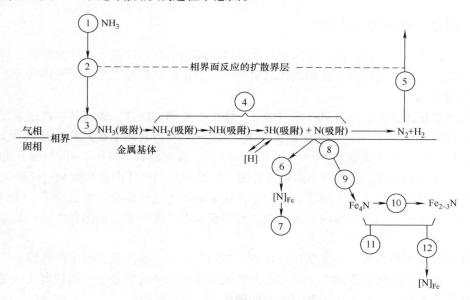

图 4-10 渗氮层形成过程示意图

1. 渗氮用钢

渗氮用钢原指专门用来制造渗氮零件的特殊合金钢。38CrMoAl 是常用的渗氮钢，其特点是渗氮后可获得最高的硬度（1100HV），具有良好的淬透性。由于含 Mo，抑制了材料第二类回火脆性，心部具有一定的强韧性，因此普遍用来制造表面硬度高、耐磨性好、心部强度高的渗氮零件。但由于加入 Al 元素，钢在冶炼时容易形成非金属夹杂物，渗氮层表面脆性倾向增大。近年来无铝氮化钢得到了发展，如40Cr、40CrVA、35CrMo、42CrMo等。对承受循环弯曲或接触应力大的零件，可选用18Cr2Ni4WA、38CrNi3MoA、20CrMnNi3MoV、25Cr2MoVA、38CrNiMoVA、30Cr3Mo等。

2. 渗氮层性能

1）含Al结构钢、高合金工具钢、模具钢、不锈钢经渗氮后具有高硬度，如38CrMoAl渗氮后硬度可达1000~1200HV，加上渗氮后表面往往生成几微米至几十微米的摩擦系数小的相，因此具有极高的耐磨性、抗黏着、抗擦伤、抗咬合的能力。即使表面不形成连续的相，在钢件表面呈高度弥散状态分布的合金氮化物也同样具有良好的耐摩擦性能。

氮化层的高硬度本质在于渗氮过程中，α相中形成NaCl型结构与母相保持共格关系的弥散分布的氮化物，产生强化作用。渗氮温度不同，生成氮化物尺寸不同，弥散度不同，反映在硬度上也不相同。氮化物薄片的厚度超过10nm时，与母相共格破坏，硬度下降。

2）疲劳强度。疲劳强度提高的原因主要是：渗层弥散硬化及固溶强化，提高了渗氮层的强度，在渗氮层中由于相变的比体积变化在表层产生了很大的残余压应力，并降低了表层对缺口的敏感性。一般情况下，疲劳强度随渗氮层加深而提高，当渗层过厚时表面出现大量脆性相层，从而引起疲劳强度的降低。

3）热硬性。渗氮表面在500℃以下可长期保持原来的高硬度，短期加热到600℃，其硬度仍不降低。故可用渗氮处理来提高某些在较高温度下工作的零件的耐磨性。当加热温度超过625℃时，渗氮层中弥散分布的氮化物发生聚集，使硬度下降。

4.1.4 碳氮共渗和氮碳共渗

在一定温度下，同时将碳、氮渗入工件表层奥氏体中并以渗碳为主的化学热处理工艺称为碳氮共渗。工件表面层渗入氮和碳并以渗氮为主的化学热处理工艺称为氮碳共渗。

1. 碳氮共渗

碳氮共渗相比渗碳层具有更高的耐磨性、疲劳强度和耐蚀性。碳氮共渗根据温度可分为低温碳氮共渗（低于750℃）、中温碳氮共渗（750~880℃）、高温碳氮共渗（高于880℃）；按渗层深度可分为薄层碳氮共渗（小于0.2mm）、普通碳氮共渗（0.2~0.8mm）和深层碳氮共渗（大于0.8mm）；按渗剂不同可分为固体碳氮共渗、液体碳氮共渗和气体碳氮共渗。

碳氮共渗过程可分为三个阶段：①共渗介质分解产生活性碳原子和氮原子；②分解出来的活性碳、氮原子被钢表层吸收，并逐渐达到饱和状态；③钢表面层饱和的碳、氮原子向内层扩散。

碳氮共渗由于氮的渗入使渗层淬透性进一步增加。碳氮共渗具有较多的残留奥氏体，并随表面碳、氮含量的增加而增多，在渗层的次表层某一深度具有最高的残留奥氏体量。硬度在表层有低头现象，并在次表层具有最高的硬度。

（1）碳氮共渗特点

1）C、N渗入程度随共渗温度不同。图4-11所示为共渗温度对渗层表面C、N浓度的影响。

从图4-11可见，随着共渗温度的升高，渗层中氮含量降低，碳含量升高，达到一定值后又降低。氮浓度随温度升高而降低，这是由于温度高，氨分解率也高，通入炉中的氨大部分未与零件表面接触就分解了，减少了在零件表面获得活性氮原子的机会。另外，随着温度升高，氮在奥氏体中的溶解度降低，而碳在奥氏体中的溶解度随温度升高而增加，因而使氮在奥氏体中的溶解度降低得更多。此外，随着温度升高，大大加速氮原子向内部的扩散，而此时氮原子的供应又不充分，进一步使表面氮浓度降低。因此，随着共渗温度的提高，在共渗层中将主要发生渗碳过程。

2）氮是扩大 Fe – C 合金 γ 相区的元素，使 Ac_3 下降，因而能在较低温度剧烈增碳，在氮势较低的渗碳气氛中共渗时，渗速显著加快，但氮在较高浓度时，在零件表面形成碳氮化合物相，氮反而阻碍了碳的扩散。与此同时，碳降低氮在 α、ε 相中的扩散系数，也减缓氮的扩散。

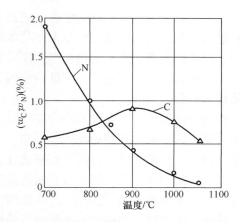

图 4-11　共渗温度对渗层表面 C、N 浓度的影响

3）碳氮共渗过程中，起始随着共渗时间的增加，C、N 渗入程度增加，即表面 C、N 浓度增加，达一定时间（2 ~ 3h）后，碳浓度仍不断增加，而部分吸附在工件表面的氮原子却回到介质中去，即进行解吸，使表面脱氮，如图 4-12 所示。

（2）碳氮共渗工艺　碳氮共渗是渗碳和渗氮工艺的综合，主要特点是：①比渗碳温度低（820 ~ 860℃），晶粒不会长大，适于直接淬火；②比纯渗碳、纯渗氮速度快；③由于氮增加过冷奥氏体的稳定性，碳氮共渗后，可用较低的冷却速度冷却，减少变形；④相比渗碳层具有更高的耐磨性和疲劳强度；⑤相比渗碳层具有更高的抗压强度和较低的脆性等。

气体碳氮共渗温度为 820 ~ 880℃，保温 0.5 ~ 4h（根据渗层深度要求）。氨的通入量对共渗层的 C、N 浓度和共渗速度影响很大。氨气含量太低，共渗层氮浓度不足，渗层成分、组织和性能与渗碳层相似。氨量太高，会导致表面出现高氮化合物，渗层脆性增加，并且淬火后表层残留奥氏体量显著增加。

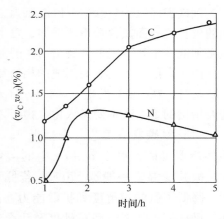

图 4-12　时间对渗层 C、N 浓度的影响

（3）碳氮共渗层的组织与性能　碳氮共渗层的组织取决于共渗层中碳、氮浓度，钢种及共渗温度。在共渗过程中，在共渗层的最外层往往形成碳基化合物，在化合物层里面为含碳氮奥氏体，在接近化合物层处碳含量最高，并向心部逐渐降低。淬火后，渗层表面为马氏体基体上弥散分布着碳氮化合物和残留奥氏体，再往里为碳含量较高的马氏体加残留奥氏体，再往里残留奥氏体量减少，马氏体也逐渐由高碳含量过渡到较低碳含量。这种组织分布，反映在渗层硬度分布曲线上，如图 4-13 所示。在曲线上有谷值及峰值，谷值处为出现残留奥氏体最多处，峰值处为碳的质量分数大于 0.6%，而残留奥氏体量较少的地方。

碳氮共渗形成的碳氮化合物使工件表面存在很大的压应力，且具有较小的摩擦系数，因此较渗碳工件有更高的耐磨性和接触疲劳强度（一般耐磨性比渗碳工件高 40% ~ 60%，疲劳强度高 50% ~80%）。但应注意，碳氮含量不宜过高，否则，会出现密集粗大条状碳氮化合物，使工件表面变脆，同时在粗大碳氮化合物附近造成合金元素贫化，出现低硬度区，从而使接触疲劳强度降低。

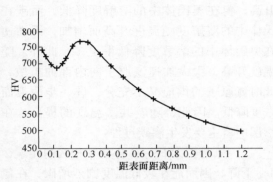

图 4-13　碳氮共渗层硬度分布
（30CrMnTi 840℃共渗淬火）

碳氮共渗后的抗弯强度和冲击韧性随共渗层中残留奥氏体量的增加而降低。一般，一定数量残留奥氏体的存在，可以提高耐磨性，但过多又会使耐磨性降低。因为过多的残留奥氏体存在，使接触面产生"黏着"，从而加速磨损。残留奥氏体对弯曲疲劳和接触疲劳的影响从两方面来考虑。一方面，渗层中适当的残留奥氏体分布，可使裂纹前沿应力集中松弛并在高的应力下也可产生形变诱发马氏体而产生附加强化，从而提高疲劳强度；另一方面，若残留奥氏体量过多，会降低渗层的压应力，使疲劳强度下降，因此对渗层组织中的残留奥氏体量及其分布应综合考虑。

2. 氮碳共渗

钢铁表面氮碳共渗主要以渗氮为主，碳渗入较少，其共渗机理与渗氮相似。随着处理时间的延长，表面氮含量不断增加，发生反应扩散，形成白亮层及扩散层。氮碳共渗使用的介质必须能在工艺温度下分解出活性的氮、碳原子。

由于碳的渗入，表面形成的相要复杂一些。例如，当氮含量 w_N 为 1.8%，碳含量 w_N 为 0.35% 时，在 560℃发生 $\gamma \leftrightarrow \alpha + \gamma' + z[Fe(CN)]$ 共析反应，形成 $\alpha + \gamma' + z$ 的机械混合物。需要指出的是，碳主要渗入化合物层，而几乎不渗入扩散层。

（1）氮碳共渗工艺　在接近 Fe – C – N 系共析温度时，氮在 α – Fe 中的溶解度最大，故共渗温度一般选 570℃。若低于此温度，降低了氮的溶解度和扩散能力，渗层较薄，硬度低。共渗时间对硬度及化合物层厚的影响如图 4-14 所示。从图 4-14 可知，1 ~3h 内化合物层厚度增加最快，到 6h 后则影响变小。这主要是由于 ε 相在表面形成后，碳在化合物中浓度增加，阻碍了氮的扩散，在 2 ~3h 内出现表面硬度峰值。所以通常共渗时间选用 2 ~3h 为宜。

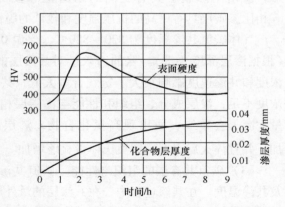

图 4-14　共渗时间对硬度及化合物层厚的影响

（2）氮碳共渗组织和性能　氮碳共渗后渗层组织与气体渗氮相似，由化合物层和扩散层组成。经氮碳共渗后可提高钢件表面硬度。表面化合物层具有良好的减摩作用和抗咬合、抗擦伤的能力。氮碳共渗层由于固溶强化和表面压应力的作用，可以显著提高钢件的疲劳强度，碳钢提高 60% ~80%，低合金钢提高 30% ~50%，铸铁提高 20% ~60%。氮碳化合物层还具有较好的耐蚀能力。

4.1.5　真空渗碳和渗氮处理

随着真空热处理理论及设备的不断发展，真空渗碳/渗氮处理正在越来越多地代替传统的气体渗碳/渗氮处理，并且在处理质量、产品性能以及节能减排方面具有很多优势。

1. 真空渗碳

真空渗碳技术又称低压渗碳技术，是在低压（一般压力为 0 ~ 3000Pa）真空状态下，采用脉冲方式，向高温炉内通入渗碳介质进行快速渗碳的过程。真空渗碳过程与气体渗碳基本相同，也由分解、吸收和扩散三个化学与物理过程组成，但由于渗碳过程是在高温低压及洁净的真空状态下进行，碳原子活性高，渗碳过程快并且没有氧气、水、硫等有害成分的影响，所以真空渗碳质量好，同时工艺气体用量少，无废气排放。目前应用较广的是利用乙炔为渗碳介质的脉冲式真空渗碳工艺。

真空渗碳的优点如下：

1）解决了盲孔以及密排装料的渗碳不均匀问题。

2）避免内氧化问题。

3）缩短工艺时间，在渗层相等情况下比气体渗碳减少 1/3 的工艺时间。

4）由于真空加热对工件表面的净化作用，真空渗碳处理工件的疲劳寿命显著提高。

5）真空渗碳所需工艺气体是气体渗碳所需气体的几十分之一，废气排放量小，能耗低。

6）渗碳后工件表面光亮洁净，无须清理。

7）水冷壁设计，工作时设备外表处于室温状态，工作环境好。

真空渗碳过程如下：

1）工件装炉后开始抽真空，达到 10Pa 以下开始加热升温。

2）温度达到预定温度后通入乙炔至设定压力，乙炔在高温下分解出活性碳原子，被工件表面吸附，并进入工件表面，此为渗碳过程。

3）把炉内乙炔抽出，保持真空状态一定时间，此时进入工件表面的碳原子因存在浓度梯度，继续向工件内部扩散，为扩散过程。

4）重复 2）、3）过程直到渗碳层深度及碳浓度合格。

5）炉内直接淬火或者降温出炉，完成渗碳过程。

2. 真空渗氮

同真空渗碳相似，真空渗氮也是将工件装入真空炉内，升温至一定温度，通入氨气，氨气分解出活性氮原子，吸附在工件表面并扩散进金属基体，完成渗氮过程。与渗碳不同的是，渗氮过程温度一般在 450 ~ 600℃，渗氮层硬度根据基体金属成分的不同在 600 ~ 1200HV。

真空渗氮由于渗氮过程在低压下进行，工件表面的杂质及吸附的其他杂质被净化，工件表面活性较高，氮原子比较容易吸附在表面并往基体扩散，同传统气体渗氮相比，渗氮速度提高一倍，同时氨气消耗量减少一半。

常用氮化工艺如下：

1）工件清洗后装炉，抽真空至 10Pa 以下炉子升温至 550 ~ 570℃。

2）周期性地通入氨气及其他气体（有时根据工件材质及要求硬度不同，可以通入 CO_2

或者其他气体加速渗氮过程并提高渗氮层硬度）。

3）渗氮时间：以 38CrMoAl 材料为例，渗氮层深 0.3mm 时渗氮时间约为 10h，传统渗氮要达到 0.3mm 渗层需要 20h。

4）炉内降温至 200℃ 以下出炉（颜色保持银灰色）。

4.2 轴承用渗碳钢

4.2.1 轴承用渗碳钢的化学成分及用途

轴承用渗碳钢的化学成分和用途见表 4-2，残余元素见表 4-3。

4.2.2 轴承用渗碳钢的主要性能数据

常用轴承渗碳钢的临界点见表 4-4，渗碳后纵向力学性能和末端淬透性分别见表 4-5 和表 4-6。

表 4-2　轴承用渗碳钢的化学成分和用途

牌号	化学成分（质量分数,%)							用途
	C	Si	Mn	Cr	Ni	Mo	Cu	
G20CrMo	0.17 ~ 0.23	0.20 ~ 0.35	0.65 ~ 0.95	0.35 ~ 0.65	≤0.30	0.08 ~ 0.15	≤0.25	制造冲击载荷较大的中小型轴承零件
G20CrNiMo	0.17 ~ 0.23	0.15 ~ 0.40	0.60 ~ 0.90	0.35 ~ 0.65	0.40 ~ 0.70	0.15 ~ 0.30	≤0.25	
G20CrNi2Mo	0.19 ~ 0.23	0.25 ~ 0.40	0.55 ~ 0.70	0.45 ~ 0.65	1.60 ~ 2.00	0.20 ~ 0.30	≤0.25	
G20Cr2Ni4	0.17 ~ 0.23	0.15 ~ 0.40	0.30 ~ 0.60	1.25 ~ 1.75	3.25 ~ 3.75	≤0.08	≤0.25	制造高冲击载荷的特大型和中小型轴承零件
G10CrNi3Mo	0.08 ~ 0.13	0.15 ~ 0.40	0.40 ~ 0.70	1.00 ~ 1.40	3.00 ~ 3.50	0.08 ~ 0.15	≤0.25	
G20Cr2Mn2Mo	0.17 ~ 0.23	0.15 ~ 0.40	1.30 ~ 1.60	1.70 ~ 2.00	≤0.30	0.20 ~ 0.30	≤0.25	
G23Cr2Ni2Si1Mo	0.20 ~ 0.25	1.20 ~ 1.50	0.20 ~ 0.40	1.35 ~ 1.75	2.20 ~ 2.60	0.25 ~ 0.35	≤0.25	

表 4-3　轴承用渗碳钢的残余元素

元素	P	S	Al	Ca	Ti	H
化学成分（质量分数, %）≤	0.020	0.015	0.050	0.0010	0.0050	0.0002

表 4-4　常用轴承渗碳钢的临界点

牌号	临界点/℃				
	Ac_1	Ac_3	Ar_3	Ar_1	Ms
08	732	874	854	680	—
10	724	876	850	682	—
20	735	855	835	680	—
15Mn	735	863	840	685	—
20NiMo	725	800	750	650	330

（续）

牌号	临界点/℃				
	Ac_1	Ac_3	Ar_3	Ar_1	Ms
20CrMo	743	818	746	504	—
G20Cr2Ni4A	720	780	660	575	305
G20Cr2Mn2MoA	761	828	735	655	310
G20CrNiMo	749	835	662	—	—
G20CrNi2Mo	732	806	721	482	—
G10CrNi3Mo	718	810	649 ~ 704	454 ~ 538	—

表 4-5　渗碳钢纵向力学性能

牌号	毛坯直径/mm	淬火		冷却剂	回火	冷却剂	力学性能			
		温度/℃			温度/℃		抗拉强度/MPa	断后伸长率（%）	断面收缩率（%）	冲击吸收能量/J
		一次	二次				不小于			
G20CrMo	15	860 ~ 900	770 ~ 810	油	150 ~ 200	空气	880	12	45	63
G20CrNiMo	15	860 ~ 900	770 ~ 810		150 ~ 200		1180	9	45	63
G20CrNi2Mo	25	860 ~ 900	780 ~ 820		150 ~ 200		980	13	45	63
G20Cr2Ni4	15	850 ~ 890	770 ~ 810		150 ~ 200		1180	10	45	63
G10CrNi3Mo	15	860 ~ 900	770 ~ 810		180 ~ 200		1080	9	45	63
G20Cr2Mn2Mo	15	860 ~ 900	790 ~ 830		180 ~ 200		1280	9	40	55
G23Cr2Ni2Si1Mo	15	860 ~ 900	790 ~ 830		150 ~ 200		1180	10	40	55

注：表中所列力学性能适用于公称直径≤80mm 的钢材。公称直径为 81 ~ 100mm 的钢材，允许其断后伸长率、断面收缩率及冲击吸收能量较表中的规定分别降低 1%（绝对值）、5%（绝对值）及 5%；公称直径为 101 ~ 150mm 的钢材，允许其断后伸长率、断面收缩率及冲击吸收能量较表中的规定分别降低 3%（绝对值）、15%（绝对值）及 15%；公称直径 >150mm 的钢材，其力学性能指标由供需双方协商。

表 4-6　渗碳钢末端淬透性

牌号	试样热处理工艺		洛氏硬度　HRC	
			距末端距离/mm	
	正火	末端淬火	1.5	9.0
G20CrMo	915 ~ 935℃，60min，空气		38 ~ 46	20 ~ 30
G20CrNiMo	920 ~ 940℃，60min，空气	925℃ ±5℃，15 ~ 30min，水	40 ~ 48	23 ~ 38
G20CrNi2Mo	930 ~ 950℃，30min，空气		41 ~ 48	≥33
G23Cr2Ni2Si1Mo	910 ~ 930℃，30min，空气		47 ~ 54	≥43

4.2.3　合金元素对渗碳钢性能的影响

（1）碳含量的影响　渗碳轴承钢碳的质量分数一般在 0.25% 以下，对于大截面或心部需要具有较高强度的渗碳轴承零件，碳的质量分数可提高到 0.3%。

碳含量越高，轴承零件心部强度越高，轴承强度也越高。但是过高的碳含量将导致淬火后马氏体从低碳板条状向混有针状马氏体过渡，从而增加零件的脆性。因此，从提高韧性角度讲，不希望淬火后心部硬度过高，一般应控制在 30～45HRC。

（2）铬含量的影响　铬在渗碳钢中的作用主要是增加钢的淬透性，推迟贝氏体转变进而改善力学性能。一方面，由于铬可以增加渗层的碳浓度、增加共析层厚度和提高渗碳层淬透性，从而改善渗碳性能；另一方面，由于铬的存在，渗碳后可以形成高硬度碳化物，使渗碳层具有较高的耐磨性。但是，铬的含量过多时，形成的特殊碳化物较难固溶于奥氏体中，会使表层淬透性变差，因此，一般渗碳轴承钢中铬的含量规定在 2% 以下。

（3）锰含量的影响　据日本某轴承公司研究报道，当锰的质量分数为 0.5% 时，L_{10} = 2.89×10^7 转；当锰的质量分数提高到 0.8% 时，$L_{10} = 3.19 \times 10^7$ 转。当合金渗碳钢中把锰的质量分数由 0.5% 提高到 1.25%，接触疲劳寿命 L_{10} 得到了明显提高。当锰与铬共存，铬的质量分数大于 0.8% 时，锰含量对接触疲劳寿命的提高要明显得多。

（4）镍含量的影响　镍的主要作用是提高淬火后钢的冲击韧性。特别是轴承零件心部淬火后不能形成 100% 马氏体时，由于镍的存在，仍然可以保证具有较高的冲击韧性。此外，镍还可以降低渗碳层中的碳含量，略微减小渗碳层厚度，但是，可以增加渗碳层的淬透性。镍含量过高将会使 Ms 显著降低，导致残留奥氏体量增多和硬度值降低。

（5）钼含量的影响　钼主要是对零件心部或渗层的淬透性都有强烈的促进作用。此外，钼还可细化晶粒，降低过热敏感性和提高冲击韧性。但钼的质量分数超过 1% 时，改善力学性能的效果就不明显了。与铬元素一样，若钼含量太高，也会形成特殊碳化物而较难固溶于奥氏体中，使淬透性变坏。

（6）铬镍钼的综合影响　一般说来，单一的合金元素不可能使钢获得理想的性能，只有对各种合金元素进行优化匹配，才能获得较好的综合性能。如从提高渗碳轴承钢抗断裂性能方面看，钼和铬的作用均受镍含量的影响较大。若铬镍钼中两种以上的合金元素加入钢中时，合金元素总的质量分数达 6% 左右，则末端淬透性曲线基本上与横坐标平行了，要求再高的淬透性就不必要了。

4.3　渗碳层厚度设计及评定方法

轴承套圈渗碳的目的是通过碳原子渗入零件表面，使其表面获得适宜的碳浓度，再经过适当的热处理工艺，提高套圈的性能，以满足其使用要求。

渗碳轴承钢制零件的有效渗碳层厚度的确定，应根据轴承所承受的载荷以及轴承零件的有效壁厚而定。根据轴承应力分布可知，滚动接触的最大剪切应力不在表面，而是距表面一定距离处。随着所承受的载荷的增加，最大剪切应力距表面深度也增加。零件的剪切应力乘以 3～4，与硬度分布曲线可绘于同一坐标图上进行比较，如图 4-15 所示。硬度分布曲线如果高于剪切应力（乘以 3～4）分布曲线，零件的性能就可以满足载荷的要求。反之，硬度分布曲线低于剪切应力（乘以 3～4）分布曲线，则不能满足载荷的要求。因此，零件渗碳、淬火后的硬度分布曲线应高于剪切应力（乘以 3～4）分布曲线，进而确定渗碳层厚度，即硬化层厚度。但是，硬度分布曲线存在不佳或硬度较高的厚度较浅，会使硬度分布曲线在某处与剪切应力分布曲线相交，致使零件早期疲劳破损。

一般，针对存在磨损的配合零件，渗碳层深度应大于设计允许磨损深度；对于点或线接触配合零件，要有足够的渗碳层深度以阻止渗碳层以下较软组织的塑性变形；对于承受弯曲或扭转应力的零件，渗碳层深度曲线（从表面到心部）不应与剪切应力分布曲线（从表面到心部）相交。

轴承零件渗碳后的淬硬层（渗碳层）应满足表 4-7 的规定。

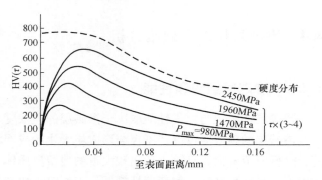

图 4-15　剪切应力和硬度分布之间的关系

表 4-7　淬硬层深度

轴承零件有效壁厚或有效直径/mm		淬硬层深度/mm
>	≤	
—	8	0.7 ~ 1.2
8	14	1.0 ~ 1.6
14	20	1.5 ~ 2.3
2	50	≥2.5
50	80	≥3.0
80	—	≥3.5

注：同型号轴承内、外圈淬硬层深度要求一致，且以外圈有效壁厚为准。

有效渗碳层厚度评定方法有显微组织法、硬度法和宏观断口法。显微组织法即用金相显微镜检测零件渗碳后平衡状态的金相组织，将渗碳成品零件或试样缓冷至室温后进行试验，用 4% 的硝酸酒精浸蚀，用金相显微镜在放大 100 倍下观察。在平衡状态下组织的过共析层加共析层，再加上 1/2 过渡层即为渗碳层。该方法的优点是直观简洁，缺点是不能反映出零件的性能，而渗碳的目的是通过表面碳浓度的提高而改善轴承零件的耐磨性及疲劳寿命。虽然渗碳层碳浓度分布相同，但由于渗碳后的热处理工艺、冷却速度、淬透性、工件尺寸等因素的不同，硬化层深度不同，零件的强度和疲劳强度也就不同，那么轴承零件的寿命就存在差异。显微组织法评定的另一个缺点是人为的误差大、试棒的平衡态组织难以得到，尤其是高合金钢需要长时间退火，不能及时指导生产。为了使有效渗碳层厚度真正反映出零件的使用性能，一般采用硬度法来评定渗碳层厚度。经渗碳热处理的成品零件或试样（去除加工余量），按照 GB/T 9450—2005 测量其淬硬层深度，当淬硬层深度 ≥2.5mm 时，表面至淬硬层深度的 40% 处，其硬度值不应低于 58HRC。因为零件的硬度和强度有一定的对应关系，所以，零件的高硬度深度得到保证，也就保证了零件的强度和疲劳强度。这样，硬度法测得的有效渗碳层厚度就与零件的使用性能联系起来了，有效渗碳层厚度一般以 550HV1 作为分界线。宏观断口法是将渗碳零件或试样从渗碳炉中取出后直接淬火，然后将其压断。断口上渗碳层部分呈银白色瓷状，未渗碳部分呈灰色纤维状。也可将断口磨平、抛光后，用 4% 硝酸酒精浸蚀，渗碳层呈暗黑色，未渗碳部分呈灰色。

4.4 渗碳层性能及缺陷分析

4.4.1 渗碳层组织和性能

渗碳层的组织与力学性能取决于渗碳层的碳浓度、碳浓度梯度和渗碳深度。

渗碳层的碳浓度过高，不仅会形成粗大块状或网状碳化物，使脆性增大，工作时严重剥落，降低疲劳寿命，且淬火后出现大量的残留奥氏体，降低硬度。碳浓度过低会使淬火后表面硬度不足，耐磨性、耐疲劳性降低，工作时很快产生塑性变形而磨损。轴承零件渗碳后渗碳层小于 2.5mm 时，表面碳含量（质量分数）一般为 0.8% ~ 1.05%，当渗碳层不小于 2.5mm 时，表面碳含量不应低于 0.8%，这样能保证表面获得较高的淬火硬度和良好的组织。

碳含量随着渗层呈现平缓变化，这样产生的组织应力小，渗碳层与心部结合较牢固，反之，组织过渡有突变，易引起渗碳层的剥落。

渗碳层深度应根据零件断面尺寸大小与使用条件来确定，中小型轴承零件渗碳层深度较小，特大型轴承零件较大，成品渗碳层一般为 2.5mm 以上，称为深层渗碳。

淬、回火后，渗碳表层组织为隐晶或细小结晶马氏体加细小均匀分布的粒状碳化物，从而使表面具有较高的耐磨性和疲劳强度。渗碳层中有时出现粗大碳化物与网状碳化物，将增大脆性、降低强度。此外，过多的残留奥氏体会降低表面硬度与疲劳强度，所以对这些不正常的组织应当严格控制。

4.4.2 渗碳热处理后的缺陷分析

轴承零件渗碳热处理后经常发生较严重的质量缺陷有：渗碳层深度不合格、脱碳、粗大块状或网状碳化物、针状碳化物、残留奥氏体量过多、硬度不够、裂纹、变形与缩小等。

1. 渗碳层深度不合格

渗碳层深度不合格是指渗碳层深度不够、深度过大以及深浅不均等。深度不够，造成零件强度不够，轴承抵抗载荷的能力减弱，工作时零件表层凹陷，疲劳强度降低，易引起疲劳剥落与零件过早的磨损。渗碳层深度过大，使心部韧性降低，零件工作时易发生断裂。渗碳层深度不均，易造成局部力学性能不好。

渗层深度不够可进行补充渗碳。小零件可在补充渗碳前进行喷砂，去除氧化皮，以保证补充渗碳均匀。补充渗碳要用刚渗过碳的热炉，其工艺与正常渗碳相同，过程试样仍用原来的试样。

渗碳层深度过大，可能是因渗碳温度过高或保温时间太长而造成的，也可能是渗碳剂活性太强、用量太多所致。检查不准确及炉内渗碳不均也会造成渗层深度过大。

造成渗碳不均匀的因素是多方面的，如装料方法不当（零件在炉内装偏），炉内温度、气流循环不均匀以及炭黑的不均匀聚积等都可导致渗碳不均匀。所以在炉中各部位应分别放入几个高温回火试样，以便检查渗碳的均匀性，并分析渗碳不均匀的原因，采取措施，以防止零件渗碳不均匀。此外，渗碳炉内温度的均匀性也是影响渗碳质量的重要因素。

2. 脱碳

渗碳初期和中期都很正常，渗碳层已有足够的碳浓度，但到后期，因渗碳不正常，使已经渗碳的表面失碳，因而产生脱碳现象。脱碳造成硬度不够，淬火后表面缺少细粒状的过剩碳化物，使零件的耐磨性降低。扩散期炉气碳势太低、炉子漏气、淬火过程中加热介质中氧化气氛等都会导致零件表面脱碳。

防止脱碳的办法是控制扩散期碳势不能过低。如果在扩散过程中发现脱碳，应适当增加渗碳剂的供给量。如果在渗碳出炉后发现脱碳，应利用刚取出零件的热炉进行补充渗碳，补充渗碳温度与正常渗碳的相同，渗碳剂用最大量，并把原来的脱碳试样放入炉中，以便检查。

与脱碳相似的缺陷还有渗碳层浓度不足，这主要是在渗碳过程中炉气碳势太低造成的，能引起脱碳的原因都可导致碳浓度不足。因此在检查过程试样中应密切注意碳的浓度，及时调整渗碳剂的供给量。如果在渗碳出炉后发现碳浓度严重不足，应予补充渗碳，其工艺与脱碳返修工艺相同。

3. 粗大块状或网状碳化物

渗碳层表面碳浓度一般总是超过共析成分的，所以淬火后会有少量的过剩碳化物存在。细小而均匀分布的过剩碳化物对耐磨性起到了良好的作用。但是，粗大块状或网状碳化物，不但不利于提高耐磨性，反而会显著降低零件的强度，尤其是疲劳强度，使表面脆性增加，并且在以后的淬火和磨削时易沿碳化物形成裂纹。因此，必须严格控制渗碳层中的碳化物形态和分布，以保证零件在经过磨削后不存在粗大块状或网状碳化物。

出现粗大块状或网状碳化物的原因是渗碳层浓度过高（在非碳位控制的条件下，碳的质量分数一般为 1.2% ~ 1.4%，最高可达 1.7% ~ 1.8%）。粗大块状或网状碳化物在渗碳过程中形成，细小的网状碳化物在冷却过程中形成。防止出现粗大块状或网状碳化物的方法是，控制炉气碳势使渗碳层碳浓度不要过高。在渗碳后期，当渗碳层的深度已够，而粗大块状或网状碳化物出现的深度超过技术要求（其深度要求是根据留磨量来决定的）时，可适当提高渗碳温度，减少渗碳剂供给量，加强扩散，但一般不允许渗碳温度超过 960℃，并应防止发生脱碳。如果渗碳出炉后发现粗大块状或网状碳化物的深度超过要求时，应进行补充扩散或正火，其工艺与渗碳过程的扩散相同。

4. 针状碳化物

高温回火后，渗碳层组织中经常会出现不合格的针状碳化物。针状碳化物是从饱和奥氏体晶粒内析出的渗碳体，其位向与亚共析魏氏组织中铁素体层片的位向相对应，故也称过共析魏氏组织。这种组织多出现在渗碳温度偏高使奥氏体晶粒粗大并造成碳浓度偏高（一般碳的质量分数在 1.1% ~ 1.3%）和回火前残留奥氏体较多的情况下。针状碳化物相当稳定，即使提高回火温度，延长回火时间，进行多次高温回火，也不能完全消除，致使淬火后还残留一部分，对渗碳层的力学性能不利。精确控制渗碳气氛，保证渗碳层碳浓度适宜，是预防针状碳化物出现的根本措施。

5. 残留奥氏体过多

高强度合金渗碳钢（G20Cr2Ni4A 及 G20Cr2Mn2MoA 等）在渗碳热处理（尤其是深层渗碳）过程中，在渗碳层中经常产生残留奥氏体量过多的现象。残留奥氏体的检查是在淬回火后进行的，如果残留奥氏体量过多，在淬火时残留奥氏体未完全消除，因而会被保留下来。另外，即使一次淬回火后残留奥氏体不多，但淬火时严重过热，也会造成残留奥氏体量增加。残留奥氏体过多会使硬度降低，进而降低零件的强度、耐疲劳性、耐磨性；当残留奥氏体数量少且分散均匀时，对力学性能影响不大。

在渗碳过程中，由于渗碳层中有一定量的合金元素，在渗碳后油冷时，合金元素的加入增加了奥氏体的稳定性，因而易形成大量的残留奥氏体。合金元素镍比锰更容易使奥氏体的稳定作用增强，所以 G20Cr2Ni4A 钢比 G20Cr2Mn2MoA 钢更容易出现残留奥氏体过多的现象。

残留奥氏体过多，可以采用高温回火来消除。G20Cr2Ni4A 钢重新回火的温度为 600℃，G20Cr2Mn2MoA 的为 620℃，时间都为 12h。

6. 硬度不够

硬度不够主要是指渗碳层表面的硬度达不到要求。渗碳层的高硬度是良好强度和耐磨性能的反映，硬度不够，则零件抵抗外加载荷的能力低，工作时零件表面易凹陷，引起疲劳剥落与过早磨损。

渗碳层的表面脱碳、碳浓度不足、淬火后残留奥氏体过多等缺陷以及淬火加热不足、冷却不良、回火温度过高等都会引起硬度不够。零件出现硬度不够的现象时，要具体分析，找出原因，及时采取措施。

7. 裂纹

渗碳轴承钢热处理过程中开裂的主要原因如下：

1）由于渗入碳的浓度过高，造成淬火应力大，进而造成开裂。碳浓度过高易形成粗大碳化物，引起应力集中，也会导致渗碳层沿粗大碳化物开裂。

2）渗碳出炉油冷时，出炉温度过高易产生裂纹（特别是在渗碳层碳浓度过高的情况下）。故通常预冷至 890℃后再出炉油冷。

3）垫块造成开裂。为保证特大型轴承套圈渗碳均匀及端面能渗上碳，两个套圈之间需放上垫块。但若垫块面积太大，与垫块中接触部位碳浓度低，同时垫块给套圈造成的压痕形成应力集中，也会引起开裂。为此，常将垫块开凹槽以减小接触面积。

4）油沟处的应力集中易引起开裂，故特大型轴承套圈的小油沟与端面台阶通常在高温回火后再进行车削。

8. 变形与缩小

变形包括圆度变形与翘曲变形两种形式。引起变形的原因是装架套圈支垫不平，使得套圈高温长时间加热后产生不均匀变形。另外，炉内渗碳不均匀，淬火加热、冷却不均匀等，也会引起变形。

变形套圈的整形采用热整形的方式。因此套圈淬火冷却时应在 100～150℃（工件表面冒轻微油烟）出油，出油后迅速卸去模具，测量变形，对变形超差的套圈应立即整形。对有圆度变形的套圈用顶子校正，并带顶子回火，回火后卸去顶子再回火一次，以消除因顶子加压形成的应力，使尺寸稳定。对翘曲变形的套圈，应置于手台上用重压整形。

套圈在渗碳、淬火及回火各工序中都会产生尺寸收缩。其收缩量的大小，根据经验得出的规律是：渗碳层浓度越高、渗碳层越深、粗大碳化物越深、淬火加热温度越高、加热时间越长、淬火冷却时出油温度越高、套圈壁厚越大，套圈的收缩量越大；反之，收缩量越小。此外，渗碳套圈淬火冷却时应采用模具来限制其变形与收缩。

4.5 特大型轴承零件的渗碳热处理

特大型渗碳轴承零件一般选用 G20Cr2Ni4A 和 G20Cr2Mn2MoA 钢制造，这两种钢的热处理工艺过程基本相同，仅个别工艺规范有差异。套圈的加工工艺路线如下：

投料→锻造→退火→车削→渗碳→出炉油冷→高温回火→淬火→清洗→低温回火→

 车削

粗磨附加回火→终磨装配

特大型毛坯锻造后要进行低温退火，其工艺为（680 ± 10）℃（G20Cr2Ni4A）或（650 ± 10）℃（G20Cr2Mn2MoA），保温 8 ~ 12h，炉冷。加工后进行渗碳、淬火、回火工艺。为了防止套圈畸变（胀缩、椭圆、挠曲），在二次淬火加热时，可采取压模淬火方法来防止套圈淬火收缩并保证平面度误差在允许范围内。

4.5.1 技术要求

特大型轴承零件渗碳处理过程中的技术条件见表 4-8、表 4-9 和表 4-10。

表 4-8 特大型轴承零件渗碳硬化层深度 （单位：mm）

内外圈		滚动体	
有效壁厚	渗碳淬硬层深度	滚子直径	渗碳淬硬层深度
≤50	≥2.5	≤50	≥2.5
>50 ~ 80	≥3.0	50 ~ 80	≥3.0
>80	≥3.5	>80	≥3.5

表 4-9 特大型轴承零件变形量 （单位：mm）

外圈公称外径或内圈公称内径		直径变动量 max		平面度 max	
淬硬层深度≥2.5					
>	≤	外圈	内圈	外圈	内圈
—	400	—	0.50	—	0.30
400	450	0.60	0.60	0.20	0.40
450	500	0.70	0.70	0.35	0.50
500	600	0.80	0.90	0.40	0.60
600	700	1.00	1.00	0.50	0.70
700	800	1.20	1.10	0.60	0.80
800	900	1.30	1.20	0.70	0.80
900	1000	1.50	1.30	0.80	0.90
1000	1100	1.60	1.50	1.00	1.00
1100	1200	1.80	1.60	1.10	1.20
1200	—	2.00	1.60	1.20	1.20

表 4-10　特大型轴承零件渗碳表面和心部硬度

牌号	淬硬层深度/mm	心部硬度　HRC	表面硬度　HRC	
			一次淬火或二次淬火	回火后
G20CrMoA G20CrNiMoA	≤2.5	30～45	61～66	59～64
G20CrNi2MoA G20Cr2Ni4A		32～48	61～66	59～64
G20Cr2Ni4A G10CrNi3MoA G20Cr2Mn2MoA	≥2.5	32～48	≥61	58～63

4.5.2　渗碳热处理工艺及其分析

特大型轴承零件渗碳热处理工艺过程如图 4-16 所示。

（1）渗碳　可控气氛气体渗碳是目前最普遍的渗碳工艺，可实现渗碳炉内主要气体成分及气氛碳势在线监控，自动调整，产品质量稳定。

常用可控气氛渗碳温度一般为 940℃ 左右。渗碳介质为各种碳氢化合物，如甲烷、丙烷、异丙醇、煤油及苯，选取的原则是原材料容易购买、方便储存及运输、无毒或者毒性轻微、纯净度高、综合成本较低等。

目前特大型轴承零件的渗碳，大多数是用氮甲醇和丙烷作为渗碳剂，渗碳工艺如下：

1）装炉。套圈装在支架上（图 4-17a），两个套圈之间用带凹槽的垫块隔开，保持 5mm 以上的间距。滚子装在带格孔的料盘中（图 4-17b），滚子之间有适当的间距。根据支架大小及炉膛高度的不同，一炉可装一架至三架。

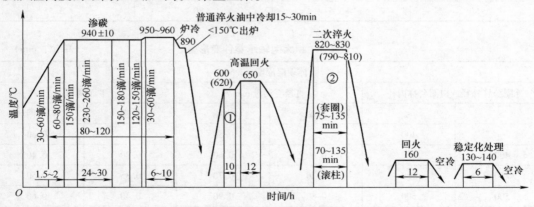

图 4-16　特大型轴承零件渗碳热处理工艺

注：设备为 180kW 井式渗碳炉。目前常用渗碳剂为：氮甲醇＋丙烷，深层渗碳强渗期与扩散期的碳势均为　1.15%，高温回火及二次淬火＋回火工艺与图中相同。

① (600±10)℃，G20Cr2Mn2MoA；(620±10)℃，G20Cr2Ni4A。

② 820～830℃，G20Cr2Mn2MoA；790～810℃，G20C2Ni4A。

检查渗碳层深度及组织时，一般不直接检查产品（必要时滚子可以直接检查），通常借助试样，所以装炉的同时应装入渗碳试样。试样的材质必须与渗碳零件的材质相同。试样有

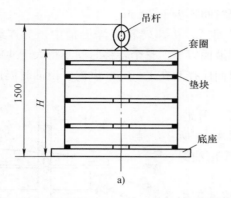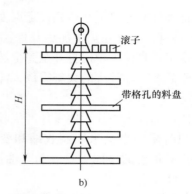

图 4-17　特大型轴承零件渗碳装架示意图

高温回火试样与渗碳过程试样两种。高温回火试样安放零件各部位同零件一起渗碳、冷却，高温回火后全面检查质量；渗碳过程试样从炉盖试样孔中放入炉内，在渗碳过程中分期抽取检查。

2）渗碳过程。渗碳温度为 930～950℃，渗碳时间为 80～120h，渗碳剂用氮甲醇 + 丙烷。当温度在 700℃ 以下时，渗碳剂分解不完全，零件表面吸收碳的能力弱，故渗碳剂应在仪表指示温度达到 800℃ 时（此时零件温度在 700℃ 以上）才开始供给。在工艺规定的渗碳温度渗碳 1.5～2h 后，即在零件完全奥氏体化的后期，渗碳剂采用最大供给量，达到规定时间后降低供给量，以后根据过程试样的检查结果再调整。在渗碳初期渗碳速度较快，平均为 0.08～0.10mm/h，以后逐渐减慢，全过程中平均渗速为 0.035～0.045mm/h。

在渗碳过程的末期，渗碳层达到或将要达到要求时，在适当的碳势下保温一段时间，这段时间称为渗碳的扩散期。扩散阶段的作用是：进一步使碳的浓度均匀化，使碳浓度梯度平缓并使粗大碳化物减少。

3）渗碳出炉。为了防止渗碳层析出网状碳化物，强化心部组织，渗碳出炉采用油冷。特大型零件在渗碳温度下直接淬油易产生裂纹，故通常随炉冷至 890℃ 再淬火。零件出油时温度不得低于 150℃。

（2）高温回火　特大型轴承零件渗碳、油冷后，渗碳层组织为屈氏体、残留奥氏体、马氏体和粗大碳化物。其中残留奥氏体量很大，因此表面硬度低，而马氏体又很粗，故不能满足轴承零件使用要求。如果再直接淬火，则在淬火组织中仍然会保留大量的残留奥氏体（质量分数可达 20%～40%），故需进行高温回火，使渗碳层中的残留奥氏体发生分解，析出球状碳化物，从而使渗碳层基体中的碳含量和合金元素含量降低。随后淬火时，将零件加热至 Ac_1 以上温度，碳化物不能全部溶入奥氏体中，就会减少残留奥氏体量，提高渗碳层的强度和韧性。高温回火还使马氏体分解为索氏体，为以后的淬火提供优良的原始组织，并降低淬火时开裂的敏感性。

高温回火温度应选在奥氏体稳定性最小的温度区域，前后分两段：600～620℃ 保温 10h 后升至 650℃ 保温 12h，出炉前炉冷至 550℃，可减轻表面氧化。

（3）二次淬火

1）加热温度与时间。G20Cr2Ni4A 的加热温度为 800～820℃，G20Cr2Mn2MoA 的为 790～810℃。加热时间可根据零件的大小、厚度与装炉量确定，在 70～135min 范围内。一般应保证零件心部热透并达到设定温度后的保温时间不少于 30min。

2）冷却。工件在炉中加热及保温到规定时间后，快速转移至淬火槽中，对连续淬火炉，规定工件自淬火炉门打开至完全浸入淬火剂液面以下，整个转移时间不得大于 40s。

对于需要手动淬火的大型零件，淬火转移时间应控制在 1～3min 以内，出油时温度应低于 100℃。

渗碳后的淬火往往会使零件产生收缩和变形，因此，淬火冷却时采用夹具来限制收缩和变形。如图 4-18 所示，淬火时将套圈连同夹具一起入油淬火，套圈出油温度低于 100℃。

3）清洗。淬火后的零件应在 60～80℃的清洗液中清洗去油，然后在低于 25℃的冷水中漂洗并放置一定的时间。

（4）回火　回火设备一般用井式回火电炉，淬火后至回火间隔时间不大于 6h。回火温度为（155±5）℃，回火时间为 12h。

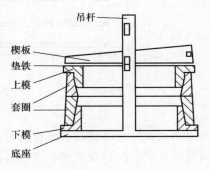

图 4-18　淬火夹具示意图

（5）附加回火　粗磨后进行附加回火，以消除磨削应力。附加回火温度为 130～140℃，时间为 6h。

4.5.3　质量检查

特大型渗碳轴承零件在渗碳热处理过程中，须进行下列检查：

（1）渗碳层深度　渗碳层深度主要在渗碳过程中检查，高温回火后要进行复查。特大型轴承零件渗碳层很深，渗碳层深度在显微镜下不易测量准确，故用淬硬层深度（硬度不小于 550HV1 的深度）表示。测量硬化层深度时先切取试样，然后将试样磨平，再以与零件淬火相同的温度淬火。抛光腐蚀后，试样截面由外向里呈不同颜色，最外层（过共析层）为灰色，往里（共析层）是暗黑色的，再往里（心部低碳区）为灰白色。在暗黑色与灰白色交界处测量硬度，找出 550HV1 的区域，用带刻度的放大镜观测 550HV1 区的中心至边沿的距离，此距离即为硬化层深度。目前硬度法测量渗碳层深度已经可以做到自动检测并输出测量结果。其表层硬度和心部硬度见表 4-11 和表 4-12。

表 4-11　表层硬度和表层显微组织（JB/T 8881）

牌号	淬硬层深度/mm	表层硬度　HRC		表层显微组织	
		渗碳一次淬火或二次回火后	常规回火后	渗碳一次淬火（第四级别图）	渗碳二次淬火（第五级别图）
G15CrMo G20CrMo G20CrNiMo G20CrNi2Mo G23Cr2Ni2Si1Mo[①]	<2.5	61～66	59～64	第 2～4 级	第 1～3 级
G20Cr2Ni4	<2.5	61～66	59～64	第 2～4 级	第 1～4 级

（续）

牌号	淬硬层深度/mm	表层硬度　HRC		表层显微组织	
		渗碳一次淬火或二次回火后	常规回火后	渗碳一次淬火（第四级别图）	渗碳二次淬火（第五级别图）
G20Cr2Ni4 G10CrNi3Mo G20Cr2Mn2Mo G23Cr2Ni2Si1Mo①	≥2.5	≥61	58～63	第2～4级	第1～4级

① G23Cr2Ni2Si1Mo 钢制轴承零件渗碳后二次淬火采用贝氏体等温淬火工艺时，其表层贝氏体显微组织按 GB/T 34891—2017 中第五级别图的规定。

表 4-12　心部硬度和心部显微组织（JB/T 8881）

牌号	淬硬层深度/mm	心部硬度　HRC		心部显微组织（第六级别图）
		≥	<	
G15CrMo G20CrMo G20CrNiMo	<2.5	30	32	第1～3级
		32	45	第1～4级
G20CrNi2Mo G20Cr2Ni4 G23Cr2Ni2Si1Mo	<2.5	32	35	第1～3级
		35	48	第1～4级
G20Cr2Ni4 G10CrNi3Mo G20Cr2Mn2Mo G23Cr2Ni2Si1Mo	≥2.5	32	48	不予控制

（2）粗大碳化物与网状碳化物　粗大碳化物与网状碳化物也是在渗碳过程中检查的。渗碳时间及渗碳剂的供给量是根据渗碳层深度与粗大碳化物（即粗大块状碳化物）的大小及分布来确定的。高温回火时要对粗大碳化物与网状碳化物进行复查。检查方法是用显微镜观察试样。粗大碳化物（大块状、条状碳化物）多存在于表层奥氏体晶界中，网状碳化物则是指沿奥氏体晶界析出的呈网状分布的碳化物。粗大碳化物测量部位的确定必须考虑碳化物的尺寸与分布的密集程度这两个因素。按 JB/T 8881—2020 图 1 控制粗大碳化物深度。粗大碳化物按 JB/T 8881—2020 第一级别图评定，淬硬层不小于 2.5mm，第 1～3 级为合格；淬硬层小于 2.5mm，第 1、2 级为合格。网状碳化物应符合 JB/T 8881—2020 第二级别图规定的第 1～3 级。

（3）渗碳层组织及脱碳层深度　在渗碳过程中应检查渗碳层组织及脱碳层深度，渗碳一次淬火后应对脱碳层深度进行复查。渗碳出炉油冷的显微组织，最表层为针状马氏体、残留奥氏体及粗大碳化物，心部组织为板条马氏体、贝氏体和少量铁素体。

（4）高温回火组织　高温回火时，渗碳层中的大量残留奥氏体及马氏体分解，析出碳化物，由表至里形成了不同碳含量的珠光体型组织。渗碳层正常的高温回火组织为细小、均匀分布的珠光体类型组织，同时有少量残留奥氏体和一定数量断续状的细小针状碳化物。针状碳化物也称作过共析魏氏组织，会降低渗碳层的韧性和疲劳强度。

（5）二次淬回火组织 渗碳后的淬火组织对轴承使用性能起决定性作用。淬火组织表层为隐晶或细小结晶马氏体、一定数量均匀分布的二次碳化物和适量的残留奥氏体，并允许一定数量的细针状马氏体和少量断续状的残留针状碳化物存在，心部组织为板条马氏体、贝氏体和少量铁素体。其表层和心部显微组织见表 4-11 和表 4-12。

（6）裂纹 轴承零件不允许有裂纹，淬火后必须检查。一般是在喷砂后用磁粉探伤的方法检查，但直径过大的套圈，磁粉探伤不便操作，可在淬火后直接观察，发现有可疑之处时，粗磨后再用磁粉探伤检查。

（7）变形 渗碳套圈淬火时虽用压模淬火，但淬火后还是有变形。变形给磨削带来困难，往往因变形严重而使零件报废。变形还会使成品硬化层不均匀，造成套圈使用性能一致性差，降低了轴承使用寿命，故应严格控制变形。淬火出油后应迅速拆去模具，测量变形量及收缩量，对外圈测量外径，对内圈测量内径。渗碳轴承套圈淬火后允许的变形量见表 4-13。对于淬火后允许的收缩量，应根据留磨量决定，一般要求磨削后成品工作面有效硬化层深度不小于 2.5mm。检查平面度用塞尺。

表 4-13 渗碳轴承套圈淬火后允许的变形量 （单位：mm）

淬硬层深度 <2.5			淬硬层深度 ≥2.5					
套圈外径		直径变动量	外圈公称外径或内圈公称内径		直径变动量 max		平面度误差 max	
>	≤	max	>	≤	外圈	内圈	外圈	内圈
30	50	0.12	—	400	—	0.5	—	0.3
50	80	0.15	400	450	0.6	0.6	0.2	0.4
80	120	0.20	450	500	0.7	0.7	0.35	0.5
120	180	0.25	500	600	0.9	0.9	0.4	0.6
180	300	0.30	600	700	1	1	0.5	0.7
300	400	0.35	700	800	1.2	1.1	0.6	0.8
—	—	—	800	900	1.3	1.2	0.7	0.8

4.6 转向滚轮轴承外圈的渗碳热处理

汽车、拖拉机的转向滚轮轴承要求具有高强度、高耐磨性，还要求具有良好的冲击韧性。在使用过程中，要承受的摇臂力矩为 1800～2200J，旋转要灵活，要求汽车、拖拉机运转达到 200000km 以上。汽车、拖拉机行驶时转弯越急促，轴承承受的载荷越大，因此又要求可靠性大。这类轴承的内圈及钢球用高碳铬轴承钢制造，外圈用渗碳钢制造，钢有 20NiMo、G20Cr2Ni4A、G20Cr2Mn2MoA 等。外圈加工工艺路线如下：选棒料→车削→渗碳→出炉油冷→高温回火→车内孔→淬火→清洗→低温回火→粗磨→附加回火→终磨→装配。因为套圈的内表面是不磨削的，所以要在高温回火后经精车来保证尺寸精度。

4.6.1 技术要求

转向滚轮轴承外圈渗碳热处理过程中的检查项目及技术要求列于表 4-14 中。渗碳层、粗大碳化物、网状碳化物、脱碳层的深度，应在渗碳出炉后进行检查，在高温回火后、淬火后进行复查。

表 4-14　转向滚轮轴承外圈渗碳热处理技术要求

项目	技术要求		
	渗碳后	高温回火后	淬、回火后
渗碳层深度/mm	成品要求 0.9～1.5，渗碳热处理后要求 1.3～1.7		
表面碳的质量分数（％）	0.8～1.05		
粗大碳化物深度/mm	≤0.25		
网状碳化物	保证成品无大于标准规定第六级别 3 级的网状碳化物存在		
渗碳层深度/mm	≤0.20		
显微组织	表层为粗针状马氏体、屈氏体、碳化物和残留奥氏体	回火索氏体的基体上有针状碳化物 在滚动轴承零件渗碳热处理质量标准第二级别图 1～3 级范围内的为合格	隐晶或细小针状马氏体，二次碳化物及残留奥氏体。在渗碳热处理质量标准第四级别图 1～3 级范围内的为合格，针状碳化物不得超过 4 级
硬度	—	≤28HRC	淬火 表面 60～62HRC 回火 表面 56～60HRC 心部 33～45HRC
裂纹	—	—	不允许有裂纹
软点	—	—	淬火后酸洗检查软点，软点深度不允许超过留磨量

4.6.2　渗碳热处理工艺

转向滚轮轴承外圈渗碳、热处理工艺过程如图 4-19 所示。其中高温回火及淬火的温度应根据具体的钢种来选择。

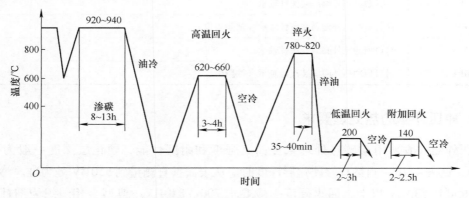

图 4-19　转向滚轮轴承外圈渗碳、热处理工艺

4.7 滚针轴承冲压外圈的渗碳热处理

冲压滚针轴承是用碳含量很低的低碳钢板冲压成轴承的外圈和保持架，并通过不断完善和逐渐改进，从而形成了冲压滚针轴承系列。冲压滚针轴承的出现迅速改变了机械、汽车、摩托车、航空、航天、纺机、轻工等行业的机械零部件的结构，使其轻型化，达到节能的目的。

在众多使用冲压滚针轴承的行业中，以汽车行业为代表的冲压滚针轴承的应用最多。以汽车为例，要使汽车跑得快，就要减轻整个汽车本身的重量，在其他条件不变的情况下仅对汽车减速器内的轴承结构进行讨论。除安装正常的实体轴承以外，还因为受到内部空间径向尺寸的限制，希望能够将减速器内所有轴承的结构变得小而轻型化，并具有较高的强度，能够承受较大的载荷和较高的转速，并具有很好的耐磨性能，故减速器内安装具有一定数量的 HK 型冲压滚针轴承来配套。

冲压滚针轴承一般是由外圈、保持架和滚针组成。外圈和保持架都是冲压成形，其主要结构型式见表 4-15。冲压工序要求钢带材料有较好的延展性，因此，外圈一般采用低碳钢或低碳合金钢，常用材料包括符合 JIS 规定的 SPCC、SAE J403 规定的 1010、EN 10132 − 2 规定的 C15mod、JIS G3311 规定的 SCM415，或采用其他型号优质冷轧钢板（带）制造。

表 4-15　冲压外圈滚针轴承主要结构型式

轴承代号	结构型式
HK	穿孔型冲压外圈滚针轴承
HK...RS	穿孔型冲压外圈滚针轴承，单面带密封圈
HK...2RS	穿孔型冲压外圈滚针轴承，双面带密封圈
BK	封口型冲压外圈滚针轴承
BK...RS	封口型冲压外圈滚针轴承，一面带密封圈
F	穿孔型冲压外圈满装滚针轴承
FY	穿孔型冲压外圈满装滚针轴承（油脂限位）
MF	封口型冲压外圈满装滚针轴承
MFY	封口型冲压外圈满装滚针轴承（油脂限位）

4.7.1 冲压外圈的热处理要求

冲压外圈一般采用渗碳热处理来提高其强度和耐磨性能，硬化层深度一般为 0.05 ~ 0.35mm，见表 4-16。测量有效硬化层深度时应从表面垂直测量到 550HV 处为准。渗碳淬火后的硬度可达 830HV 以上，回火硬度一般要求 700 ~ 840HV。典型金相组织为细针状马氏体、分散细小的碳化物以及少量的残留奥氏体。

冲压外圈热处理有效硬化层深度要求一般根据其最小壁厚来确定。

表 4-16　冲压外圈热处理后有效硬化层深度和表面硬度

冲压外圈最小壁厚/mm	有效硬化层深度/mm	表面硬度　HV1
≤0.5	0.07 ~ 0.13	—
0.5 ~ 0.8	0.10 ~ 0.18	700 ~ 840
0.8 ~ 1.0	0.12 ~ 0.20	—
≥1.0	0.15 ~ 0.25	—

注：高频退火后，外圈滚道硬度不小于 664HV1。

　　滚针轴承外圈尺寸较小，一般外径为 10 ~ 60mm，小尺寸、大批量的冲压外圈的渗碳淬火基本都选择网带炉。渗碳层很薄，所以渗碳时间很短，这就需要炉内气氛很均匀，为此需要有循环风扇来搅拌气氛，使炉内渗碳气氛达到均匀化，保证产品质量的稳定性。

　　薄壁冲压外圈热处理时容易产生氧化起皮，因此对网带炉预热区的密封性有较高要求。预热区密封性不良时，空气从网带下方和侧边进入炉膛并和炉内可燃气体（甲醇、丙烷等）混合燃烧产生高温，当薄壁零件经过预热区时就会产生氧化起皮现象。预热区密封性的好坏可通过测量预热区左、中、右的温度来验证，通常预热区温度 ≤500℃ 可认为其密封性较好。

4.7.2　网带炉内气氛的控制

　　炉内气氛的稳定首先要求所有进入炉膛内的产品零件必须清洗干净并烘干。常用渗碳气氛的气源包括甲醇、丙烷、氮气和氨气等。各种气源的质量必须得到保证，其中纯度应该是甲醇 ≥99.9%，丙烷 ≥95%，液氮 ≥99.9%。对于液氮来说，1L 液氮可以汽化成 647L 氮气，所以用液氮制造氮气是很理想的手段。

　　对于新的炉子，在投产前必须按照设备厂商的要求进行缓慢的烘炉及升温，以排出炉砖和保温材料内部的水分和其他挥发性气体，并再一次拧紧所有螺栓，检查所有的密封处。对于停炉后重新开炉时，新老设备都必须排除炉膛内的空气，即在落料口的下端应有氮气入口，待炉温升到 650℃ 时打开尾部的氮气球阀，氮气从落料口处进入炉膛，并将炉膛内的 CO_2 和 H_2O 等有害气氛逐渐抽走，需要 5 ~ 10h，在炉温升到 760℃ 以上时通入滴注式甲醇或低温甲醇裂解气，继续升温到 800℃ 以上并保温一段时间后通入丙烷和氮气，同时关闭炉尾的氮气阀门。甲醇、丙烷、氮气进入炉膛后的制气时间稍微长一点较好，在循环风扇的作用下可以使炉内气氛和温度更加均匀。

　　在新炉子启用时还需要对网带及炉膛进行预渗碳，有时碳势仪显示已经达到技术要求，但是火焰颜色呈现蓝色时说明炉内气氛仍然有空气存在，炉内有氧气存在会使工件表面出现花斑及脱碳，硬度降低，金相组织检测可以看到黑色组织。对于无马弗罐的炉膛来说，因为轻质耐火砖和硅酸铝耐火纤维上的小孔中的空气和水分将要抽出去，若新的炉子没有烘得很干，则要将炉盖板松开，留出 10mm 左右高度的间隙让水汽逸出去，然后盖好炉盖板拧紧螺钉即可，也可以用其他方式排除。为了减少空气进入炉膛，除控制炉门高度以外，还必须将落料口处的油帘上下方的油烟气用抽气泵抽出，抽出量通过球阀来调整。抽出的油烟气通过汽水分离器经流量计控制再送到炉口同甲醇气汇合对炉口进行火封。

4.7.3 炉内碳势的校准

炉内碳势的校准可以用碳的质量分数在 0.06% 以下、厚度为 0.05mm 的低碳钢钢箔（定碳片）来校正。校正氧探头碳势的方法一般有如下两种：

1）称重法。用精度十万分之一的分析天平作为称重计量标准，将除锈、除油、清洗干净并烘干的钢箔进行称重，然后进入炉内进行工艺渗碳。钢箔在进出炉时都不能碰到脏物。钢箔需要预冷后才能出炉。钢箔在进出炉时的颜色都是银白色的，出炉后清洗烘干再次称重，然后根据公式进行计算，即可得炉内该氧探头位置的碳势。计算过程可参考 JB/T 10312—2011《钢箔测定碳势法》。

2）燃烧法。该方法简单、准确、快速，制样方法同称重法。将钢箔从试样孔中取出后，放在碳硫分析仪中，碳硫分析仪同天平连接在一起的，在该仪器中通入氮气和氧气，接通开关，钢箔瞬时燃烧，此时产生一氧化碳和二氧化碳，在 1min 内钢箔的碳势就显示出来了。

4.7.4 冲压外圈热处理工艺

冲压滚针轴承热处理通常在网带炉内进行，渗碳时炉内气氛以纯甲醇气氛为宜，碳势应控制在 0.8% ~ 1.2%。前区为强渗区，碳势在 1.0% ~ 1.2% 实现强渗，保证零件渗碳速度。后区为扩散区，碳势应控制在 0.8% ~ 1.0%，保证零件表面获得一定碳元素的同时减少表面残留奥氏体的产生。

加热温度应控制在 830 ~ 850℃，温度过高时薄壁冲压外圈易产生较大变形，温度过低时心部组织难以转变为马氏体组织，影响产品强度。

薄壁外圈通常采用快速光亮淬火油，油温为 80 ~ 100℃，淬火表面硬度通常 ≥800HV，心部硬度根据碳含量和合金元素的不同在 150 ~ 400HV。

回火温度为 160 ~ 180℃，回火后的硬度在 700 ~ 840HV，金相组织为回火马氏体、少量残留奥氏体和碳化物。

4.7.5 冲压外圈热处理检验

冲压外圈热处理后，需检查其表面硬度、硬化层和金相组织，有特殊要求的还需检验其心部硬度和心部金相组织，见表 4-17。表面组织为回火马氏体、少量残留奥氏体和碳化物。SCM415 材料渗碳热处理表面和心部组织如图 4-20 和图 4-21 所示。

表 4-17 冲压外圈热处理主要检验指标及技术要求

检验项目	技术要求
淬火表面硬度	≥800HV1
回火表面硬度	700 ~ 840HV1
硬化层	参考产品要求
金相组织	1. 表面马氏体及残留奥氏体等级 1 ~ 3 级，参考标准 JB/T 7710—2007 2. 表面至要求最小硬化层处不允许有屈氏体 3. 不允许出现网状或连续的渗碳体

图 4-20　SCM415 材料渗碳热处理表面组织

图 4-21　SCM415 材料渗碳热处理心部组织

4.8　等速万向节轴承的渗碳热处理

等速万向节轴承要求所有零件耐摩擦性、耐磨损性、疲劳强度和其静态及动态下扭转强度必须达到设计要求。除轴承钢球和滚子外，所有零件进行表面硬化处理，如渗碳或高频感应淬火。

等速万向节的主要组成零件及其性能要求如图 4-22 所示。

等速万向节由外圈、内圈、钢球（滚子）和保持架组成。BJ 型万向节的结构如图 4-23 所示。

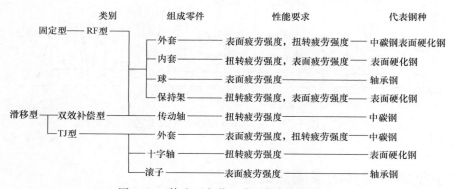
图 4-22　等速万向节组成零件与性能要求

外圈用碳的质量分数为 0.45% ~0.53% 的中碳合金钢，进行高频感应淬火。

内圈（即星形套）对表面疲劳强度和扭转强度有要求，因其形状复杂不适合用高频感应淬火，目前使用 20CrMnTi、20Cr、20CrMo 等渗碳合金钢。

钢球和滚子用 ZGCr15，进行马氏体淬火回火处理。

保持架采用 15Cr 渗碳钢。

十字轴采用 20Cr、20CrMo 渗碳钢。

外圈（壳体）表面球形沟槽部位采用冷锻成形方法，无须机械加工。通常用碳的质量分数为 0.45% ~0.53% 的碳钢制造。

等速万向节内圈（星形套）选用 20CrMnTi 钢，其加工过程为：锻造→正火→机械加工

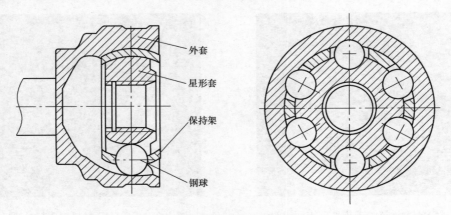

图 4-23　BJ 型万向节结构

外套
星形套
保持架
钢球

（车、铣）→渗碳→淬火→回火→喷砂→磨。

正火工艺为 950℃ ×（2 ~ 3）h 风冷。正火后硬度为 179 ~ 217HBW。成品的技术要求：表面硬度为 58 ~ 62HRC，渗碳层深度为 1.2 ~ 1.5mm。

渗碳在井式气体渗碳炉中进行，采用滴注方式，渗碳剂为苯或航空煤油。其渗碳淬火工艺如图 4-24 所示。

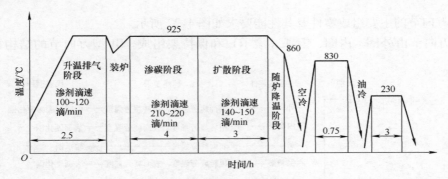

图 4-24　20CrMnTi 钢渗碳淬火工艺

4.9　中小型轴承零件的渗碳热处理

要求轴承工作表面具有高的硬度、耐磨性、抗疲劳性，而心部具有高的强韧性，承受高冲击载荷的轴承零件采用渗碳钢制造，进行渗碳处理。目前轴承制造中常用的渗碳钢有 15Mn、G20Cr2Ni4A、G20Cr2Mn2MoA、G20CrNiMoA 等钢。其用途分别为：15Mn 钢主要用于制造汽车万向节轴承外圈，G20Cr2Ni4A 和 G20Cr2Mn2MoA 钢主要用于制造耐高冲击载荷轴承零件，如汽车转向盘轴承外圈；G20Cr2Ni4A 钢用于制造飞机起落架轴承；G20CrNiMoA 钢用于制造汽车轮毂轴承。中小型轴承零件渗碳的技术要求按 JB/T 8881—2020 执行。

1）中小型轴承零件渗碳层深度见表 4-18。

2）渗碳淬火后表面硬度应为 62 ~ 66HRC，回火后应为 59 ~ 64HRC；心部硬度一般为 30 ~ 48HRC。表面不允许有软点和硬度不均匀现象。

3）渗碳轴承零件淬火、回火后渗层断口应为灰色瓷状细小晶粒断口；中心断口应为纤维状，不允许有粗大晶粒断口。渗层组织的显微组织应为隐晶或细针马氏体和均匀分布的碳化物，以及少量残留奥氏体，不允许有粗大的碳化物网和明显可见的碳化物针。淬火、回火后不允许有裂纹存在，脱碳层深度不应超过零件的实际最小留量。

4）渗碳层表面碳浓度应控制在0.8%～1.05%（质量分数），过渡层碳浓度梯度要平缓。

5）中小型渗碳轴承零件热处理工艺见表4-19。

表4-18　中小型轴承零件渗碳层深度

有效零件壁厚/mm	有效渗碳层深度/mm
<8	0.7～1.2
8～14	1.0～1.6
14～20	1.5～2.3
20～50	≥2.5
50～80	≥3.0
>80	≥3.5

表4-19　中小型渗碳轴承零件热处理工艺

牌号	渗碳零件名称	热处理设备	渗碳和淬火、回火技术要求	渗碳（淬火、回火）工艺
15Mn	汽车万向节滚针外圈	井式气体渗碳炉、多用箱式炉、底装料炉、推盘炉	1）渗碳层深度为0.8～1.3mm 2）渗碳层硬度：表面为60～64HRC，心部>25HRC 3）渗碳层组织应为细小针状马氏体和少量残留奥氏体 4）不允许有裂纹 5）畸变不能超过总留量的1/2	毛坯冷挤压后，在680～710℃进行3～4h去应力退火。渗碳剂采用氮甲醇+丙烷
G20Cr2Ni4A	汽车转向盘轴承外圈	同上	1）渗碳层深度：776801、676701为1.3～1.7mm，776901为1.2～1.5mm 2）渗碳层硬度：表面为56～60HRC，心部为28～45HRC，其他技术要求同15Mn钢零件	渗碳剂采用氮甲醇+丙烷
	飞机起落架轴承	同上	1）渗碳层深度：7511内外圈为1.3～1.6mm，滚子为1.4～1.6mm；7512S内圈为1.8～2.2mm，外圈为1.3～1.6mm；7516S内圈为1.3～1.6mm，外圈为1.8～2.2mm，滚子为1.7～1.9mm 2）渗碳层硬度：表面为61～64HRC，心部>35HRC	渗碳剂采用氮甲醇+丙烷

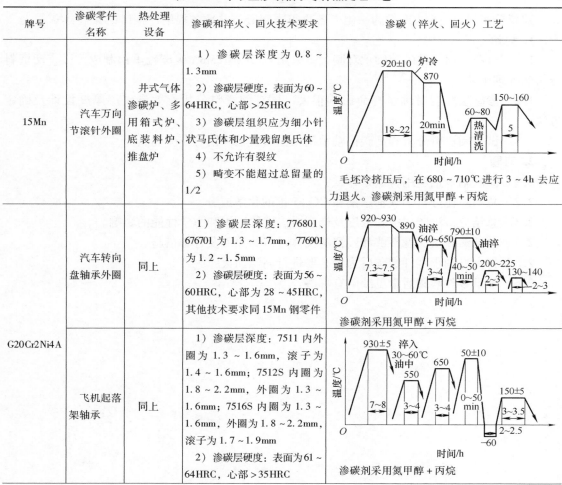

（续）

牌号	渗碳零件名称	热处理设备	渗碳和淬火、回火技术要求	渗碳（淬火、回火）工艺
G20CrNiMo	轴承套圈（外径为135mm，高度为36mm，壁厚为9.1mm）	同上	1）有效渗碳层深度为1.4～1.8mm 2）表面碳浓度应为0.8%～0.9%（质量分数） 3）硬度：表面为59～63HRC，心部＞30HRC 4）显微组织：表面应为细针状马氏体＋少量残留碳化物，不得有粗大碳化物网；心部应为低碳马氏体＋少量铁素体	 渗碳剂采用氮甲醇＋丙烷

【讨论和习题】

建议分组讨论，5人左右为一组。各小组查阅资料并准备提纲，在讨论课上分享。

1. 讨论

1.1 目前国内高铁轴箱轴承套圈大多采用G20CrNi2MoA渗碳轴承钢制成，试查阅资料分析热处理工艺。

1.2 渗碳层厚度对轴承寿命影响很大，试查阅资料分析有效渗碳层厚度设计及确定方法。

1.3 试查阅资料分析和高碳铬轴承钢相比渗碳轴承钢有哪些优点？

2. 习题

2.1 渗碳轴承钢应用特点是什么？

2.2 总结对比分析渗碳轴承钢和GCr15钢的化学成分。

2.3 总结分析渗碳层中碳浓度及梯度对渗碳层组织和力学性能的影响。

2.4 总结渗碳层深度不够和残留奥氏体过多的原因及补救措施。

2.5 特大型轴承零件渗碳后为什么要进行高温回火？

2.6 轴承零件渗碳后常见缺陷有哪些？

第5章 耐蚀、耐高温、防磁滚动轴承零件热处理工艺

【章前导读】

高碳铬轴承钢用量最大，渗碳轴承钢可以承受较大冲击载荷，那么对于石油机械、化工机械等存在腐蚀介质的轴承，对于处于高温环境下的航空发动机主轴轴承和导航系统的高灵敏性轴承又采用什么钢材呢？其热处理工艺又如何制定呢？

本章主要介绍耐蚀轴承钢、高温轴承钢和防磁轴承钢种类、性能特点以及热处理工艺特点。

5.1 耐蚀轴承零件热处理

随着科技的发展，国防、航天航空、发动机等核心部件功率越来越大，工作环境越来越恶劣，要求主轴轴承耐高温、耐蚀、转速高、负载大，制造此类轴承的材料主要表现为合金元素含量高、导热性差、抗拉强度大、伸长率和断面收缩率小、锻造流动性差。

耐蚀轴承零件通常采用不锈钢制造，一般有高碳铬马氏体不锈钢、奥氏体不锈钢。其中高碳铬马氏体不锈钢不仅具有GCr15高碳铬轴承钢所要求的性能，还具备高的耐蚀能力和一定的耐高温能力，经热处理后具有较高的强度、硬度、耐磨性、接触疲劳性能和低温稳定性，可以制造-253℃以上的低温轴承，如火箭氢氧发动机中的低温轴承。这类钢具有很好的耐大气、海水、水蒸气腐蚀的能力，通常用于制造在海水、蒸馏水、硝酸等介质中工作的轴承零件。表5-1所列为不锈钢在轴承上的应用。

表5-1 不锈钢在轴承上的应用

牌号	钢种	用途
G95Cr18 G65Cr14Mo G102Cr18Mo	高碳铬马氏体不锈钢	1）制造在海水、河水、蒸馏水、硝酸、海洋性气候蒸汽等腐蚀性介质中工作的轴承 2）制造微型轴承 3）适用于高真空及-253~350℃温度下工作的轴承
14Cr17Ni2 20Cr13 30Cr13 40Cr13		1）制造高速耐蚀轴承保持架 2）制造BK型滚针轴承外圈 3）制造关节轴承的内圈 4）制造耐蚀滚针和套圈
06Cr19Ni10 12Cr18Ni9	奥氏体不锈钢	制造耐蚀轴承保持架、防尘盖、铆钉、套圈和钢球等

5.1.1　耐蚀轴承钢化学成分及性能

不锈轴承钢的主要化学成分见表 5-2。高碳铬不锈轴承钢物理化学性能见表 5-3、表 5-4，热加工性能见表 5-5，其力学性能见表 5-6、表 5-7。

表 5-2　不锈轴承钢主要化学成分

牌号	化学成分（质量分数，%）								
	C	Si	Mn	Cr	P	S	Mo	Ni	Cu
G95Cr18	0.90 ~ 1.00	≤0.80	≤0.80	17.0 ~ 19.0	≤0.035	≤0.020	—	≤0.025	≤0.025
G65Cr14Mo	0.60 ~ 0.70	≤0.80	≤0.80	13.0 ~ 15.0	≤0.035	≤0.020	0.50 ~ 0.80	≤0.025	≤0.025
G102Cr18Mo	0.95 ~ 1.10	≤0.80	≤0.80	16.0 ~ 18.0	≤0.035	≤0.020	0.40 ~ 0.70	≤0.025	≤0.025
14Cr17Ni2	0.11 ~ 0.17	0.80	0.80	16.00 ~ 18.00	0.040	0.030	—	1.50 ~ 2.50	—
20Cr13	0.16 ~ 0.25	1.00	1.00	12.00 ~ 14.00	0.040	0.030	—	(0.60)	—
30Cr13	0.26 ~ 0.35	1.00	1.00	12.00 ~ 14.00	0.040	0.030	—	(0.60)	—
40Cr13	0.36 ~ 0.45	0.60	0.60	12.00 ~ 14.00	0.040	0.030	—	(0.60)	—
06Cr19Ni10	0.08	1.00	2.00	18.00 ~ 20.00	0.045	0.030	—	8.00 ~ 11.00	—
12Cr18Ni9	0.15	1.00	2.00	17.00 ~ 19.00	0.045	0.030	—	8.00 ~ 10.00	—

表 5-3　高碳铬不锈轴承钢物理性能

牌号	临界温度（近似值）/℃		马氏体点/℃		线胀系数/(10^{-6}/℃)					导热系数 λ /[W/(m·K)]
	Ac_1	Ar_1	Ms	Mf	20℃	100℃	200℃	300℃	400℃	
G95Cr18	815 ~ 865	765 ~ 665	145	−70 ~ −90	8.2	10.6	10.9	11.4	—	3.235×10^{-2}
G102Cr18Mo	810 ~ 840	740 ~ 765	170	−60	—	—	—	—	—	—

表 5-4　高碳铬不锈轴承钢耐蚀性能

腐蚀介质	耐蚀情况
海洋性气候	良好
海水	可以使用
蒸汽	最好
盐酸（室温下质量分数为 5% ~ 10%）	不能使用
硝酸（室温下质量分数为 5% ~ 10%）	良好
醋酸（室温下质量分数为 5% ~ 15%）	良好
硫酸（室温下质量分数为 5% ~ 15%）	不能使用
石油（含有机物质的原油）20 ~ 200℃	最好
碱性溶液（质量分数为 1% ~ 10%）	最好
干燥硫化氢气体	良好

表 5-5　高碳铬不锈轴承钢热加工性能

牌号	预热温度/℃	加热温度/℃	终锻温度/℃	冷却
G95Cr18	800 ~ 850	1035 ~ 1150	875 ~ 950	① 在石灰中冷却 ② 在 300 ~ 400℃ 炉内冷却
G102Cr18Mo	800 ~ 850	1080 ~ 1120	900 ~ 950	① 在石灰中冷却 ② 在 300 ~ 400℃ 炉内冷却 ③ 在热沙中冷却

表 5-6　高碳铬不锈轴承钢力学性能

牌号	退火状态下的力学性能			
	A(%)	Z(%)	HBW	R_m
G95Cr18	14	27.5	230~240	76
G102Cr18Mo	13~14	25~30	230	77

表 5-7　高碳铬不锈轴承钢高温回火后硬度 HRC

牌号	试验温度/℃				
	100	200	300	400	500
G95Cr18	58	56	55	54	50
G102Cr18Mo	59	58	56	55	52.5

5.1.2　高碳铬不锈轴承钢制轴承零件热处理

G65Cr14Mo、G95Cr18、G102Cr18Mo 钢为高碳铬马氏体不锈钢，经热处理（淬火、冷处理、回火）后具有高的硬度、弹性、耐磨性以及优良耐蚀性，主要用于制造在腐蚀环境中工作的轴承套圈和滚动体。

1. 锻造和退火

锻造直接影响热处理质量好坏。在锻造过程中，高碳铬不锈轴承钢的导热性差，钢中合金碳化物在高温下溶于奥氏体中的速度慢，为此锻造加热速度也要慢，需要在 800~850℃下进行预热。又因其淬透性好，所以锻后的冷却速度要慢，应在石灰、热砂或保温炉中冷却。

锻件的组织不允许有过热、过烧、孪晶，以及因停锻温度过高、冷却速度慢所产生的粗大碳化物网。因为，这些组织在后续热处理过程中都无法消除而影响钢的最终性能。

正常的锻造组织应由马氏体、奥氏体和一次、二次碳化物所组成，钢的晶粒应细小，以期退火加热时马氏体容易转变为奥氏体，使退火后更易获得理想的组织和硬度。若锻造组织过粗，则退火组织性能变差。若含有孪晶组织，将使退火后的组织中出现孪晶碳化物而降低韧性。锻造工艺曲线如图 5-1 所示。锻造后退火工艺见表 5-8。等温球化退火等温温度对硬度的影响见表 5-9。

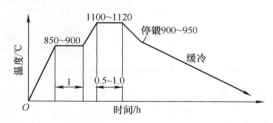

图 5-1　高碳铬不锈轴承钢制套圈锻造工艺曲线

① 硬度：197~255HBW（压痕直径为 4.3~3.8mm）。

② 显微组织为均匀分布的球化组织。允许有分散的一次碳化物，不允许有欠热、过热以及锻造过热引起的孪晶碳化物存在。

③ 脱碳层深度不得超过淬火前每边最小加工余量的 2/3。热冲钢球退火后脱碳层的测量应在试件的垂直于环带横截面的磨面上进行。

表 5-8　高碳铬不锈轴承钢制轴承零件退火工艺

退火名称	工艺曲线	应用	备注
低温球化退火	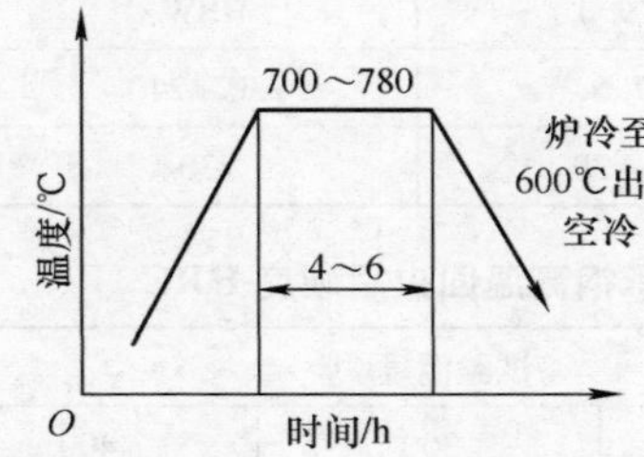 温度/℃ 700～780 炉冷至600℃出炉空冷 4～6 时间/h	① 冷冲和半热冲钢球的退火 ② 消除加工过程中的残余应力 ③ 淬火过热、欠热零件的返修	加工余量小时需要密封退火或可控气氛退火
等温球化退火	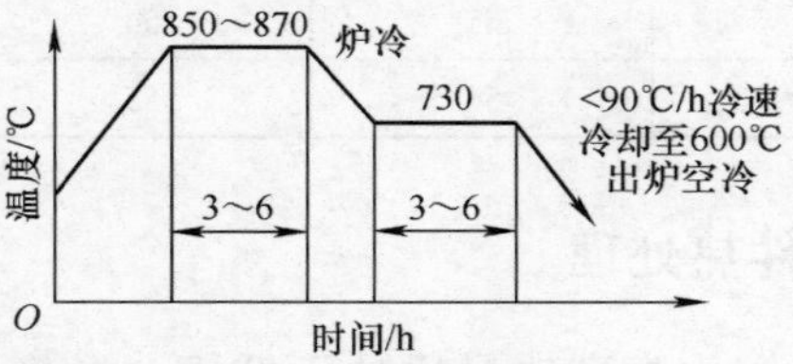 温度/℃ 850～870 炉冷 730 <90℃/h冷速冷却出炉空冷 3～6 3～6 时间/h	热冲球或锻件毛坯退火	
一般球化退火	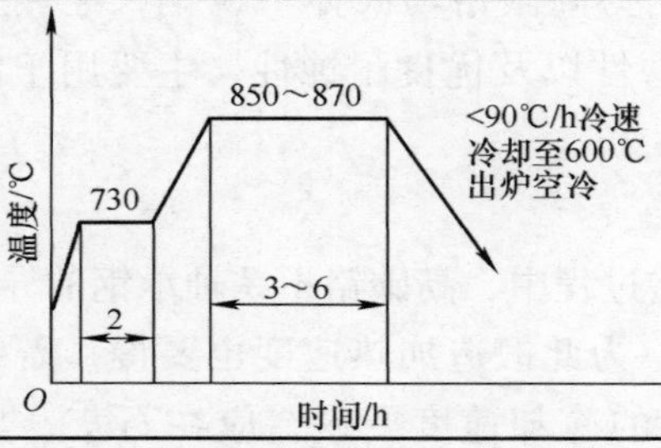 温度/℃ 730 850～870 <90℃/h冷速冷却至600℃出炉空冷 2 3～6 时间/h	锻件毛坯退火	

表 5-9　等温球化退火等温温度对硬度的影响

退火温度/℃	保温时间/h	等温规范		硬度 HBW
		等温温度/℃	等温保留时间/h	
850	—	700	3	246
	2	730	3	241
	—	750	3	237

2. 淬火

（1）淬火要求

① 硬度。套圈和滚动体淬火、回火后硬度（经 160℃ ±5℃ 回火）不应低于 58HRC。

② 显微组织。套圈滚动体淬火、回火后显微组织应为隐晶、细小结晶马氏体和一、二次残留碳化物及残留奥氏体。

③ 断口。应为浅灰色细瓷状断口。

④ 表面质量与变形要求与 GCr15 钢相同。

（2）淬火工艺参数

① 淬火加热温度的确定。淬火通常在真空炉或者可控气氛炉内进行，由于高碳铬不锈轴承钢导热性较差，为了防止淬火变形和开裂，在加热至淬火温度前应进行 800～850℃ 的预热，再升温到 1050～1100℃。

由于高碳铬不锈轴承钢铬含量较高，因此，淬火加热温度对钢的马氏体转变开始点（Ms）影响较大。随淬火加热温度的提高使 Ms 点降低。如把淬火温度从 950℃ 提高到 1100℃ 时，Ms 点从 260℃ 下降到 60℃。

图 5-2 所示为淬火温度与硬度、残留奥氏体量的关系。图 5-3 所示为淬火温度与接触疲劳寿命的关系。由图可知，淬火加热温度低于 1000℃，虽然淬火后残留奥氏体较少，有利于尺寸稳定性，但硬度未达最高值而使接触疲劳寿命降低。淬火温度高于 1100℃，由于残留奥氏体的增加，硬度急剧下降。

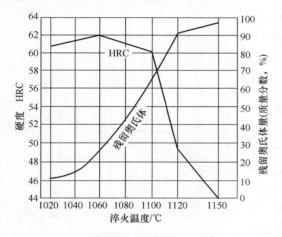

图 5-2　G95Cr18 淬火温度与硬度和
残留奥氏体含量的关系

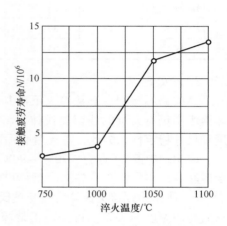

图 5-3　G95Cr18 淬火温度与接触
疲劳寿命的关系

如图 5-4 所示，淬火温度低于 1050℃，在海水中耐蚀性强，但在 5% 硝酸溶液中的耐蚀性差。淬火温度高于 1150℃，在海水中和 5% 硝酸溶液中耐蚀性均降低。

因此，生产中一般选用的淬火温度为 1050 ~ 1100℃。对易变形及薄壁零件采用淬火温度的下限，对在高温下工作的轴承零件，则选用淬火温度的上限。

② 保温时间：一般情况下，预热时间为保温时间的 2 倍，保温时间根据有效厚度进行计算。如盐炉装载量不超过 2kg 的情况下，厚度小于 3mm，保温 1 ~ 6min；厚度为 3 ~ 5mm，保温 6 ~ 9min。

③ 淬火冷却：高碳铬不锈轴承钢淬火后的残

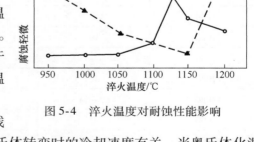

图 5-4　淬火温度对耐蚀性能影响

留奥氏体含量除受淬火加热温度影响外，还与马氏体转变时的冷却速度有关。当奥氏体化温度为 1050℃，分别在水、油和空气中淬火时，残留奥氏体含量分别为 15%、25% 和 35%（质量分数）。奥氏体化温度为 1100℃ 时，残留奥氏体含量分别为 45%、60% 和 90%（质量分数）。

高碳铬不锈轴承钢制轴承零件淬火工艺见表 5-10。

表 5-10　高碳铬不锈轴承钢制轴承零件淬火工艺

有效厚度 /mm	预热		加热		加热设备	备注
	温度/℃	时间/min	温度/℃	时间/min		
<3		6~10	1050~1070	3~6		
3~5		10~15	1050~1080	6~10		
6~8		15~20	1070~1080	10~13		保温时间可按 1min/mm
9~12	800~850	20~25	1080~1100	13~15	真空炉	计算，厚度大于 14mm，
13~16		25~30	1080~1100	14~16		可按 40~70s/mm 计算
17~20		30~35	1080~1100	16~20		
21~25		35~40	1080~1100	19~23		

3. 冷处理

高碳铬不锈钢在正常淬火下冷却到室温时，基体组织中仍有大量的残留奥氏体，将影响轴承的硬度和尺寸稳定性，为此，淬火后必须进行冷处理。

G95Cr18 钢 Mf 点为 $-70 \sim -90℃$，要使残留奥氏体转变，须将淬火零件深冷至 $-90℃$，甚至更低。表 5-11 所列为残留奥氏体含量与奥氏体化温度、淬火后冷却温度的关系。可知，正常淬火后，残留奥氏体含量为 16%~90%（质量分数），经 $-70℃$ 冷处理后，残留奥氏体含量下降到 7%~19%（质量分数）。

图 5-5 所示为冷处理温度对硬度和残留奥氏体的影响。随冷处理温度的下降，残留奥氏体不断减少，硬度不断增加。

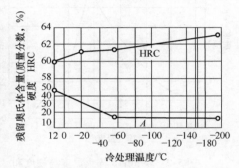

图 5-5　G95Cr18 冷处理温度对硬度和残留奥氏体含量影响

表 5-11　G95Cr18 钢残留奥氏体含量与奥氏体化温度、淬火后冷却温度的关系

淬火温度/℃	淬火后的冷却温度/℃			
	+20	-60	-70	从 -160 到 -190
	残留奥氏体的质量分数（%）			
1000	6	—	3	3
1025	10	—	6	6
1050	16~18	16~17	7~9	7~8
1070	32	16~18	10	10
1080	49~54	18~19	12	12
1090	71	22	15	15
1100	86~90	30	18~19	18~21
1150	98.6	—	63~66	≤50
1200	99.3	—	—	—

4. 回火与附加回火

回火目的是降低内应力，同时也要满足硬度要求。一般高温回火后套圈和滚动体硬度：

回火温度为 200℃，硬度不小于 56HRC；回火温度为 250℃，硬度不小于 54HRC；回火温度为 300℃，硬度不小于 53HRC；回火温度为 400℃，硬度不小于 52HRC。同一零件的硬度均匀性：套圈直径不大于 100mm，滚动体有效直径不大于 22mm，硬度均匀性应不大于 1HRC；套圈直径大于 100mm，滚动体有效直径大于 22mm，硬度均匀性应不大于 2HRC。

回火温度对硬度的影响如图 5-6 所示。当回火温度小于 150℃时，硬度下降甚微，冲击韧性有所上升，耐磨性达最高；当回火温度超过 200℃时；硬度下降，耐磨性降低，如图 5-7 所示。

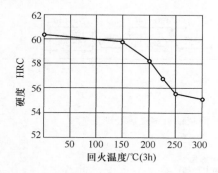

图 5-6　G95Cr18 回火温度对硬度的影响

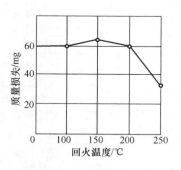

图 5-7　G95Cr18 回火温度对耐磨性的影响

回火温度对 G95Cr18 钢耐蚀性的影响如图 5-8。回火温度在 200℃ 以下，其在海水中耐蚀性最好。

附加回火主要是为了消除磨削应力，稳定组织，提高尺寸稳定性。附加回火温度较正常回火温度低 20～30℃。

尺寸稳定性要求较高的和特别高的 G95Cr18 钢制轴承零件热处理工艺如图 5-9 和图 5-10 所示。工作温度为 -253～100℃ 的轴承零件热处理工艺如图 5-11 所示。

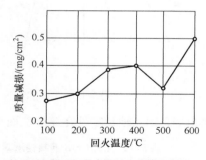

图 5-8　回火温度对 G95Cr18 钢耐蚀性的影响

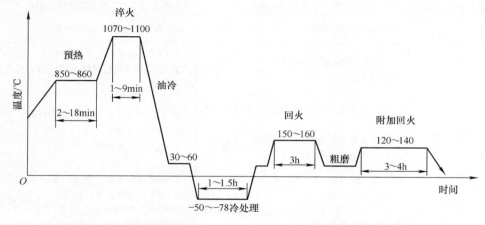

图 5-9　尺寸稳定性要求较高的 G95Cr18 钢制轴承零件热处理工艺

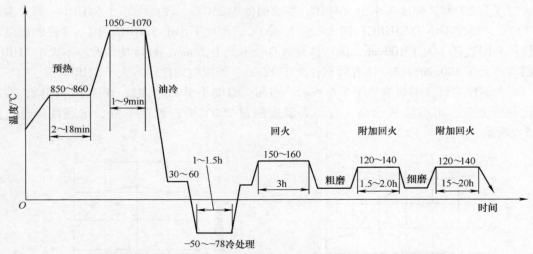

图 5-10　尺寸稳定性要求特别高的 G95Cr18 钢制轴承零件热处理工艺

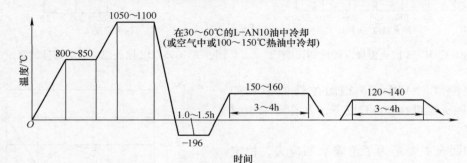

图 5-11　工作温度为 -253~100℃ 的轴承零件热处理工艺

G95Cr18 钢制轴承零件在淬火、回火工序中常见缺陷及其防止方法见表 5-12。

表 5-12　G95Cr18 钢制轴承零件在淬火、回火工序中常见缺陷及其防止方法

序号	缺陷名称		产生原因	防止方法
1	显微组织不合格	欠热	淬火温度低，保温时间短	提高淬火温度或适当延长保温时间
		过热	淬火温度超过上限，且保温时间过长	降低淬火温度或适当缩短保温时间
		孪晶化合物	锻造温度过高，且保温时间过长	按锻造加热工艺规范降低锻造温度
		一次碳化物沿晶界析出	停锻温度超过 1000℃	控制停锻温度在 900~950℃
2	变形		① 淬火温度高或冷却太快 ② 加热不均匀	① 用淬火温度的中、下限加热 ② 在 120~150℃ 的热油中或静止空气中进行淬火冷却
3	硬度偏低		① 淬火温度低或在正常淬火温度保温时间短 ② 回火温度过高 ③ 退火组织不均匀	① 提高淬火温度，延长保温时间 ② 降低回火温度 ③ 退火组织要合格
4	裂纹		① 淬火温度高，冷却太快 ② 原材料或锻造有裂纹 ③ 淬火后零件未冷却到室温就进行冷处理或冷处理回火不及时	① 降低淬火温度或缓慢冷却 ② 淬火前对零件进行检查 ③ 零件冷却到室温方可进行冷处理。冷处理或冷处理后使零件回复到室温后再进行回火

5.1.3　其他不锈钢制轴承零件热处理

奥氏体不锈钢固溶处理工艺见表 5-13。

马氏体不锈钢 12Cr13、14Cr17Ni2、20Cr13、30Cr13、40Cr13 热处理工艺见表 5-14。

表 5-13　奥氏体不锈钢固溶处理工艺

牌号	固溶			备注
	温度/℃	冷却	硬度　HBW	
06Cr19Ni10	1080 ~ 1100	40℃的自来水碳酸钠水溶液	<170	① 盐浴炉，按有效厚度 1 ~ 1.5min/mm，电炉适当延长保温时间
12Cr18Ni9	1100 ~ 1150		137 ~ 179	② 去应力退火 300 ~ 350℃，4 ~ 6h
	1090 ~ 1100		143 ~ 159	

表 5-14　12Cr13、14Cr17Ni2、20Cr13、30Cr13、40Cr13 热处理工艺

牌号	退火			淬火			回火		
	温度/℃	冷却	硬度 HBW	温度/℃	冷却	硬度 HBW	温度/℃	时间/h	硬度 HBW
12Cr13	700 ~ 800 (3 ~ 6h)	空冷	170 ~ 200	1000 ~ 1050	油、水或空冷	—	650 ~ 700	2	187 ~ 200
	840 ~ 900 (2 ~ 4h)	≤25℃/h 炉冷至 600℃ 出炉	≤170	927 ~ 1010	油	380 ~ 415	230 ~ 270	1 ~ 3	360 ~ 380
	850 ~ 880 (2 ~ 4h)	以 20 ~ 40℃/h 炉冷至 600℃空冷	126 ~ 197	925 ~ 1000	油或空冷	380 ~ 415	230 ~ 270	2	360 ~ 380
							500	2	260 ~ 330
							600	2	215 ~ 250
							650	2	200 ~ 230
							700	2	195 ~ 220
20Cr13	700 ~ 800 (2 ~ 6h)	空冷	200 ~ 230	1000 ~ 1050	油或水	—	—	—	—
	850 ~ 880 (2 ~ 4h)	以 20 ~ 40℃/h 炉冷至 600℃空冷	126 ~ 197	927 ~ 1010	油	380 ~ 415	330 ~ 370	1 ~ 3	360 ~ 380
	840 ~ 900 (2 ~ 4h)	≤25℃/h 炉冷至 600℃空冷	≤170	950 ~ 975	油	—	630 ~ 650	2	217 ~ 269

（续）

牌号	退火			淬火			回火		
	温度/℃	冷却	硬度 HBW	温度/℃	冷却	硬度 HBW	温度/℃	时间/h	硬度 HBW
30Cr13	同 20Cr13	同 20Cr13	200 ~ 230	1000 ~ 1050	油	—	200 ~ 300	—	48HRC
			131 ~ 207	980 ~ 1070		530 ~ 560	150 ~ 370	—	48 ~ 53HRC
			≤217	1000 ~ 1050		485	200 ~ 300		≥48HRC
			—	975 ~ 1000			200 ~ 250		429 ~ 477
40Cr13	同 20Cr13	同 20Cr13	200 ~ 300	1050 ~ 1100	油	530 ~ 560	150 ~ 370	1 ~ 3	48 ~ 53HRC
			143 ~ 229	980 ~ 1070			—		
14Cr17Ni2	780 (2 ~ 6h)	空冷	126 ~ 197	950 ~ 975	油	38 ~ 43HRC	300	2	≥35HRC
		空冷	260 ~ 270				275 ~ 320		321 ~ 363
		炉冷至 750℃ 出 炉空冷	≤250				530 ~ 550	—	235 ~ 277

5.2　高温轴承零件热处理

随着航空工业的发展，要求滚动轴承具有高硬度、耐高温及高速性能（DN 值 2.4 × 10[6]），如航空发动机、宇宙飞行器、燃气轮机等装置中的轴承，工作温度可达 400℃ 以上。一般把工作温度超过 250℃ 的轴承称为高温轴承。而现有的高碳铬轴承钢最高实际使用温度仅为 170℃，其改型的轴承钢的最高使用温度也只有 250℃。当工作温度超过 170℃ 或 250℃ 时，轴承套圈和滚动体的硬度往往降低到 58HRC 以下，这对轴承的耐磨性和使用寿命都有严重影响。因而，在高温下工作的轴承除首先要求具有高的硬度外，还要根据不同用途、不同类型的轴承对材料提出不同的要求。因此，高温轴承钢不仅要具有普通轴承钢室温下的力学性能，还应具备高温硬度和高温尺寸稳定性等。通常，高温轴承钢分三类：高速工具钢 GW18Cr5V（540℃）、GW9Cr4V2Mo、GCr4Mo4V（350 ~ 400℃）、GW6Mo5Cr4V2（480℃）；马氏体不锈钢 Cr14Mo4（480℃）；新型渗碳高温轴承钢 G13Cr4Mo4Ni4V。

常用高温轴承钢的钢种及应用见表 5-15。常用高温轴承钢化学成分见表 5-16。

表 5-15　常用高温轴承钢的钢种及应用

牌号	用途
GCrSiWV	制造工作温度为 −55 ~ 250℃ 的套圈和滚动体
GCr4Mo4V	制造工作温度为 −55 ~ 315℃ 的套圈和滚动体
G115Cr14Mo4V	制造高温腐蚀介质中工作的套圈和滚动体，工作温度为 −55 ~ 430℃
G13Cr4Mo4Ni4V	制造高温高速（DN 值 > 2.4 × 10[6]）航空发动机主轴承，工作温度为 −55 ~ 350℃
2W10Cr3NiV	制造高温轴承外圈，−55 ~ 300℃
GW9Cr4V2Mo	制造工作温度为 −55 ~ 450℃ 的套圈和滚动体
W18Cr4V	制造工作温度为 −55 ~ 500℃ 的套圈和滚动体

表 5-16　常用高温轴承钢化学成分

牌号	化学成分（质量分数,%）											
	C	Si	Mn	Cr	Mo	V	W	P	S	Ni	Cu	Co
GW9Cr4V2Mo	0.70 ~ 0.80	≤0.40	≤0.40	3.80 ~ 4.40	0.20 ~ 0.80	1.30 ~ 1.70	8.50 ~ 10.0	≤0.025	≤0.015	≤0.25	≤0.20	—
GW18Cr5V	0.70 ~ 0.80	0.15 ~ 0.35	≤0.40	4.00 ~ 5.00	≤0.80	1.00 ~ 1.50	17.50 ~ 19.00	≤0.025	≤0.015	≤0.25	≤0.20	—
GCr4Mo4V	0.75 ~ 0.85	≤0.35	≤0.35	3.75 ~ 4.25	4.00 ~ 4.50	0.90 ~ 1.10	≤0.25	≤0.025	≤0.015	≤0.25	≤0.20	≤0.25
GW6Mo5Cr4V2	0.80 ~ 0.90	0.15 ~ 0.40	≤0.45	3.80 ~ 4.40	4.50 ~ 5.50	1.75 ~ 2.20	5.50 ~ 6.75	≤0.025	≤0.015	≤0.25	≤0.20	—
GW2Mo9Cr4VCo8	1.05 ~ 1.15	≤0.65	0.15 ~ 0.40	3.50 ~ 4.25	9.00 ~ 10.00	0.95 ~ 1.35	1.15 ~ 1.85	≤0.025	≤0.015	≤0.25	≤0.20	7.75 ~ 8.75

5.2.1　GCr4Mo4V 钢制轴承零件热处理

GCr4Mo4V 钢属于莱氏体钢，由于铬、钼、钒等合金元素含量较高，故在钢内形成高温难熔的碳化物，并在回火时析出弥散分布碳化物，产生二次硬化，因此其在高温下具有高硬度、高耐磨性、强抗氧化性能、高耐蚀性和尺寸稳定性。由于 GCr4Mo4V 钢碳含量较高，易产生碳化物偏析，故锻造、热处理、车、磨工序中必须严格掌握工艺规范。

1. GCr4Mo4V 钢淬、回火后的要求

① 硬度。淬火后硬度应≥63HRC，回火后套圈的硬度为 60 ~ 65HRC，滚动体硬度为 61 ~ 66HRC。

同一零件硬度的均匀性：套圈外径大于 100mm，滚动体直径大于 22mm，硬度差应不大于 2HRC；套圈外径小于 100mm，滚动体直径小于 22mm，硬度差应不大于 1HRC。回火稳定性：回火前后硬度差应不大于 1HRC。

② 显微组织。淬回火后显微组织应为马氏体，一、二次碳化物和残留奥氏体。

③ 裂纹。淬回火后不允许有裂纹。

④ 表面质量。应保证在成品中不存在表面脱贫碳。

2. GCr4Mo4V 钢的性能

GCr4Mo4V 钢临界温度及线胀系数见表 5-17，高温硬度见表 5-18。

表 5-17　GCr4Mo4V 钢临界温度及线胀系数

临界温度/℃		马氏体开始转变温度/℃	线胀系数/(10⁻⁶/℃)				
Ac_1	Ar_1	Ms	18 ~ 200℃	18 ~ 250℃	18 ~ 300℃	18 ~ 400℃	18 ~ 500℃
818 ~ 850	724 ~ 790	130	11.2	11.8	12	12.5	13

表 5-18　GCr4Mo4V 钢的高温回火后硬度

热处理规范	室温硬度 HRC	高温硬度　HRC				在下列温度保温 1000h 后的硬度　HRC			
		200℃	315℃	425℃	530℃	200℃	315℃	425℃	530℃
1149℃油淬 566℃保温 2h，两次	64	62	59	57	52	61	57	55	46

3. 退火

GCr4Mo4V 钢锻造后的硬度较高，为了便于车削加工，并为淬火做好组织准备，必须经退火处理。由于钢的脱碳倾向性大，加热应采取保护措施。如放在有铸铁屑的箱中密封加热或进行真空加热退火。退火工艺见表 5-19。

表 5-19　GCr4Mo4V 钢制轴承零件退火工艺

零件名称	技术要求	退火名称	退火工艺
锻造的外圈、内圈和热冲球	① 退火后硬度 197～241HBW ② 套圈和滚动体脱碳层深度不超过每边留量的 2/3，钢球不超过磨留量的 2/3	一般退火	
		等温退火	
冷冲球		低温退火	

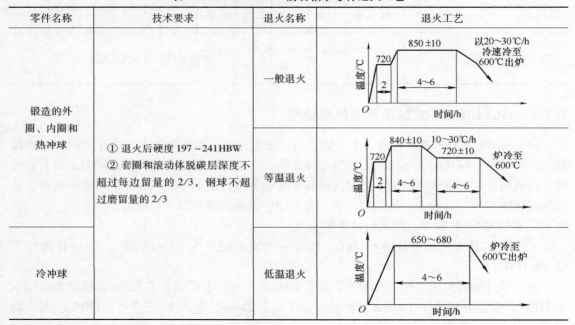

4. 淬火

由于钢的导热性较差，因此应以较小的加热速度把钢加热至稍高于 Ac_1 温度进行预热，以减少热应力和缩短淬火温度下的保温时间，从而达到减少氧化脱碳和防止淬火裂纹的目的。

由于钢中含有大量难溶解的碳化物，随着温度的升高，碳化物不断向奥氏体中溶解，使奥氏体合金化浓度不断增加，但是奥氏体晶粒越来越粗大，将增加淬火后钢中残留奥氏体。图 5-12 所示为 GCr4Mo4V 钢奥氏体化温度对淬火后残留奥氏体、硬度和晶粒度的影响。当淬火温度大于 1200℃，硬度明显降低，奥氏体晶粒粗大，残留奥氏体增加。

淬火保温时间对硬度、残留奥氏体和晶粒度的影响如图 5-13 所示。延长保温时间虽然碳化物稍有溶解，但对硬度的影响不大。然而，由于奥氏体合金浓度随保温时间的延长而提高，故淬火后残留奥氏体增加，晶粒度也随保温时间的延长而粗化。

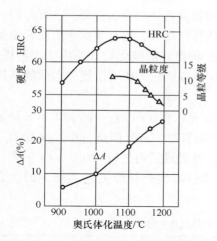

图 5-12 奥氏体化温度对 GCr4Mo4V 残留
奥氏体、硬度及晶粒度的影响

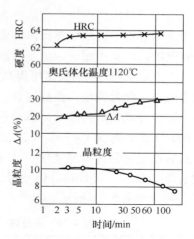

图 5-13 淬火保温时间对 GCr4Mo4V 残留奥氏体、
硬度及晶粒度的影响

为了提高 GCr4Mo4V 的强韧性，有时采用下贝氏体等温淬火，如航空燃油泵轴承（68813N）在高应力和高速运转中，同时承受冲击载荷。用常规热处理生产轴承，工作表面常出现早期疲劳，轴承设计寿命为 300h，而采用下贝氏体淬火，轴承寿命达到 500h。GCr4Mo4V 下贝氏体淬火工艺如图 5-14 所示。

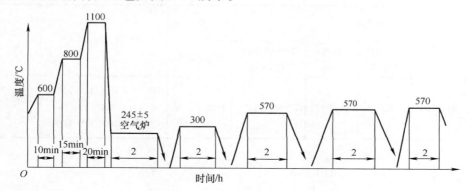

图 5-14 GCr4Mo4V 下贝氏体淬火工艺

5. 冷处理与回火

GCr4Mo4V 钢在正常淬火，残留奥氏体含量为 20% ~ 25%（质量分数）。为了防止轴承在高温使用过程中，因残留奥氏体的转变引起的尺寸变化，所以淬火后必须经冷处理和反复回火，使残留奥氏体量下降到最低值。表 5-20 所列为冷处理和回火对残留奥氏体的影响。冷处理对 GCr4Mo4V 钢的残留奥氏体的影响较大。因此，实际生产中常采用冷处理温度为 $-50 \sim -78℃$，保温 1 ~ 2h。由于钢的缺口裂纹敏感性强，所以为了防止轴承零件在冷处理过程中产生的开裂现象，淬火后的零件从油中取出后应冷至室温，再冷至 $-20 \sim -30℃$ 做短暂停留，然后再冷至 $-50 \sim -78℃$。

为使钢的硬度达最高值，使残留奥氏体减少到最低程度，在 500 ~ 600℃ 范围内，必须经两次甚至多次回火。这是因为，钢中残留奥氏体的转变不是在回火加热过程中进行的。回火加热时，由残留奥氏体中析出弥散的碳化物，并使残留奥氏体的合金度降低，Ms 点升高，然后在回火冷却过程中，残留奥氏体转变成为二次马氏体。所以，进行多次回火对残留奥氏体转变是有效的。经多次回火，由于残留奥氏体转变，析出弥散碳化物和变为二次马氏体，使钢产生"二次硬化"，钢的硬度可提高到 63～65HRC。多次回火还可以使先形成的马氏体回火，减小应力，降低脆性，提高韧性。

如轴承零件在真空炉内回火。真空度达到 0.133Pa 充入保护气后，降到 13.3Pa 开始升温。一般回火 3 次，每次 1～2h。每次炉内零件冷却 100℃时，再升温进行第二次和第三次回火。回火后冷至室温进行冷处理 −71～−78℃×1h，冷处理后再进行 400℃×1h 回火。真空热处理后硬度为 63～65HRC。GCr4Mo4V 钢制轴承零件真空热处理工艺见表 5-21，真空热处理工艺曲线如图 5-15 所示。

表 5-20　冷处理、回火工艺对残留奥氏体的影响

淬火规范	残留奥氏体量（质量分数，%）	冷处理和回火工艺	残留奥氏体量（质量分数，%）
1120℃保温 20min，油淬	23%	室温停留 24h，550℃回火 1h，反复 5 次	1
		−78℃冷处理	5
		−78℃冷处理，550℃回火 1h	3

表 5-21　GCr4Mo4V 高温轴承钢真空热处理工艺

加热规范					淬火温度/℃		回火规范	回火后硬度　HRC
一次预热温度/℃	时间/min	二次预热温度/℃	时间/min	终加热推荐（℃×min）	期望	安全		
600	保温 10	800	保温 15	1085×20	1100	1130	550～570℃ 3 次，冷处理（−71～−80）℃×1h，再进行 400℃×1h 回火	套圈：60～65滚动体：61～66

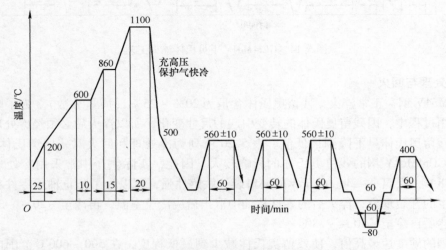

图 5-15　GCr4Mo4V 钢制轴承零件真空热处理工艺曲线

5.2.2　其他高温轴承钢制轴承零件热处理

1. GW18Cr4V、GW9Cr4V2Mo 钢制高温轴承零件热处理

热处理要求如下：

① 淬火后硬度应≥63HRC，回火后硬度为 61～65HRC。

② 同一零件的硬度差：套圈直径 <100mm，滚动体直径≤22mm，同一零件硬度差≤1HRC；套圈直径 >100mm，滚动体直径 >22mm，同一零件硬度差≤2HRC。

③ 显微组织：淬火回火后显微组织应为马氏体，一次、二次碳化物和少量残留奥氏体。

④ 回火稳定性。轴承零件淬火、回火后需进行回火稳定性检查。相应点的最大硬度差应≤1HRC。

⑤ 零件不允许有裂纹。

⑥ 脱碳层应小于 0.09mm。

GW18Cr4V、GW9Cr4V2Mo 钢制轴承零件的退火工艺见表 5-22，真空热处理工艺规范见表 5-23，热处理工艺曲线如图 5-16 所示。

表 5-22　GW18Cr4V、GW9Cr4V2Mo 钢制轴承零件的退火工艺

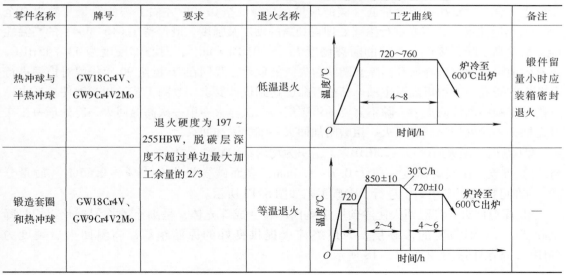

零件名称	牌号	要求	退火名称	工艺曲线	备注
热冲球与半热冲球	GW18Cr4V、GW9Cr4V2Mo	退火硬度为 197～255HBW，脱碳层深度不超过单边最大加工余量的 2/3	低温退火		锻件留量小时应装箱密封退火
锻造套圈和热冲球	GW18Cr4V、GW9Cr4V2Mo		等温退火		—

表 5-23　GW18Cr4V、GW9Cr4V2Mo 钢制轴承零件真空热处理工艺曲线

牌号	加热规范				终加热（℃×min）	回火（℃×h）	回火硬度 HRC	淬火温度/℃	
	一次预热温度/℃	时间/min	二次预热温度/℃	时间/min				期望	安全
GW18Cr4V	550	5～10	800	10～15	1225×20	(550～570)×2，3 次	61～65	1250	1280
GW9Cr4V2Mo					1210×20	560×2，3 次	61～65	1220	1240

2. G13Cr4Mo4Ni4V 钢制高温轴承零件渗碳热处理

G13Cr4Mo4Ni4V（国外为 M50NiL）高温渗碳轴承钢，是在 GCr4Mo4V 基础上做了进一

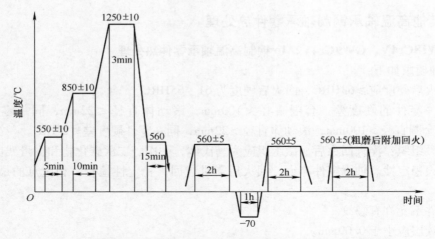

图 5-16　GW18Cr4V、GW9Cr4V2Mo 钢制轴承零件热处理工艺曲线

注：淬火前零件应进行装箱退火（850℃×4h），喷丸后方可淬火；滚动体（冷冲或热
冲）均要进行装箱退火，其工艺为 850℃×8h 炉冷至 400℃出炉。

步改进，合金含量高但碳含量低（碳的质量分数降低至 0.10% 左右，镍的质量分数提高至 4%），淬透性很高，需要进行渗碳处理得到高的硬度及强度，既保持了 GCr4Mo4V 的高温性能，又提高了断裂韧度，心部的断裂韧度 $K_{IC} > 60MPa \cdot m^{1/2}$，而心部硬度为 43～45HRC，可有效地阻止裂纹，降低和消除套圈断裂失效的危险。我国在 20 世纪 90 年代曾对该钢进行了全面的研究，发动机高温主轴承高速寿命已达到设计要求。套圈工艺过程为锻件→退火→车削→渗碳→高温回火→去除不需要的渗碳层→二次淬火→第一次高温回火→冷处理→二次高温回火→冷处理→高温回火→粗磨附加回火→细磨附加回火。

① 退火。退火后硬度≤230HBW，组织为均匀细粒状珠光体。

② 渗碳。渗碳层深度一般为 0.7～1.5mm，表面碳含量为 0.75%～0.85%（质量分数）。在可控气氛多用炉中进行。渗碳工艺如图 5-17 所示。

③ 高温回火。高温回火使渗碳层中奥氏体转变成珠光体，呈细小的均匀球化组织，降低硬度，去除不需要的渗碳层，为最终淬火提供良好的原始组织，高温回火后硬度为 45HRC。高温回火工艺如图 5-18 所示。

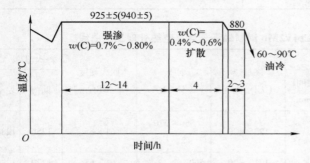

图 5-17　G13Cr4Mo4Ni4V 渗碳工艺

注：1. 括号内渗碳温度的渗碳时间相应缩短。

2. 渗碳时间按产品图样有效渗碳层深度而定。

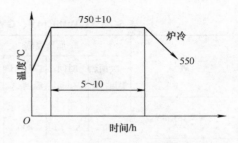

图 5-18　G13Cr4Mo4Ni4V 高温回火工艺

④ 最终热处理。淬火、回火后要求如下：

表面碳含量 > 0.8%（质量分数），表面硬度为 60 ~ 64HRC，中心硬度为 35 ~ 48HRC。渗碳层显微组织为隐晶（细小结晶）马氏体、均匀细小分布的残留碳化物以及少量残留奥氏体，心部组织为低碳板条马氏体。

变形量：套圈的变形按大小而定，以保证磨削能去除脱碳、贫碳层，深度应不大于 0.06mm。淬回火工艺如图 5-19 所示。

⑤ 去应力。粗磨后（第一次）去应力处理为 520℃ ×（4 ~ 6）h，细磨后（第二次）在循环空气炉中进行，250℃ ×（8 ~ 10）h。精磨后（第三次）在油中进行，（200 ~ 250）℃ ×（8 ~ 12）h。

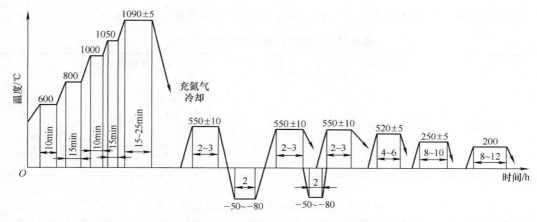

图 5-19　G13Cr4Mo4Ni4V 淬回火工艺

5.3　防磁轴承零件热处理

防磁轴承是指对于导向系统的高灵敏性轴承和某些仪器仪表轴承，为了防止强磁场或地磁场对轴承的影响，使轴承不被磁化，并使轴承摩擦力矩稳定，从而确保轴承的使用精度，轴承必须用防磁材料制造。例如，在采矿工业中，利用飞机进行大面积探矿，要求探矿仪表零件不受磁性干扰，此仪表轴承应为防磁轴承。

一般防磁轴承需选用磁导率 < 1.0 的材料制造。防磁轴承材料有铍青铜 QBe2.0、Monel K – 500、00Cr40Ni55Al3、Cr23Ni28Mo5Ti3AlV、7Mn15Cr2Al3V2WMo、Cr15Ni60Mol6W4 等。一般最常用的防磁轴承材料是铍青铜 QBe2.0。

5.3.1　铍青铜制轴承零件热处理

（1）技术要求

① 硬度：固溶 HRC ≥ 38。

② 晶粒尺寸：固溶处理后晶粒尺寸为 0.015 ~ 0.045mm。

（2）热处理工艺　铍青铜的热处理包括固溶和时效两个过程。固溶处理应使其获得单相的 α 固溶体组织。但最高温度不得超过包晶反应温度（864℃），一般选择在 780 ~ 800℃。

在这个温度范围内，合金中固溶体铍含量与864℃时的含量基本接近，以保证在时效后有最佳的性能。保温时间一般按零件的厚度、装炉量、加热设备而定。一般情况下，在电炉加热时，零件厚度小于3mm，保温30~60min；零件厚度不小于3mm，保温60~120min。

由于铍青铜极易氧化，故加热时应在通有保护气氛的电炉或真空炉中进行。铍青铜在固溶冷却过程中，脱溶过程进行得非常迅速。因此，零件加热后应迅速淬入水中，以获得单相α过饱和固溶体。

铍青铜时效是在315~330℃温度范围内进行的。温度低不能使硬化相析出；温度过高，在显微组织中出现沿α相晶粒间界析出的大块状奥氏体相，致使硬度降低。一般时效保温时间为2~3h。

铍青铜制轴承零件热处理工艺见表5-24，常见缺陷及防止方法见表5-25。

表 5-24　铍青铜制轴承零件热处理工艺

零件名称	技术要求	工序名称	热处理规范
套圈和滚动体	固溶时效后硬度≥38HRC	固溶时效	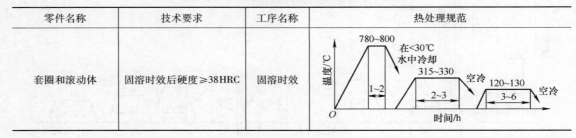

表 5-25　铍青铜热处理常见缺陷及防止方法

缺陷名称	产生原因	防止方法
固溶时效后硬度<38HRC	1）时效温度高 2）固溶温度和保温时间不合适	1）零件加热前要清洗干净 2）在保护气炉或真空炉中加热
零件氧化	1）零件清洗不干净 2）加热时氧化	对原材料进行固溶→车削→时效处理→磨削→稳定处理
畸变	零件在固溶处理时易畸变	

5.3.2　Cr23Ni28Mo5Ti3AlV 合金轴承零件热处理

Cr23Ni28Mo5Ti3AlV 是 Fe 基奥氏体沉淀硬化性合金，其通过固溶时效达到强化目的。其固溶时效工艺如图 5-20 所示。

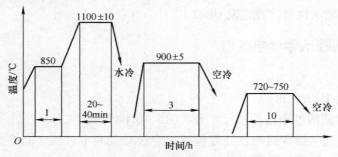

图 5-20　Cr23Ni28Mo5Ti3AlV 固溶时效工艺

固溶时效后硬度为 48～52HRC。对于固溶热冲球（材料加热到 1100～1120℃），经锉削、软磨后不需要固溶处理，可以采用 900℃×3h 中间时效和（720～750）℃×10h 最终时效。

5.3.3　00Cr40Ni55Al3 合金滚动轴承零件固溶时效处理

00Cr40Ni55Al3 合金是 Cr、Ni 基无磁弥散硬化耐蚀合金，在 500℃ 以下具有高的性能。在许多腐蚀介质中，如硝酸、H_2S、海洋性气候等条件下，有好的耐蚀性。同时，该合金无磁，也可制作高温、无磁轴承。

该合金是通过固溶时效或固溶、冷变形，再时效后得到优良的综合性能，如高温硬度等。它的强化相由奥氏体相分解，析出 α 相及其与基体共格的面心立方晶格 γ′ 相和 Ni_3（Al）相所致。固溶时效后具有高的硬度、强度及耐蚀性。固溶时效对其力学性能的影响见表 5-26。固溶温度、保温时间对其晶粒大小、硬度的影响见表 5-27。

表 5-26　00Cr40Ni55Al3 固溶时效对力学性能的影响

热处理工艺	R_m/MPa	$R_{p0.2}$/MPa	A（%）	硬度
1160～1180℃，水淬	≤882	—	20～30	≤90HRB
1160～1180℃，水淬； （600～650）℃×5h 时效	≥1470	—	5	≥55HRC
1150℃，水淬	784～882	588	>30	90～100HRB
1200℃，水淬；70%冷变形； （500～550）℃×5h 时效	1960～2371.6	1666	—	64～67HRC

表 5-27　固溶温度、保温时间对晶粒大小、硬度影响

固溶温度/℃	保温时间/h	晶粒大小（级）	硬度　HRC
1180	0.5～2	8～9	26～28
1200	0.5～2	7～8	25～26
1220	0.5～2	5～7	21～23
1240	0.5～2	5～3	17～19

该合金制造滚动轴承零件工艺过程：原材料经固溶处理→冷冲球或热冲球套圈、车削加工→锉削、软磨接近成品尺寸→时效处理、粗磨、细磨、精磨至成品尺寸→装配。套圈和钢球固溶与时效工艺见表 5-28。

固溶时效后零件的热处理技术要求：固溶处理晶粒度为 6～9 级；时效后套圈硬度≥55HRC，钢球硬度≥56HRC；不允许有裂纹。

表 5-28　00Cr40Ni55Al3 钢制套圈和钢球固溶与时效工艺

序号	名称		固溶工艺	时效工艺
1	套圈		棒料固溶：（1150～1180）℃×（40～60）min	（600～650）℃×（5～10）h 后空冷
2	钢球	冷冲	线性固溶：（1150～1180）℃×（30～40）min，水冷	600℃×（5～10）h 后空冷
		热冲	（1150～1170）℃×（30～40）min，热冲	

5.3.4　Monel K-500 合金制轴承零件热处理

Monel K-500 合金是奥氏体沉淀硬化型无磁耐蚀 Ni-Cu 合金。具有较好的力学性能和耐蚀性能。在固溶状态下，塑性好，可采用冷变形，且焊接性好。少量的 S、Pb 杂质元素使合金力学性能恶化，产生热脆性。因此，合金在进行加热时严禁使用 S、Pb 等元素燃料加热。

该合金耐蚀性能优良。它适用于工作温度≤120℃，在氢氟酸、磷酸、H_2S 气体、氯化物、海水等腐蚀介质中工作的滚动轴承元件，如 3/16G200 合金球等。它可以通过冷变形和时效提高硬度，同时会稍许影响耐蚀性。

该合金通过固溶（固溶后冷变形）和时效处理提高强度。合金可以固溶态或冷变形态交货。固溶态交货硬度≤170HBW，冷变形态交货硬度≤279HBW，视冷变形量而定。固溶处理：(870~980)℃×(1~1.5)h，在≤40℃流动水中冷却；时效处理：(550~600)℃×(4~5)h 后空冷。

固溶加 20% 冷变形后的力学性能：R_m=784~999MPa，A≥20%，硬度≥20HRC。

固溶后 20% 冷变形加(550~600)℃×(4~5)h 时效：R_m=1029MPa，A>10%，硬度=28~35HRC。

固溶后 40% 冷变形加(530~550)℃×(5~6)h 时效：R_m=1176~1372MPa，A>5%，硬度>30HRC。

以加工 3/16G200 合金球为例，工艺过程：固溶→冷冲球→锉削加工→软磨→时效处理→硬磨、精磨至成品尺寸。

5.3.5　00Cr15Ni60Mo16W4 合金制轴承零件固溶时效处理

00Cr15Ni60Mo16W4（又称 Hastelloy Alloy C-276）合金是奥氏体加工硬化型 Ni-Cr-Mo-W 系耐蚀合金。它适用于制造在氯碱、农药、石油化工、海水等腐蚀介质中工作的轴承零件。该合金固溶态塑性好，冷加工强化效应大，经冷变形及时效后，可获得高的强度和硬度。

固溶处理：1150~1200℃，≤40℃流动水中冷却。

时效处理：(450~500)℃×(5~7)h 后空冷。

固溶时效后硬度≥40HRC。

该合金冷变形量对硬度的影响见表 5-29。

表 5-29　00Cr15Ni60Mo16W4 合金冷变形量对硬度的影响

冷变形量（%）	0	5	10	25	33	50	60
硬度　HV	244~257	256~266	283~303	362	386~412	399~441	426~441

5.3.6　不锈钢高温轴承零件的渗氮

渗氮的不锈钢有 12Cr18Ni9、06Cr19Ni10、12Cr13、20Cr13 等。

（1）渗氮前的预备　渗氮前的预备热处理是为了消除应力，改善组织，减少畸变，为提高渗氮质量创造条件。不锈钢渗氮前的预备热处理见表 5-30。

（2）去除钝化膜　由于不锈钢中的合金元素（如铬和镍等）与空气中氧接触后，在零件表面形成一层极薄而致密的氧化膜，即钝化膜（厚度为 1～3nm，呈无色玻璃状），覆盖在金属表面，使渗氮无法进行，因此必须将其去除。去除钝化膜的方法如下：

① 喷砂。用细砂在 1.5～2.5MPa 压力下喷吹零件的表面除膜。

② 渗氮炉中加氯化铵。氯化铵加入量按炉子体积进行计算，通常为 80～250g/m^3。为了减慢氯化铵的分解速度，常在其中加入一定比例的细砂。

③ 酸洗。在硝酸、氢氟酸、盐酸水溶液中酸洗，其溶液（1000mL）的成分如下：硝酸（相对密度 1.4）140mL，氢氟酸（相对密度 1.13）60mL，盐酸（相对密度 1.19）10mL，其余为水。

酸洗温度为 70～80℃，酸洗时间以使原表面失去光泽为准，然后在 40～50℃ 热水中刷洗，再在流动冷水中冲洗，最后烘干。

④ 喷砂和炉中放置氯化铵相结合。喷砂、酸洗后应立即装炉。

（3）渗氮工艺　不锈钢轴承零件渗氮工艺见表 5-31。渗氮温度与氨分解率的关系见表 5-32。

（4）渗氮后质量检查　渗氮后质量检查的项目包括外观、渗氮层深度、渗氮层表面硬度和脆性以及畸变等。

（5）渗氮时常见的缺陷及防止方法　见表 5-33。

表 5-30　不锈钢渗氮前的预备热处理

牌号	渗氮前的预备热处理	热处理后硬度 HBW
12Cr13	1000～1050℃，淬火；700～780℃回火，水冷或空冷	179～241
20Cr13	1000～1050℃，淬火；600～700℃回火，水冷或空冷	241～341
06Cr19Ni10 12Cr18Ni9	1000～1150℃，淬火；回火 700℃×20h 或 800℃×10h	

表 5-31　不锈钢轴承零件渗氮工艺

牌号	渗氮工艺			渗氮层深度/mm	渗氮层表面硬度 HV
	温度/℃	时间/h	分解率（%）		
06Cr19Ni10 12Cr18Ni9	560	30	45～55	0.15～0.2	950～1150
	580	20	55～65		
	560	8	25～40	0.15～0.2	950～1150
	560	34	40～60		
	580	3	85～95		
	560	48～60	40～50	0.15～0.25	900～1200
	580	80	35～55	0.2～0.3	

（续）

牌号	渗氮工艺			渗氮层深度/mm	渗氮层表面硬度 HV
	温度/℃	时间/h	分解率（%）		
12Cr13	500	48	18～25	0.15	1000
	600	48	30～50	0.3	900
	500～520	55	20～40	0.15～0.25	950～1100
	540～560	55	40～45	0.25～0.35	850～950
	530	18～22	35～45	≥0.25	≥650
	580	15～18	50～60		
20Cr13	500	48	20～25	0.12	1000
	560	48	35～55	0.26	900

表 5-32　不锈钢轴承零件渗氮温度和氨分解率的关系

渗氮温度/℃	520	560	600	650
氨分解率（%）	20～40	40～55	40～70	50～90

表 5-33　不锈钢轴承零件渗氮时常见的缺陷及防止方法

缺陷名称	产生原因	防止方法
局部渗不上	1）零件清洗不干净 2）装入量多，炉气不均匀 3）加入氯化铵量小 4）设备老化，管道堵塞	1）严格清洗零件 2）减少装入量，改进炉内管道系统，提高炉气的均匀性 3）适当增加氯化铵量 4）定期维修设备和清洗管道
腐蚀	液氨水分多，放入 NH、Cl 量过多，操作不当	使用纯度 ≥99.8% 的氨，氯化铵控制在 80～200g/m^3
脆性大	未按工艺执行，液氨水分过多，渗氮零件倒角太小，炉子密封性不好	渗氮零件倒角 ≥0.5mm，使用一级氨，增加高温回火工序
内圈内径黑皮磨不掉	内圈内径磨削时尺寸磨大或渗氮后尺寸缩小	内圈内径磨削后按图样控制尺寸，或适当加大内径留量
畸变大	渗氮前零件存在较大的加工应力或操作不当	对易畸变零件渗氮前应进行高温回火和尽量采用低温渗氮
渗氮层深度不够	渗氮温度低或保温时间短	提高渗氮温度或延长保温时间

【讨论和习题】

建议分组讨论，5 人左右为一组。各小组查阅资料并准备提纲，在讨论课上分享。

1. 讨论

1.1　总结制定 G95Cr18 钢制套圈有效厚度为 10mm 的热处理工艺并分析每步工艺的目的。

1.2　总结分析影响 G95Cr18 钢制轴承零件残留奥氏体含量的因素及规律。

1.3　总结制定 GCr4Mo4V 热处理工艺并分析每步工艺的目的。

1.4　总结分析影响 GCr4Mo4V 钢制轴承零件残留奥氏体含量的因素及规律。

2. 习题

2.1　总结对比分析 G95Cr18、GCr4Mo4V 和 GCr15 钢的化学成分。

2.2　G95Cr18 钢制轴承零件球化退火工艺有哪几种？

2.3　分析 G95Cr18 钢制轴承零件淬、回火后出现裂纹的原因及防止方法。

2.4　不锈钢不生锈的原理是什么？

2.5　GCr4Mo4V 钢制轴承零件退火方法有哪几种？各有什么目的？

2.6　总结分析淬火加热温度对 GCr4Mo4V 钢硬度、晶粒度和残留奥氏体的影响规律。

2.7　GCr4Mo4V 钢制轴承零件淬火后为什么要经过两次或多次回火？

2.8　总结防磁轴承材料的特点、常用材料及其应用范围。

2.9　总结铍青铜轴承固溶处理工艺的特点。

第6章 防止氧化、脱碳热处理

【章前导读】

日常生活中我们常见有很多金属出现氧化现象，尤其是湿热的地方氧化更严重，每年由于氧化造成的损失高达几千亿美元。轴承钢也存在氧化，尤其在热处理过程中，氧化和脱碳是降低轴承钢性能的重要影响因素。那么氧化和脱碳的原理是什么呢？如何防止轴承钢在热处理过程中发生氧化和脱碳呢？

本章主要介绍热处理过程中氧化和脱碳的原理，分析防止氧化和脱碳的三种方法，即涂层保护热处理、可控气氛保护热处理和真空热处理的原理、应用范围及在轴承方面的应用。

钢在加热过程中与大气或燃烧产物中的气体（氧、二氧化碳、水蒸气、硫或其他氧化反应气体）相互作用而使零件表面发生氧化或脱碳，其主要包括零件表面与炉气间的相互作用及化学反应。氧元素在零件表面的扩散及形成氧化膜，是一个复杂的表面化学－物理过程。

6.1 氧化和脱碳基本原理

6.1.1 氧化

钢制零件在加热时，材料中的金属元素（铁）和氧化性气氛（O_2、CO_2和H_2O等）发生作用，形成金属氧化物（氧化皮），即钢被氧化。氧化不仅损耗金属，同时造成零件的表面产生锈蚀和麻点，粗糙不平。形成的氧化皮也影响淬火冷却速度及均匀性，造成零件表面的硬度不均匀或硬度不足，也是造成淬火软点和淬火开裂的主要原因之一。

其主要化学反应如下：

$$2Fe + O_2 = 2FeO$$

$$Fe + CO_2 \underset{还原}{\overset{氧化}{=\!=\!=}} FeO + CO$$

$$Fe + H_2O \underset{还原}{\overset{氧化}{=\!=\!=}} FeO + H_2$$

在这些反应中，铁和CO_2、H_2O的反应是可逆的。由化学平衡原理可知，增加CO或H_2的含量，将使正反应过程减弱或停止。如果CO或H_2的量足够多，那么还能使反应过程朝还原方向进行。为此，只要通过控制气氛中的CO/CO_2或H_2/H_2O的相对量，就可控制钢在高温下的氧化过程。

钢在高温下被氧化时，其表面形成一层氧化皮，这层氧化皮是由最外层的Fe_2O_3、中间层Fe_3O_4和内层FeO所组成的，如图6-1所示。在氧化过程中，通过氧原子由外向内和铁原子不断由内向外的扩散而使氧化层不断加厚。因此，外表面有过剩的氧存在，因而形成氧含量较高的氧化物 Fe_2O_3；在靠近基体的内部，由于氧少金属多，因而形成氧含量较低的氧化物 FeO；氧化层中间部分为 Fe_3O_4，即由外层到内层氧化程度逐渐减轻。随着加热温度的升高，氧化程度增加，氧化层厚度越来越大。如果氧化层达到了一定厚度就会形成氧化皮。由于氧化皮与钢的膨胀系数不同，会使氧化皮产生机械分离，不仅影响表面质量，而且加速了钢材的氧化。

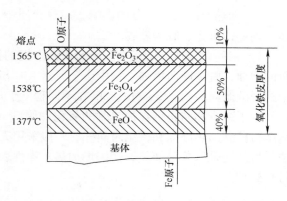

图 6-1　氧化过程示意图

6.1.2　脱碳

脱碳是钢在加热过程中表层的碳和脱碳气体（O_2、CO_2、H_2、H_2O）相互作用而烧损的一种现象。脱碳也是材料的氧化过程，当炉温在 $700 \sim 850℃$ 时容易发生，此温度下若存在大量脱碳气氛，碳的扩散速度大于表面氧化速度，从而发生脱碳。此时钢中的碳也会被氧化成气体自钢内逸出，因而降低了零件表面的碳含量，也会造成淬火软点等缺陷。其化学反应如下：

$$2C + O_2 \xrightleftharpoons[\text{还原}]{\text{氧化}} 2CO \uparrow$$

$$C + CO_2 \xrightleftharpoons[\text{还原}]{\text{氧化}} 2CO \uparrow$$

$$C + 2H_2 \xrightleftharpoons[\text{还原}]{\text{氧化}} CH_4$$

上述反应都是可逆的。因此脱碳和氧化过程一样，也可以通过控制其气体的成分来控制钢在加热时的脱碳和增碳。实际上，脱碳也是扩散作用的结果，一方面是氧向钢内扩散，另一方面是碳向外扩散。

在 $600℃$ 以上温度加热钢时，氧化膜不断增厚，氧化物的晶格中积累的弹性应力场使膜与基体的定向适应关系破坏，并使氧化膜与零件发生开裂、剥离，此时氧化速度大于脱碳速度。当炉温继续升高达到 $800℃$ 以上时，此时碳的扩散速度大于表面氧化速度，易发生脱碳。脱碳层只在脱碳速度超过氧化速度时才能形成。当氧化速度很大时，可以不发生明显的脱碳现象，即脱碳层产生后铁即被氧化而形成氧化皮。但在氧化作用相对较弱的气氛中，可以形成较深的脱碳层。在实际生产中，零件的氧化和脱碳经常是同时出现的，但是随外界氧化作用的不同，二者发展的程度也不同。在强氧化气氛中，主要是氧化；在弱氧化介质中，则可以形成较深的脱碳层。

氧化和脱碳，不仅大量损耗金属材料，而且严重影响零件的力学性能和寿命。影响钢在加热时的氧化、脱碳的因素很多，其主要因素如下：

1）加热温度和时间的影响。氧化和脱碳的过程，既是化学作用过程又是原子扩散过程。所以温度的增加和时间的延长，都会加剧零件的氧化和脱碳，其中以温度影响最明显。钢的氧化速度随温度的增加以抛物线规律增加。

2）加热介质及其成分的影响。加热介质中 O_2、H_2O、SO_4^{2-} 和 CO_3^{2-} 等氧化性物质越多，则零件氧化、脱碳就越严重。

3）钢的化学成分的影响。一般说碳素钢的抗氧化、抗脱碳性能较差，而且随钢中碳含量的增加，脱碳倾向增强。钢中合金元素 Al、Si、Cr 和 Ni 可以提高抗氧化性能。Cr 可减弱钢的脱碳倾向，Al、Si、Mn、Mo 在不同程度上加强钢的脱碳倾向。

为了减少和防止钢在加热时的氧化和脱碳（特别是在零件最后热处理的加热过程中），除严格控制加热温度和保温时间外，一般采用无氧化无脱碳可控气氛加热、真空热处理等方法，另外还采取装箱加热、盐浴炉加热、零件表面涂以保护层加热等方法对一些特殊零件进行热处理。

【拓展阅读】

全世界每年由于金属腐蚀造成的直接经济损失约 7000 亿美元，我国因金属腐蚀造成的经济损失约占 GDP 的 4%。

6.2 热处理涂层保护加热

防止钢在加热过程中氧化、脱碳的方法很多，其中涂层防护减少氧化、脱碳在热处理过程中越来越被人们所重视。这种方法是利用涂料在零件表面形成一层气氛不能透过的涂层、使零件与炉气隔绝而达到防护的目的。

1. 涂层保护原料的分类

1）按性质分为玻璃质涂料、陶瓷质涂料和金属材料等。

2）按用途分为长期使用或短期使用涂料。

3）按原料化学成分分为玻璃质涂料、玻璃陶瓷涂料、玻璃金属涂料、有机硅胶盐涂料及复杂的混合物涂料。

2. 对涂层保护原料的要求

热处理涂料属于耐高温、抗氧化、防脱碳涂料，故应具有以下性能特点：

1）在较高的温度下（750~1200℃）具有良好的耐高温、抗氧化性能。

2）在高温下其成分应稳定。不降低钢和合金的物理性能和力学性能。

3）涂层在高温下应具有一定强度，在加热时不易脱落。

4）涂层一般要求一次有效，即冷却后能自动脱落，以免增加清洗困难。

5）涂料应具备多种性能。不仅能防止氧化、脱碳，而且能防止渗碳。

6）涂料应不腐蚀零件，无毒和无公害等。

3. 常用几种涂料配方、性能及其应用

（1）石墨和油料配制的保护涂料　该涂料是由石墨粉和机油（水玻璃）混合后拌成糊状构成的。使用时将其涂在零件表面，涂层厚 1~2mm，晾干后即可装炉加热。该涂料使用时简单易行，但涂层在加热时易开裂、剥落，零件淬火时，降低零件的冷却速度，冷却后清洗困难。

（2）GF-100、GT-100 抗氧化涂料　这两种涂料配方见表 6-1。这两种涂料适用温度为 800~1000℃，主要起抗氧化作用，对防止脱碳也有一定效果。其优点是抗氧化效果显著，涂层在热处理冷却过程中易自动脱落，从而减少了清理工序。

表 6-1 GF – 100、GT – 100 抗氧化涂料配方

牌号	成分	主要用途
GF – 100	SiO_2（100g）、Al_2O_3（5g）、Na_2SiO_3（25g）、H_2O（40g）	抗氧化保护
GT – 100	Al_2O_3（5g）、SiO_2（85g）、K_2SiO_3（10g）、H_2O（25g）	抗氧化保护

（3）202 抗氧化、防脱碳涂料 该涂料是由氧化硅（20~40g）、氧化铬（10~30g）、钾长石（10~30g）、碳化硅（10~30g）和硅酸钾（8~15g）混合而成的。这种涂料使用温度为 800~1200℃，它既能防止氧化又能防止脱碳。

（4）硼酸保护涂料 硼酸（H_3BO_3）在常温下是白色结晶状粉末，可以黏附在温度为 200℃左右的金属零件表面上。在 400℃以上即脱水为硼酐（B_2O_2），当温度达 800~900℃时，硼熔化成黏性液体，这种黏液十分致密，能使零件与空气隔绝。另外，硼原子和氧有极强的亲和力，能生成硼的氧化物，减少炉气中氧的含量，可有效防止零件的氧化和脱碳。

① 硼酸水溶液涂料：将零件浸入 80~90℃热水中煮沸 3~5min，然后移至清水中冲洗，待水分挥发后浸入 80~100℃、5%~13% 硼酸水溶液中 3~5min，取出晾干后即可装炉加热。这种涂料使用时工艺方法简单，适用于大批量生产。但涂覆前零件必须进行清洗，保持表面洁净才能使涂层均匀。此外，还要保证硼酸溶液合适的浓度，否则，浓度过高会造成零件的腐蚀，浓度过低则保护效果差。

② 酒精硼酸溶液涂料：用 4~7kg 硼酸和 100kg 水配制而成，它广泛用于轴承零件热处理保护加热。其操作工艺如下：脱脂处理→热清洗→涂硼酸酒精溶液。

零件被涂覆后表面应为一层均匀的白色硼酸霜，不允许有硼酸颗粒。

涂料保护简单方便，因此，目前国内外对此研究颇多。有些国家，大量采用氧化物、玻璃质物质、石棉基物质及耐火黏土等成分极其复杂的混合物配制使用。我国的一些研究单位和工厂也成功地试制了多种适用于不同温度及不同材料的热处理保护涂料，正在推广使用中。这些涂料大多以耐火材料及玻璃料作为主要原料，其中最简单的一种配方是：耐火黏土 10%~30%（质量分数）、玻璃粉 70%~90%（质量分数），再在每千克混合料中加水 0.05~0.1kg，拌匀后使用，使用时涂层厚 0.1~1mm。实践证明，此涂料用于 3Cr13 和 5CrMnMo 钢的淬火加热效果良好。

6.3 无氧化脱碳可控气氛保护热处理

在热处理加热过程中，能保护零件免于氧化、脱碳的炉气称为保护气氛或可控气氛。一般在炉内充以中性的氮气或不活泼的惰性气体，称为保护气氛（成分不变）。零件在保护气氛中加热，可以获得无氧化、不脱碳的光亮表面，从而提高其表面质量，并能省去随后的清理工序。控制炉气中的 CO_2/CO、H_2O/H_2 及 CH_4/H_2 的相对含量来控制反应方向，称为可控气氛（成分可变）。可控气氛组成及用途见表 6-2。

表 6-2　可控气氛组成及用途

气氛名称		气体成分（体积分数，%）					发生器容量/（m³/h）	铜	低碳钢	中碳钢	高碳钢	特殊钢
	CO₂	CO	H₂	CH₄	H₂O	N₂						
吸热式气氛	0.0	24.0	33.4	0.4	0.0	42.2	8 ~ 70		渗碳、碳氮共渗	渗碳、碳氮共渗、光亮退火	光亮退火、光亮淬火	光亮淬火（钨钢、高速钢）
	0.0	24.5	32.1	0.4	0.0	43.0						
放热式气氛　贫	10.5	1.5	1.2	0.0	0.8	86.0	7 ~ 3500	光亮退火				
放热式气氛　富	5.0	10.5	12.5	0.5	0.8	70.7	7 ~ 3500			光亮退火	光亮淬火	
净化放热式气氛	0.05	1.5	1.2	0.0		其余	7 ~ 560	光亮退火	光亮退火	光亮淬火	光亮淬火	
再处理放热式气氛	0.05	0.05	3.0 ~ 10.0			其余	7 ~ 560	超光亮退火			光亮退火	
氨分解气氛	0.0	0.0	75.0	0.0	0.0	25.0	4 ~ 60				光亮退火	

6.3.1　可控气氛的保护原理及种类

可控气氛热处理是建立在化学平衡基础上的。零件热处理时，控制炉子温度以及进入炉内的空气与原料气的比例，炉内气体成分就会稳定在一定的数值上，而且炉内气体成分不会随时间的变化发生改变。这种化学反应体系中各种物质含量不随时间变化的状态就是所谓的"化学平衡"状态。机械零件的可控气氛热处理就是建立在这种"化学平衡"状态之上。

可控气氛热处理过程中炉子气氛不可能达到完全理想的平衡状态，当炉子的状态发生变化时，这种"化学平衡"将被破坏。如炉子的温度、压力、进入炉子的空气和原料气的混合比发生变化，平衡状态就会发生改变，并且在新的条件下建立起新的"化学平衡"。因此，炉内气氛总是由平衡到不平衡不断地交替变化。在炉子条件发生变化时，炉内气体的化学反应将向一定的方向进行，直至在新条件下建立新的平衡。对炉内气氛进行控制，保证在一定条件下处于相对平衡状态时对钢进行渗碳、淬火、正火、退火或烧结等热处理，或对某些特殊钢进行保护加热，这就是实现了所谓的可控气氛的热处理。可控气氛热处理过程要实现对气氛的控制，必须了解炉内存在的气体成分，炉内存在的气体与钢件发生的反应，以及最终能够得到的气氛平衡状态。只有了解和掌握炉内气氛对钢的影响才能很好地控制炉内的气氛，得到质量满足要求的热处理零件。

由前述可知，钢在加热时的氧化和脱碳主要是由炉气中 CO_2、H_2O 等氧化性气体所造成的，这些气体与铁和碳的化学反应是个可逆的氧化 – 还原反应。因此，通过控制炉中 CO_2/CO、H_2O/H_2 及 CH_4/H_2 的相对含量，就可以控制反应的方向。

图 6-2 所示为不同温度下氧化还原反应平衡理论曲线。两种曲线的平衡规律不同，但其共同特点是曲线的左侧均为还原区，右侧为氧化区，而在 COD 区间，CO_2/CO 的还原区与 H_2O/H_2 的氧化区重叠。

例如 850℃时，若炉气中 $CO_2/CO = 0.5$，则铁的氧化和还原过程的速度相等，反应处于动平衡状态，此时钢不被氧化；若 CO_2/CO 及 H_2O/H_2 大于 0.5，则钢被氧化；若比值小于 0.5，则产生还原反应。温度为 950℃，$CO_2/CO = 0.4$；温度为 700℃，$CO_2/CO = 0.7$。可见，加热温度越高，要想使钢不发生氧化，就需使比值 CO_2/CO 越小。

由图 6-2 中 BC 线可知，当加热温度为 950℃ 时，$H_2O/H_2 = 0.7$；850℃ 时为 0.5；700℃ 时则为 0.4。

钢在可控气氛中加热时，需综合考虑上述两组气体的平衡值（在一定温度下）。可得出如下结论：在 700～950℃ 热处理温度范围内，欲使钢不氧化，必须将气氛中的比值 CO_2/CO 相应控制在 0.7～0.4 以下，比值 H_2O/H_2 相应控制在 0.4～0.7 以下。

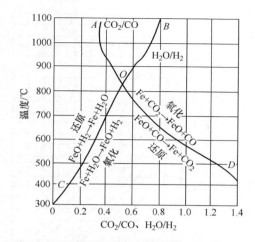

图 6-2　不同温度下氧化还原反应平衡理论曲线

为了防止脱碳和使钢的碳含量不变，则必须将强脱碳性气体（CO_2 和 H_2O）含量进一步降低，也即需要将 CO_2/CO 及 H_2O/H_2 比值限制在更小的数值内。例如在 850℃ 时，对于碳的质量分数为 0.5% 的钢，要想不发生脱碳则必须把 CO_2/CO 和 H_2O/H_2 比值降至 0.04 以下，否则，钢即使不氧化，也会发生脱碳；反之，当气氛中的渗碳性气体含量增加到一定值时，钢可能被增碳。

为此，只要将炉气中的 CO_2/CO 及 H_2O/H_2 控制在一定范围内，就可以达到防止氧化和脱碳的目的。如果炉内以呈中性的氮气或不活泼的惰性气体充实，也可有效地防止氧化和脱碳。

但是，实际上钢在可控气氛加热时将发生何种反应，除考虑上述可控气氛的成分以及加热温度外，还必须考虑钢的碳含量。因为在一定温度下，一定成分的气氛对低碳钢来说是增碳性的，而对高碳钢则可能是脱碳性的。换句话说，对某钢而言，在一定的加热温度下，有与它相平衡的 CO_2 或 H_2O 的含量。图 6-3 所示为不同温度下对应于钢中不同碳含量的 CO_2 平衡值。由图 6-3 可知，当钢中的碳含量一定时，随温度的升高，可控气氛（含 $CO_2 + CO = 20\%$）中 CO_2 的平衡值不断降低；当温度一定时，钢中碳含量越高，与其呈平衡的 CO_2 值越小。例如，对 $w(C)$ 为 0.7% 的碳钢而言，在 870℃ 时与其平衡的 $\varphi(CO_2)$ 值约为 0.3%。如果将 $w(C)$ 低于 0.7% 的钢在此温度与气氛中加热，则钢表面的碳含量 $w(C)$ 应增至 0.7% 以呈平衡，即发生增碳。可见，对图 6-3 中每一条代表碳含量的曲线来说，其右侧为脱碳区，左侧为增碳区。又如，在 870℃ 加热，当气氛中 CO_2 含量 $\varphi(CO_2)$ 为 0.6% 时，对 $w(C)$ 为 0.4% 的钢既不脱碳也不增碳，对 $w(C)$ 小于 0.4% 的钢为增碳，对 $w(C)$ 大于 0.4% 的钢为脱碳。通常把气氛中对应某一 CO_2 平衡值的碳含量，称为该气氛的碳势。由此可知，控制气氛中的 CO_2 含量，即控制该气氛的碳势，也即控制钢在此气氛中表面的最大碳含量。

可控气氛中的水蒸气也有类似的平衡曲线，如图 6-4 所示，同样对气氛中的 H_2O（或露点）加以控制，即达到控制碳势的目的。

炉气中的 CO_2 和 H_2O 又有一定的制约关系，可由水煤气反应来表示：

$$CO + H_2O \rightleftharpoons CO_2 + H_2$$

因此只要控制 CO_2 和 H_2O 二者之一的量，即可达到控制碳势的目的。

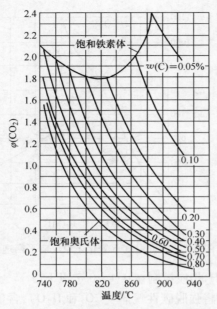

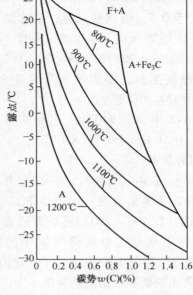

图6-3　不同温度下钢平衡时 CO_2 平衡值　　图6-4　不同碳含量下钢平衡时露点

　　碳势是表征在一定温度下改变零件表面碳含量能力的参数。所谓碳势是指一定温度下零件表面既不脱碳也不增碳与炉气保持平衡的碳含量。

　　根据零件材料的不同和要求的不同，生产中采用多种不同的保护气氛，常用的有放热式气氛、吸热式气氛、氨分解气氛、氮气及惰性气体。

6.3.2　放热式可控气氛

　　放热式气氛是将燃料气（如天然气、液化石油气、丁烷、煤气等）与较多空气混合（空气过剩系数为 0.3~0.9）以后，靠不完全燃烧产生的热量发生反应而制备的气氛。其是由 CO、CO_2、H_2、H_2O、N_2、CH_4 混合气体组成。根据在可燃烧的条件下所选定的空气与原料气的混合比不同，放热式气氛又可分为"浓"与"淡"两种。"浓"的放热式气氛（又称富气）中 CO 与 H_2 的含量较多，而 H_2O 与 CO_2 的含量较少；"淡"的放热式气氛（又称贫气）则相反。以丙烷为原料气时，空气与原料气的混合体积比在 12:1~24:1。随着原料气与空气混合比的不同，其反应产物中的气体成分也不同，见表6-3。

表6-3　放热式可控气氛的气体成分

气体类型	原料气	空气/原料气混合比	完全燃烧程度	气体成分（体积分数,%）				
				CO_2	CO	H_2	CH_4	N_2
浓型	甲烷	6	0.63	5	10.5	12.5	0.5	余量
	丙烷	14	0.59	7	10.2	8.2	0.5	余量
	丁烷	20	0.65	7.3	10.2	7.6	0.5	余量
淡型	甲烷	9	0.95	10.5	1.5	1.2		余量
	丙烷	22	0.92	12.5	1.5	0.8		余量
	丁烷	29	0.94	12.8	1.5	0.8		余量

混合比越低，则反应后产生的 CO 及 H_2 越多，有利于增强气氛的还原性。但混合比过低时，则混合气体不能自行燃烧。此外，气氛的成分还与完全燃烧的程度及反应温度有关。

如前所述，为防止钢的脱碳，CO_2/CO 与 H_2O/H_2 的比值应小于 0.4。但由表 6-3 可知，不管浓型还是淡型，上述比值均远高于此要求值，因此放热式气氛主要用作防止低碳钢及中碳钢氧化的保护气氛，而不能防止中碳钢和高碳钢的脱碳。

放热式气氛制备比较简便，产气量大，在可控气氛中成本最低。但与吸热式气氛相比，由于 H_2O 和 CO_2 的含量高，使用范围受到限制。

6.3.3　吸热式可控气氛

吸热式气氛的制备是将原料气（丙烷、丁烷或甲烷等碳氢化合物）和较小比例的空气混合（空气过剩系数为 0.25 ~ 0.27），然后通入装有催化剂（一般用镍催化剂）的反应罐中在外界供热的条件下进行反应（960 ~ 1050℃）。这种反应事实上是一种不完全燃烧反应，也是一种放热反应，但是因放出的热量较小，不足以维持反应罐的温度，需要使用外界供热，所以称为吸热式气氛。

由表 6-4 可知，吸热式可控气氛中的 CO、H_2 含量较高且较稳定，CO_2、H_2O 较放热式气氛低得多，因此在 $CO/CO_2 + CH_4/H_2$ 混合气氛中可通过对 CO_2 和 H_2O 含量的调节控制碳势。吸热式可控气氛不仅用于工件光亮淬火加热，而且能使工件加热时不发生脱碳和增碳，也可用于渗碳和碳氮共渗，因此得到广泛应用。

表 6-4　不同原料气在不同混合比时吸热式可控气氛的组成

原料气	空气/原料气混合比	吸热式气氛的成分（体积分数,%）							露点/℃	气体发生量	
		CO_2	O_2	CO	H_2	CH_4	H_2O	N_2		m^3（气体）/m^3（燃料）	m^3（气体）/kg（燃料）
甲烷	2.5	0.3	0	20.9	40.7	0.4	0.6	余量	0	5	7
丙烷	7.2	0.3	0	24.9	33.4	0.4	0.6	余量	0	12.6	6.41
丁烷	9.6	0.3	0	24.2	30.3	0.4	0.6	余量	0	16.52	6.38

CO_2 含量与碳势成反比，根据水煤气反应，CO_2 和 H_2O 存在以下关系：

$$\varphi(CO_2) = K \frac{\varphi(CO)}{\varphi(H_2)} \cdot \varphi(H_2O)$$

因此，可以通过控制 CO_2 和 H_2O 的含量来实现可控气氛热处理。CO_2 是通过红外线分析仪加以测定。红外线是波长为 0.76 ~ 400μm 范围的不可见光。当红外线透过混合气体时 CO_2、CO 及 CH_4 等气体分别吸收上述范围中某一段波长的红外线，而且其所吸收的红外线量与该气体的含量有关，所以，只要测定某一波段的红外线强度变化，就能确定该气体的含量。

H_2O 含量的控制是通过控制气氛的露点来实现的。众所周知，气体中水蒸气的饱和度与温度有关，温度越低，则饱和度就越小。因此随气体温度的降低，气体中过饱和的水蒸气以凝结成水滴的方式自气体中析出。所谓露点即是指气体中水蒸气开始凝结成水滴的温度。显然，气体中水蒸气越多，其露点必然越高，反之，则露点越低。生产中常用氯化锂露点仪来测定。

利用红外线分析仪或氯化锂露点仪，配以电子装置可实现对气氛的自动控制，从而达到稳定生产的目的。

吸热式气氛有下列缺点：①造价较高；②炉温比较低时易产生炭黑；③与空气接触容易爆炸；④气氛中的 CO 与 CO_2 等气体容易与钢中的铬等元素发生反应；⑤用作渗碳载气易产生内氧化，这使其应用范围受到限制。

6.3.4　氨分解气氛

分解气氛是液态氨汽化后，在一定温度下（300℃以上）分解成氢和氮的混合气体。即

$$2NH_3 \rightleftharpoons 3H_2 + N_2$$

分解产物为 75% H_2 和 25% N_2。其分解的速度随温度的升高而加快，温度越高，分解也越完全。当分解温度为 900～1000℃时，残余氨可降至 0.025% 以下。同时为加速分解和提高分解率，可以在反应罐中加入催化剂，分解后的气体用硅胶和分子筛除去残余水蒸气和氨气。

氨分解气氛的优点是纯度高，制备过程简单。由于其对各种碳含量的钢呈中性（在足够低的露点时），克服了放热和吸热式气氛中的 CO_2、CO 和 H_2O 等成分与钢中的铬形成氧化铬以及碳化铬而使钢的表面贫碳的缺点，扩大了使用范围。

氨分解气氛可以广泛应用于各种金属的光亮退火，特别适用于铬含量较高的合金钢、不锈钢的光亮退火、光亮淬火及钎焊等，也可用于粉末冶金烧结处理。如果同时加入一定量的水蒸气，使其有强烈的脱碳作用，则可用于硅钢片的脱碳退火。

6.3.5　氮基保护气氛

氮基保护气氛也称净化放热式气氛，通常采用空气液化分馏、分子筛空气分离和薄膜空气分离法制备的纯氮作为保护气氛。

空气液化分馏法制氮，是采用专用的制氮设备，通过空气过滤、压缩、冷却、气相吸收、冷凝和精馏等流程制备液氮。制备的液氮储于罐中，使用时通过蒸发器汽化后由管道通到用气设备，可用于钢的光亮淬火、退火和回火等。

分子筛空气分离法制氮有两种方法，即沸石分子筛（MSZ）法和碳分子筛（MSC）法，其主要差别是所用吸附剂和吸附原理不同。前者是利用分子筛对氮的优先选择吸附效应，把氮富集在分子筛的显微孔内，然后通过真空解析获得一定纯度的氮；后者是利用氧在碳分子筛微孔中的扩散速度比氮大的原理，使分子筛优先吸附氧，余下的气相即为一定纯度的氮。采用上述两种方法制备的氮，再添加少量甲醇，均可用于无氧化加热保护，也可用于渗碳时的载体。

薄膜空气分离法制氮的原理是利用聚烯烃空心纤维吸收氧及水分，当空气通过这种空心纤维时，氧和水汽由于具有高渗透性而进入微孔空心纤维管内，将渗透性差的氮分子分离出来，可用于钢的光亮淬火、退火和回火等。

6.3.6　滴注式可控气氛

滴注式可控气氛是将甲醇、乙醇、丙酮、醋酸乙酯、醋酸甲酯、煤油等液态碳氢化合物直接滴入高温炉内，裂化形成含有 H_2、CO、CH_4 等的还原性混合气，可用于保护零件免于

氧化、脱碳，也可用于渗碳和碳氮共渗。

生产中常用甲醇，但甲醇裂化产物碳势较低，只适用于低、中碳钢的无氧化加热。为了进一步提高碳势，往往在滴入甲醇的同时，再滴入乙醇、丙酮、煤油等第二种液体，具体滴量及混合液相对量应视工作炉容积、装炉量及零件的具体要求而定。滴注式可控气氛制备简单、操作方便，而且保护效果良好，故被广泛采用。

6.3.7　轴承零件可控气氛保护热处理

高碳铬轴承钢淬火加热采用吸热式可控气氛是理想的。这种气氛的碳势与奥氏体中碳含量相同的碳钢的碳势基本相同。吸热式气氛中的 H_2O 和 CO_2 含量的相互关系，可用其中的任一组分来表示，即用露点或 CO_2 的体积分数来表示。由图 6-5 所示的试验曲线可知，GCr15 钢淬火加热时，吸热式气氛的露点应是 +3℃ 左右，球化退火加热时，其露点可为 +10℃，而正火加热，露点可降至 -10 ~ -15℃。但是，炉内可控气氛的碳势除取决于气体发生装置制备的气体成分外，还取决于该气氛与炉内空气中氧的相互作用。炉子不严密的接缝、装料时炉门的开启、工作炉间断工作、炉内砌砖和砖缝间被空气中的氧所饱和等，都可能改变炉内气氛的碳势。因此，就必须待碳势稳定后方可进行生产。图 6-6 所示为高碳铬轴承钢在不同的炉子（即不同的露点）中加热后表层的碳含量。在无保护气氛中加热时，脱碳层深度在 0.2mm 以上，表层碳含量降低到 0.3% ~ 0.5%（质量分数）。而在装有火帘的不密封的箱式炉中，即使通入露点较低的气氛也同样产生深度小于 0.2mm 的脱碳，但表层碳含量为 0.7% ~ 0.9%（质量分数）。如果在有前室的密封炉中加热，即使露点为 +3℃，也不产生脱碳。而露点为 -3℃ 和 -5℃ 时，还会产生明显的渗碳现象。

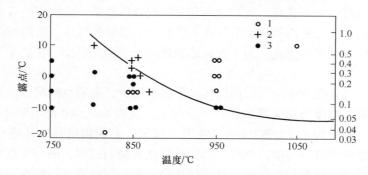

图 6-5　GCr15 用吸热式可控气氛的露点和 CO_2 含量

1—脱碳性气氛　2—中性气氛　3—渗碳性气氛

G95Cr18 钢制轴承，由于钢中铬含量高，而使碳的热力学活度降得很低，这种钢即使在露点为 +10℃ 的吸热式气氛中进行加热也不会产生脱碳，但却能使表面产生氧化物，同时还存在铬的内氧化倾向。故 G95Cr18 和 G102Cr18Mo 不锈钢轴承光亮淬火加热，适宜采用露点为 -50℃ 的净化氢气或露点为 -40 ~ -50℃ 的分解氨（H75% + N25%）作为保护气氛。如在 400℃ 进行高温回火，为了避免产生氧化色，也可采用分解氨或纯氨（99.995% ~ 99.999%）作为保护气氛。

对于高碳铬轴承钢的球化退火加热，由于其退火曲线温度有一段接近吸热式气氛的爆炸温度，所以宜采用干燥净化放热式气氛，如果其露点不超过 -30℃，则完全可以防止脱碳。

如果零件退火时表面带有氧化皮，而且炉子密封性差，那么这种气氛很容易变为脱碳性气氛。对于由两台工作炉组成的退火联合机组，则可以分别通入不同的气氛，即第一台炉子通入吸热式气氛完成退火高温段加热，第二台炉子通入净化放热式气氛完成退火低温段加热。

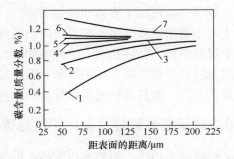

图 6-6　GCr15 在不同加热炉子中加热后表层碳含量
1—无保护气氛箱式炉　2—有火帘的箱式炉
3—振底炉，露点 0℃　4—输送带炉，露点 -3℃
5~7—密封淬火炉，露点 +3℃、-3℃和 -5℃

6.4　真空热处理

6.4.1　真空热处理基本原理

真空是指压力较标准大气压低（即负压）的任何气态空间。若将零件置于这种低气压空间加热、保温和冷却，就称为真空热处理。经真空热处理后的零件服役寿命通常较普通热处理的高。

在真空状态下，负压的程度用真空度（单位为 Pa）来表示。气压越低，气体越稀薄，真空度越高；反之，真空度越低。正常大气压为 101.3kPa。在工业实际使用中，真空度通常划分为四个等级：低真空，$10^5 \sim 10^2$ Pa；中真空，$10^2 \sim 10^{-1}$ Pa；高真空，$10^{-1} \sim 10^{-5}$ Pa；超高真空，小于 10^{-5} Pa。

目前在大多数真空热处理过程中，一般真空度控制在 $10^2 \sim 10^{-4}$ Pa 范围内。由于真空热处理需要在较高的真空度下进行，而炉内残存气体成分很复杂，除残存空气外，还有很多气体来源，如炉体材料、工件内释放出的气体、装置内壁吸附的气体、密封衬垫放出的气体以及外界渗漏进来的气体等。因此，为了保证热处理所要求的真空度，在炉子工作过程中就必须用真空泵不停地排气。

真空度越高，气体压力越小，炉内气体分子数量越少，杂质也就越少。若把杂质相对质量看成水蒸气，则真空度与相应露点存在一定关系，见表 6-5。由表 6-5 可知，1Pa 对应的露点低于 -60℃，即相当于 99.999% 的高纯氮或氩气。若使用惰性气体进行保护加热，则需要将杂质含量降低到这一纯度，须经过昂贵而复杂的精制过程，而 1Pa 真空度是很容易实现的。另外，在采用普通保护气氛的无氧化加热中，所控制的露点一般在 -30 ~ -60℃ 范围内，与其相对应的真空度为 13 ~ 1Pa，这一真空度是极易达到的。由此可以看出，真空加热比可控气氛加热具有更明显的优势，对防氧化、脱碳十分简便。

表 6-5　真空度与相应露点的关系

真空度/Pa	1330	133	13.3	1.33	0.133	0.0133	0.00133
相应露点/℃	+11	-18	-40	-59	-74	-88	-101

6.4.2　真空热处理特点及其应用

真空热处理的优点，不仅在于操作者的工作条件较为优越（清洁、无热辐射、无污染、低噪声，自动化生产等），而且在改善产品质量方面也有自己独特优势。

（1）表面保护作用　大多数金属在氧化性气氛（氧、水蒸气和二氧化碳）中加热时，将发生氧化和脱碳。但在真空中加热因氧化性气氛的含量极低，氧的分解压很低，故可使工件免于氧化脱碳，实现光亮热处理。在一定温度下，金属（M）与其氧化物（M_xO）间存在下列反应：

$$xM + \frac{1}{2}O_2 \rightleftharpoons M_xO$$

若炉内氧的分解压低于氧化物的分解压，则反应向左边进行，意味着不发生氧化现象。实践证明，只要炉内氧的分解压达到 $10^{-1} \sim 10^{-3}Pa$，大多数金属都可以避免氧化，实现光亮淬火，如图 6-7 所示。

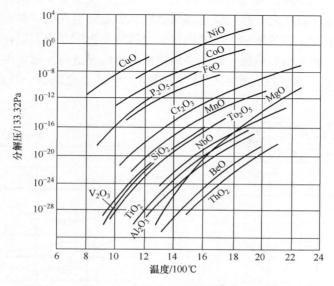

图 6-7　各种金属氧化物的分解压

（2）表面净化作用　由上式可知，当炉内氧的分解压小于氧化物的分解压时，不仅可以防止氧化，而且可以使钢表面已有的氧化物发生分解而去除，从而获得光亮的表面。实际上，尽管炉内氧的分解压比金属氧化物的分解压要高得多，却仍然能很好地去除氧化物而获得光亮表面。因此有人认为，这种现象可能是由于在高温和真空下金属氧化物转变为蒸发压高的不稳定的亚氧化物而升华，从而使表面净化。也有人认为，由于真空炉内石墨纤维加热元件的蒸发和一些油蒸气的混入，使真空室内存在一定数量的碳原子，它们将与残存气体中的氧作用，使实际的氧分解压大大降低，以致炉内气体变成还原性而使表面净化。

（3）脱脂作用　工件表面的切削液、润滑剂、防锈油等在真空下加热可以分解成氢、二氧化碳和水蒸气，然后在抽气过程中排出，这就是真空加热的脱脂作用。一般工件在真空热处理前应先进行脱脂处理，以避免污染真空系统。

（4）脱气作用　在真空加热时，常压下溶入金属的气体（如氧、氮、氢）在负压时由金属内部向表面扩散进而逸出的现象，称为脱气。根据热力学原理，氢气、氮气和氧气等双原子气体在金属中的溶解度 S 与其分解压 p 的平方根成正比，即

$$S = K\sqrt{p}$$

式中，K 为常数。

由此可知，气体分解压越低，气体溶解度越小，即真空度越高，脱气效果越好。

脱气过程是：①金属中的气体向表面扩散；②气体从金属表面放出；③气体从真空炉内排除。扩散系数受温度的影响极大，所以在同样的真空度下，提高温度就能提高脱气效果。

由于氢易扩散，故真空热处理时，氢易逸出而使金属的力学性能提高。而氧和氮，在钢中扩散较难，一般在 900℃ 以上才开始扩散。

（5）合金元素蒸发　在真空中加热时，当炉内的压力比钢中的某些合金元素的蒸发压低时，这些合金元素会从工件的表面逸出，这种现象称为脱元现象。在钢的各种合金元素中，以锰、铬的蒸发压最高，真空中加热时最容易蒸发，如图 6-8 和图 6-9 所示。且随温度升高合金元素的蒸发压也随之升高，就越容易蒸发。合金元素在钢表面蒸发的结果，使表面的物理化学性质发生变化以致影响工件的质量。金属蒸发物附着或沉积在炉内，也会影响炉子的电气绝缘性能，甚至引起短路。因此必须根据具体情况适当控制炉内的真空度，或先抽成高真空度，随后通入高纯度的惰性气体（或氮），将真空度降低，从而防止钢中元素的蒸发。

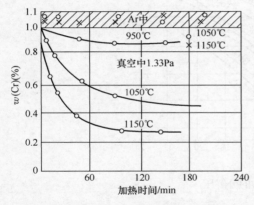 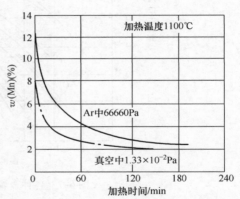

图 6-8　铬在真空中不同温度下的蒸发量　　图 6-9　含14%（质量分数）锰的钢加热时锰的蒸发量

因此，真空热处理在确定真空度时要兼顾防止氧化脱碳所需的最小真空度和为避免合金元素蒸发所允许的最大真空度。

（6）真空热处理后的力学性能　真空热处理具有防氧化、防脱碳和脱氢的作用，因而钢经真空淬火后强度有所提高，特别是疲劳寿命和耐磨性等与表面状态有关的性能有所提高。一般认为，真空淬火相比盐炉淬火，工具的寿命可提高 3 ~ 4 倍。

（7）缩短热处理工艺周期　真空加热的表面净化作用使工件表面处于活化状态，使活性原子极易渗入其表面，因而渗层厚度及其组织易控制且质量好（如真空渗碳等）。

真空热处理有很多优势，但是真空热处理设备复杂、价格昂贵，增加产品的生产成本，因此，真空热处理的应用范围也受到了一定的限制。

6.4.3　真空加热速度

真空加热是依靠热辐射方式传热。理想灰体传热能力 $E[\text{J}/(\text{m}^2 \cdot \text{h})]$ 与绝对温度的四次方成正比，称为斯特藩 - 玻尔兹曼（Stefan - Boltzmann）定律。

$$E = C \left(\frac{T}{100} \right)^4 = 4.96\varepsilon \left(\frac{T}{100} \right)^4$$

式中　　C——理想灰体辐射系数，$C = 4.96\varepsilon$；

　　　　ε——灰体黑度。

工程材料与理想灰体有些差别，但为了计算方便，一般仍采用上述定律。工件在真空中加热时尤其是低温时升温缓慢，在 600℃ 以下，辐射传热作用很弱，在稀薄气氛中加热靠对流传热，工件的加热速度要比在空气中慢得多，从而使工件表面与心部之间的温差减小，热应力小，工件变形也小，但也存在加热不均匀，因此一般需要在回火时充入惰性气体进行强制循环。对 GCr15 钢在不同介质中的加热速度进行测定，试样心部加热到 850℃ 时所需要的时间分别是：盐浴炉 8min，空气炉 35min，真空炉 50min。即在真空炉中的透热时间为盐浴炉的 6 倍、空气炉的 1.5 倍左右。

6.4.4　保温时间

保温时间的长短，取决于工件的尺寸形状及装炉量的多少。一般加热保温时间 T 按下式确定：

$$T_1 = 30 + (1.5 \sim 2)D$$
$$T_2 = 30 + (1.0 \sim 1.5)D$$
$$T_3 = 20 + (0.25 \sim 0.5)D$$

式中　　D——工件有效厚度（mm）；

　　　　T_1——第一次预热时间（min）；

　　　　T_2——第二次预热时间（min）；

　　　　T_3——最终保温时间（min）。

实际上，在一炉中往往同时装有若干形状尺寸不同的工件，这就需要进行综合考虑。按照工件的大小、形状、摆放方式及装炉量，确定保温时间，同时还考虑到，真空加热主要是靠高温辐射，低温加热时（600℃ 以下）工件温升非常缓慢。此时若对工件无特殊变形要求，应使第一次预热和第二次预热的时间尽量缩短，并提高预热温度，因为低温保温时间再长，升温后工件心部要达到表面温度还是需要一定时间。

根据真空加热原理提高预热温度，可减小工件内外温差，使预热时间缩短，而最终的保温时间应适当延长，使得钢中的碳化物充分溶解。这样，既保证了质量，也提高了工作效率。保温时间的长短还与下列因素有关：

① 装炉量：工件尺寸相同时装炉量大，则透烧的时间应延长；反之，则应缩短。

② 工件摆放形式：由于真空炉是辐射加热，如果工件形状相同，应尽量使工件摆放整齐，避免遮挡热辐射，并留出一定的摆放空隙（$<D$），以保证工件能够受到最大的热辐射。对不同工件同装一炉，除按最大工件计算保温时间外，还要增加透烧时间。当摆放空隙 $<D$ 时，所得的经验公式为

$$T_1 = T_2 = T_3 = 0.4G + D$$

式中　　G——装炉量（kg）。

另外，对于小工件（有效厚度 $D \leqslant 20mm$）或是工件之间的摆放空隙 $\geqslant D$，保温时间可以减少，即

$$T_1 = T_2 = 0.1G + D$$
$$T_3 = 0.3G + D$$

对于大工件（有效厚度 $D \geqslant 100mm$），最后的保温时间可以减少，即

$$T_1 = T_2 = T_3 = 0.4G + 0.6D$$

③ 加热温度：加热温度高，可缩短保温时间。

此外，真空加热时靠近辐射体一侧的工件升温速度比背靠辐射体一侧的"背阴处"要快，因此，工件装炉方式相应于炉型结构配置应尽量面向辐射体，适当延长保温时间，以保证均匀加热。

6.4.5 轴承零件真空热处理

1. 氧化和脱碳

由前述可知，决定热处理质量的并不是真空度，而是残余气体成分。因此，轴承零件在真空中加热，其氧化、脱碳程度取决于残余气体中 O_2 和 H_2O 的含量。这些氧和水蒸气或是由于接头和入口处密封破坏，随渗入炉内的空气进入的，也可能是从加热室炉衬耐火材料中逸出的，或是从零件和料盘表面解析的。但只要残余气体中氧和水蒸气的分解压小到使高碳铬轴承钢的氧化速度降到看不见表面颜色改变的程度，高碳铬轴承钢就不发生氧化、脱碳。对于高碳铬不锈钢（G95Cr18），甚至在剩余压力为 0.1Pa 的情况下，也会发生轻微氧化而使零件表面失去金属光泽，变成 Cr_2O_3 所特有的淡绿色。

当真空度较低时，由于碳和剩余气体中的氧化作用，有可能使钢脱碳。表 6-6 所列为加热气氛对 GCr15 钢表面脱碳层中固溶体碳含量的影响。表中数据表明：在真空加热情况下，离表面深度为 0.05~0.1mm 的范围内，碳含量基本上没有变化（即使有微小变化也在试验误差之内）。

表 6-6 加热气氛对 GCr15 钢表面脱碳层中固溶体内碳含量的影响

加热气氛	加热规范	距表面下列距离时碳的质量分数（%）			
		0	0.05mm	0.10mm	中心
真空加热，7Pa	850℃，35min	0.61	0.63	0.64	0.63
吸热式气氛，CO_2 0.7%		0.41	0.58	0.63	0.62
空 气		0.31	0.44	0.51	0.62

2. 合金元素的挥发

由前述可知，真空热处理容易引起合金元素的蒸发，而轴承钢中含有铬和锰元素。这些元素的挥发，将使钢表面铬和锰的含量降低而影响表面性能，使光亮程度下降，严重时会发生零件间的粘结现象。

如高碳铬轴承钢在 0.1~13Pa 的真空中加热至 840~880℃ 时，表面铬含量平均降低 0.02%；真空度为 1.3~13Pa 时，表面锰含量降低 0.01%~0.03%；在 0.13Pa 时，锰含量降低 0.1%~0.15%。但其深度都小于 $5\mu m$，均在零件磨余量范围内。高碳铬不锈钢（G95Cr18）在 1.3Pa 的真空中加热至 1080℃ 时，也仅在深度小于 $2.5\mu m$ 的表面层内出现铬含量降低的现象。

可见，提高加热时的真空度，将促使铬和锰的挥发。实际生产中，为了防止氧化和脱碳以及铬和锰元素的挥发，常采用的真空度为 67~6.7Pa。

此外，高碳铬不锈钢和高速工具钢零件在高温加热时，尽管真空炉中的残余气氛是氧化性的，但是由于合金元素的挥发使零件表面不断更新，因而零件表面不会发生氧化。但是在油中淬火时，未被氧化的表面由于净化作用而被活化，使之受淬火油挥发和分解后形成的气态碳氢化合物的作用而增碳，在表面形成 $30 \sim 40 \mu m$ 的渗碳层。高速工具钢零件的表面甚至会形成厚约 $60 \mu m$ 含有过共晶碳化物的莱氏体层。因此要避免淬火油污染真空炉加热室，防止零件表面在热处理过程中的增碳。

3. 轴承零件真空淬火加热和冷却规范

（1）加热　零件在真空中加热主要是靠热辐射传热的。根据辐射的直射特点，零件在炉内放置时总难避免有"背阴"部分，因此容易造成加热不均匀，甚至同一零件上温度也有差别，从而导致组织、硬度的不均匀和零件变形增大。为此，零件在升温过程中应进行一次或二次预热，特殊情况下进行多次预热。当温度到达该钢种的淬火加热温度后，还应适当延长保温时间，以求加热均匀。

（2）冷却　轴承零件真空淬火常用的冷却方式有气冷和油冷，也可采用气-油冷。由于淬火油（真空淬火油）在较高真空度下冷却能力降低，故淬火时应在油面上通入高纯氮或惰性气体使油面压力提高。其压力大小视钢种和装炉方式、装炉量等的不同而异。一般油面压力控制在 $39.9 \sim 93.1 kPa$ 范围内，淬火油温度控制在 $50℃$ 左右。

对于淬透性好、有效厚度较小的高速工具钢制轴承采用气冷。即在冷却室充填高纯氮或惰性气体，并调节气体的压力和流速以控制气冷能力。

气冷介质有氢气、氦气、氮气、氩气，其冷却能力依次降低。氢气——冷却速度快，易爆炸，不能用于 $1058℃$ 以上；氦气——冷却速度快，成本高（是氮气100倍）；氩气——冷却速度慢，价格高于氮气；氮气——便宜，安全，应用最广泛。冷却气体的行业标准、性质和相对冷却性能见表6-7、表6-8和图6-10。

表 6-7　热处理用氩气、氢气、氮气的行业标准

名称		指标要求（体积分数,%）					
		氩含量	氮含量	氢含量	氧含量	总碳含量（以甲烷计）	水含量
高纯氩气		≥99.999	≤0.0004	≤0.00005	≤0.00015	$CH_4 - CO +$ $CO_2 ≤0.0001$	≤0.00003
纯氩气		≥99.99	≤0.005	≤0.0005	≤0.001	CO≤0.0005 $CO_2 ≤0.001$ $CH_4 ≤0.0005$	≤0.0015
高纯氮气		—	≥99.999	≤0.0001	≤0.0003	≤0.0003	0.0005
纯氮气		—	≥99.996	≤0.0005	≤0.001	CO≤0.0005 $CO_2 ≤0.0005$ $CH_4 ≤0.0005$	≤0.0005
工业用气态氮	优等品	—	99.5	—	≤0.5	—	露点≤ -43℃
	一等品	—	99.5	—	≤0.5	—	无
	合格品	—	98.5	—	≤1.5	—	游离水≤100ml/瓶
氢气		—	—	≥99.99	≤0.0005	CO≤0.0005 $CO_2 ≤0.0005$ $CH_4 ≤0.001$	≤0.003

表6-8　各种冷却气体的性质（100℃时）

气体	密度 /（kg/m³）	普朗特数	黏度 /Pa·s	热导率 /[W/(m·K)]	热导率比
N₂	0.887	0.70	2.45×10^{-5}	0.0313	1
Ar	1.305	0.69	27.087	0.0206	0.728
He	0.172	0.72	22.638	0.1663	1.366
H₂	0.0636	0.69	10.27	0.2198	1.468

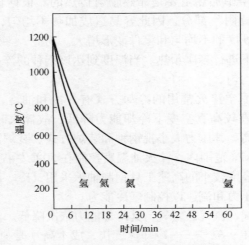

图6-10　氢、氦、氮、氩的相对冷却性能

4. 轴承零件真空淬火后的金相组织

高碳铬轴承钢制轴承零件，经真空淬火后的组织与用氮基分解气氛保护淬火后的组织相比，组织均匀性明显改善，明暗区不明显，同一零件的硬度均匀性可从 ≤1HRC 提高到 ≤0.5HRC。GCr15 和 GCr15SiMn 真空热处理工艺见表6-9。

高碳铬不锈钢和高速工具钢制轴承零件，经真空淬火后均出现渗碳现象。高碳铬不锈钢易出现 Fe_3C 型渗碳体，高速工具钢易出现鱼骨状共晶莱氏体组织。

表6-9　常用轴承钢的真空热处理工艺规范

牌号	预热		淬火			回火			硬度 HRC
	加热温度 /℃	真空度 /Pa	加热温度 /℃	真空度 /Pa	冷却介质	加热温度 /℃	真空度 /Pa	冷却介质	
GCr15	520～580	10^{-1}	830～850	1～10^{-1}	油	150～160	空气炉	油	≥60
GCr15SiMn	520～580	1～10^{-1}	820～840	1～10	油	150～160	空气炉	油	≥60

【讨论和习题】

建议分组讨论，5 人左右为一组。各小组查阅资料并准备提纲，在讨论课上分享。

1. 讨论

1.1　查阅相关资料，总结分析真空热处理气淬和油淬区别。

1.2 试查阅相关资料，分析可控气氛热处理和真空热处理发展现状。

2. 习题

2.1 氧化和脱碳的原理是什么？减少和防止氧化和脱碳的措施有哪些？

2.2 常用的保护涂层有哪几种？各自性能如何？轴承热处理常采用哪种保护涂层？

2.3 常用可控气氛热处理有哪几种？轴承常用哪种可控气氛热处理？

2.4 何为碳势？

2.5 控制气氛相对含量通过检测哪两种气体含量来控制碳势？原因是什么？

2.6 什么是真空度？什么是真空热处理？

2.7 真空热处理的特点是什么？

2.8 真空热处理为什么要进行预热？

2.9 为防止轴承钢合金元素挥发，真空度一般控制在多少？

第7章　滚动轴承零件表面热处理工艺

【章前导读】

GCr15 在常规整体淬火下，具有很好的服役性能，但是轴承应用环境复杂多变，应用工况也存在很大差异。在某些工况下需要轴承表面硬度高，而心部有较好的韧性。虽然采用整体淬火＋低温回火可以获得满足要求的表面硬度，但是不能满足心部要求。面对"外硬内韧"的要求，应该怎么办呢？又如航空发动机主轴轴承面临一定的断油工况，此时需要轴承具有一定的自润滑性能，又该怎么办呢？

本章主要介绍表面淬火的感应淬火和激光淬火以及表面涂覆的化学气相沉积和物理气相沉积等表面热处理方法，并分别分析它们在轴承上的应用情况。

在表面工程领域，表面热处理占有重要地位。尤其是对承受交变载荷、冲击载荷的零件，其表面比心部承受更高的应力，且表面受到磨损、腐蚀等而导致加速失效，此时需要对零件表面进行强化，使零件表面具有较高的硬度、耐磨性、耐蚀性等，而心部依然保持足够的韧性。对于这种零件，改变材料性能或整体热处理，都很难满足"表里不一"的性能要求，因此需要对零件进行表面热处理。

表面热处理是不改变零件化学成分，仅改变零件表面的组织和性能的热处理工艺。对于轴承零件，常用的工艺有表面淬火和表面涂覆。

7.1　表面淬火

表面淬火是一种对零件表面进行硬化的加热淬火工艺。表面淬火是强化金属零件的重要手段之一。经表面淬火的零件不仅可以提高表面硬度和耐磨性，且与原心部组织相配合，可以获得更好的疲劳强度和强韧性。由于表面淬火工艺简单，强化效果显著，热处理后变形较小，生产过程容易实现自动化大批量生产，生产率很高，具有很好的技术与经济的综合效益，因而在生产上广泛应用。

7.1.1　表面淬火的分类

高热流密度是实现表面淬火的关键，一般加热装置提供 $> 10^2 \, W/cm^2$ 的能量密度，此时在零件表层内的温度梯度很高，才能实现表面淬火。表面淬火按其加热装置的不同（热源类型）可分为感应淬火（工频加热、中频加热、高频加热和高频脉冲加热）、火焰淬火、接触电阻加热淬火、电解液淬火和激光淬火等。

7.1.2　快速加热对相变的影响

感应加热速度极快，温度每秒可升高几百摄氏度，在这种加热条件下，零件相变是在一个较宽的温度区间内进行的，与平衡条件下的相变相差很大，表现出快速加热的特征。

（1）对奥氏体晶粒度的影响　提高相变区加热速度将使奥氏体起始晶粒显著细化，其临界晶核尺寸可达 $1.5 \sim 2.0nm$。当奥氏体在 α 相亚结构边界形核时，其晶核尺寸仅是亚结构边界宽度的 $1/15 \sim 1/10$，形成较细的起始晶粒，且由于在较高加热速度下起始晶粒不易长大，从而使奥氏体晶粒细化。此外，所形成的奥氏体晶粒内部因受热应力与组织应力的作用，形成了许多位错胞。

非平衡组织（马氏体、贝氏体）在以不同速度加热到 Ac_1 以上温度时，可以形成针状奥氏体或粒状奥氏体。但在不同材料中这两类奥氏体形成的条件并不完全一致。

（2）对奥氏体均匀化的影响　快速加热条件下形成的奥氏体，随加热速度加快，其不均匀性也随之增加，淬火后得到碳浓度和硬度不均匀的组织，降低过冷奥氏体的稳定性。提高淬火加热温度，有助于改善奥氏体成分的均匀性和增加过冷奥氏体的稳定性。此外，由于大部分合金元素在碳化物中富集，从而使合金元素在快速加热时更难固溶于奥氏体并不易均匀化。

（3）对过冷奥氏体转变的影响　由于在快速加热时形成的奥氏体组织及成分不够均匀，将显著影响过冷奥氏体的转变产物与动力学特征，主要表现在：降低了过冷奥氏体的稳定性（由于存在较多未溶碳化物及碳在奥氏体内的不均匀分布），改变了马氏体转变点（Ms 和 Mf）及马氏体组织形态。过共析钢在快速加热条件下，因碳化物溶解很不充分，淬火后可获得低碳马氏体，基体上分布着碳化物粒子的复合组织。利用透射电镜研究快速加热淬火后淬硬层的马氏体组织，发现马氏体板条宽度相差较大，一般在 $0.1 \sim 1\mu m$ 范围内波动。在板条马氏体内有平行的微细孪晶分布，孪晶间距为 $10nm$ 左右。在距表面 $1mm$ 深度处，细长板条马氏体排列较为凌乱，并在自由铁素体附近出现板条马氏体分枝。

（4）对回火转变的影响　由于快速加热淬火的表层多为板条马氏体，并且马氏体成分又不均匀，在淬火过程中低碳马氏体区易发生自行回火，为此，回火温度一般应比普通回火略低。在相同回火温度下高频加热淬回火后，一般较在炉中加热淬回火的硬度值要高。

（5）对临界温度的影响　加热速度越快，相变进行最剧烈的温度（Ac_1）和完成相变的温度也随之升高。钢的临界点 Ac_1、Ac_3、A_{cm} 随加热速度提高而上升。由于加热速度快，零件受热不均匀，淬火后组织也不均匀，一般可分为三个区域：表面层为完全淬火层的马氏体组织，过渡区域为马氏体 + 未溶解铁素体组织，心部组织则保留了原始组织。

7.1.3　表面淬火后的组织和性能

（1）表面淬火后的金相组织　零件经表面淬火后的金相组织与加热层温度分布、淬火时的冷却速度以及材料自身的淬透性有关。一般情况下，加热层厚度小于表层淬透深度。表面淬火层可分为淬硬层、过渡层及相邻的心部为钢原始组织。表面淬火层的组织还与钢的成分、淬火规范和零件尺寸有关。如加热层较深，还经常在硬化层中存在着马氏体 + 极细珠光体、马氏体 + 贝氏体或马氏体 + 贝氏体 + 极细珠光体及少量铁素体的混合组织。此外，由于奥氏体成分不均匀，淬火后还可以观察到高碳马氏体和低碳马氏体共存的混合组织。

（2）表面淬火后的性能

1）表面硬度。经高、中频加热喷射冷却的零件，其表面硬度往往比普通淬火高 $2 \sim 5HRC$，这种增硬现象与快速加热条件下奥氏体晶粒细化、精细结构碎化以及淬火后表层的高压应力分布等因素有关。当加热速度一定时，在某一温度范围内可出现增硬现象，提高加热速度将使这一温度范围移向高温。

2）耐磨性。高、中频淬火后零件的耐磨性比普通淬火要高。这主要是由于淬硬层中马氏体晶粒细化，碳化物弥散度、表层压应力状态以及淬火硬度综合影响的结果。这些因素都能提高零件抗咬合磨损及抗疲劳磨损的性能。

3）疲劳强度。高、中频淬火显著地提高了零件的疲劳强度，如用40MnB钢制造的汽车半轴，原来为整体调质，改为调质后表面淬火（硬化层深度4~7mm）后，寿命延长近20倍。

7.1.4　感应淬火

感应淬火是表面热处理的一种方法，它应用于要求表面具有高硬度和耐磨性、心部仍保持较高韧性的零件。感应淬火能显著提高零件的抗疲劳和耐磨性能，延长使用寿命。近年来，中频、工频感应穿透的加热方法又有了新的发展，已用于退火、淬火、回火及化学热处理等工艺中。目前感应淬火可应用于高碳铬轴承钢制轴承零件，在国内外已得到较广泛的应用。感应淬火有以下特点：

1）感应加热速度很快，且无保温时间，铁、碳原子来不及扩散，故使相变温度升高，加热温度一般在 Ac_3 以上80~150℃。

2）由于感应加热时间短，使奥氏体晶粒细小而均匀，淬火后得到隐针马氏体组织，故硬度比普通淬火高2~3HRC，且脆性较低。

3）感应淬火后，由于马氏体体积膨胀，零件表层产生残余压应力，从而提高了疲劳强度。

4）由于加热时间极短，零件一般不会发生氧化和脱碳。同时由于心部未被加热，故零件变形很小。

5）生产率高，适于大批量生产，而且易于实现机械化和自动化。

6）与传统的整体加热淬火热处理相比，节能70%以上。

根据电流频率的不同，感应淬火分为三类，见表7-1。

表 7-1　常用感应淬火方法

名称	频率/Hz	淬硬深度/mm	适用范围
高频感应淬火	200000~300000	1.0~2.0	淬硬层较薄的中、小型零件（如轴、齿轮等）
中频感应淬火	2500~8000	2~10	较大尺寸的轴和大、中模数的齿轮和轴承
工频感应淬火	50	10~15	大直径零件的深层淬火

1. 感应淬火原理

感应淬火是利用电磁感应的原理，零件在交变磁场中切割磁力线，零件表面产生感应电流，以电阻热的形式将零件表面快速加热到奥氏体化温度，而后快速冷却，完成淬火过程。感应加热的原理是，把零件放在通有交流电的感应圈里，通电时，感应圈周围产生交变磁场，根据电磁感应定律，零件中产生感应电动势，由于零件本身是一个导体，因此零件中产生感应电流，这种感应电流称为涡流。电流通过钢制零件时，必然遇到阻力（电阻）产生热量，从而使零件加热。感应加热示意图如图7-1所示。

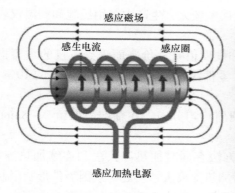 

图 7-1　感应加热示意图

交变电流通过导体时，在导体截面上的分布是很不均匀的，在表面层中，电流密度最大，而心部电流密度最小，这种现象称为趋肤效应。电流的频率高，电流就集中在表面很薄的一层上，如图 7-2 所示。

由于趋肤效应，电流在零件中的分布是不均匀的。零件表面电流密度最大，越靠近零件中心电流密度越小。通常规定，电流密度为表面最大涡流强度的 36.8% 处距表面的距离为电流透入深度，感应电流在该层内产生的热量为全部产生热量的 86%。

感应淬火淬硬层的厚度取决于感应电流透入零件表面的深度，深度 δ 取决于高频电流的频率。

在 20℃时

$$\delta = \frac{20}{\sqrt{f}}$$

在 800℃时

$$\delta = \frac{500}{\sqrt{f}}$$

其中，f 单位为 Hz，δ 单位为 mm。

由此可见，电流频率与淬硬层深度成反比。频率越高，淬硬层越浅；频率越低，淬硬层越深。为了保证零件表面淬火层的质量，必须使电流的透入深度大于所要求的淬硬层深度，这样才可以使淬火层内同时发热而达到比较均匀的程度，因此一般多采用较低的频率，以满足要求。这种加热方式称为透入式加热。

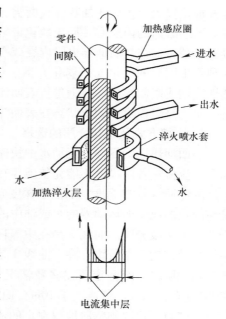

图 7-2　感应加热原理示意图

2. 感应淬火工艺参数的选择

影响感应淬火的工艺参数很多，有热参数和电参数。热参数包括感应加热温度、加热时间和加热速度；电参数为设备频率、零件单位表面功率以及决定单位表面功率的电气操纵部分设备参数等。热参数和电参数是密切相关的，生产中都是通过调整电参数来控制热参数从而保证感应淬火质量的。

（1）淬火温度和加热速度的选择　感应加热温度的选择，与钢的化学成分、原始组织以及加热速度有关。由于加热速度快，因此淬火温度比一般淬火温度要高 50~90℃。由于加热时烟雾的影响，加热控温较困难，测量误差较大，生产中多用经验和测温仪表相结合来判断零件加热温度。

（2）淬硬层深度的确定　淬硬层深度和硬度值是评价表面淬火质量的重要指标，淬硬层深度决定了零件的力学性能。经验表明，零件淬硬层深度一般为其厚度的 10% ~ 20% 时，可获得良好的综合力学性能。

轴类零件，如光轴，淬硬区应沿截面圆周均匀分布，在轴端应保留 2 ~ 8mm 的不淬硬区，以免产生尖角裂纹。

（3）感应淬火方法的选择　感应淬火方法有同时加热淬火法和连续加热淬火法两种。在设备功率足够时，大批量生产应选用同时加热淬火法，反之，或因零件形状限制则选用连续加热淬火法。同时加热淬火法是将零件需要淬硬的表面整个部位置于感应圈内，同时一次完成加热后迅速冷却的方法。连续加热淬火法是零件在加热时边转动边沿着轴向移动，使需要淬火的部位逐步进行加热淬火的方法，适用于设备功率小、加热表面积较大的零件，如机床导轨等。

由于电流透入深度往往小于零件实际要求的硬化层深度，所以根据表层加热状况分为透入式加热淬火与传导式加热淬火两类。采用透入式加热淬火时，原始组织为调质组织的零件在淬硬层毗邻的内层有一回火软化带。而采用传导式加热淬火时，因热透深度大，温度梯度分布平缓，往往在表面淬火时内层或心部也发生了相变重结晶，因而力学性能在整个截面上表现不出明显的软化（或弱化）区。因此，后者更适宜重载零件的表面淬火。若采用低淬透性能钢或限制淬透性能钢进行表面淬火时，则既可以弥补原始组织在正火状态时心部强度的不足，又可以克服调质状态在表面淬火后出现的回火软化区问题。

3. 冷却方式及冷却介质的选择

表面加热后的零件在流动水中快速冷却时，在冷却曲线上显示的汽膜沸腾期、汽泡沸腾期及对流传热各阶段已不能完整地存在。冷却介质的冷速大小取决于水的流动速度及表面加热层的性质（加热温度、加热层深度）。图 7-3a 所示为三种典型的冷却动力学曲线。曲线 1 是在静止的或微弱运动着的水或油中的冷却曲线。与普通淬火时冷却特性曲线相同，冷却过程的三个阶段分明。曲线 2 是在中等程度流速的水中的冷却曲线，与曲线 1 比较汽膜沸腾期不能单独作为一个阶段存在。曲线 3 是在高流速的水中的冷却曲线，仅存在着汽泡沸腾和对流传热的阶段。经测定，在多数情况下当水的流速小于 3.8m/s 时，汽膜沸腾可以延续到 400℃ 左右，当水的流速大于 10m/s 时才能消除或抑制汽膜的冷却阶段。当垂直于零件表面喷水冷却时，汽膜沸腾阶段仅在水的流速低于 1.4m/s 的情况下才能存在（图 7-3b），随着喷水水流速度的提高，在 200 ~ 300℃ 以上温度范围内的冷却速度因汽膜被强烈水流所破坏，致使冷却速度大为提高。

冷却水在不同加热及冷却规范下的冷却特性的试验表明，喷水冷却能够在过冷奥氏体稳定性最低的温度范围（等温转变曲线的鼻尖附近，650 ~ 500℃）具有很高的冷却速度（可以达到 17000 ~ 20000℃/s），要比在相同流速的流动水中的冷却能力大 3 ~ 7 倍，而在 200 ~ 300℃ 温度范围内，喷水的冷速将显著减慢。此时在流动或静止的水中冷却，由于汽泡沸腾期大量汽化热的逸放，反而大大提高了冷速（可高达 2900℃/s）甚至超过喷水冷却的冷速。当零件表面温度低于 200℃ 时，冷速又显著降低。

生产上常用的喷射冷却法，可以用调节水压、改变水温及喷射时间来实现控制冷速。为

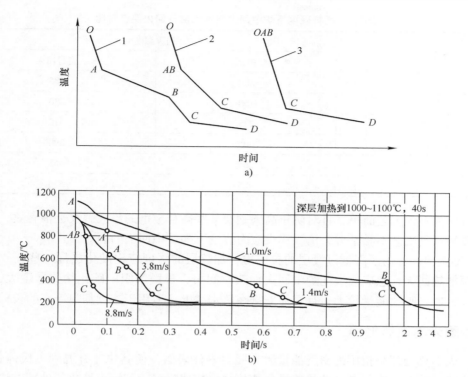

图 7-3 典型冷却动力学曲线

a）典型的冷却动力学曲线示意图 b）喷水冷却时的冷却动力学曲线（φ28mm 纯铁，40s 内加热到 1000～1100℃喷水）

OA—汽膜形成 AB—汽膜沸腾 BC—汽泡沸腾 CD—对流传热

避免淬火变形开裂，还可以采用预冷淬火或间断冷却方法。在连续加热淬火时可以改变喷水孔与零件轴向间的夹角，或改变喷水孔与零件之间的距离、零件移动速度等来调整预冷时间、控制冷速。

对一些细、薄类零件或合金钢制造的齿轮等，为减少变形开裂可以将感应器与零件同时放入油槽中加热，断电后冷却，这种淬火方法称为埋油淬火法。

表面淬火的零件，一般都不冷却到室温，这有利于减小淬火应力，避免变形开裂。采用同时加热淬火法时，喷水冷却时间一般可取加热时间的 1/3～1/2。如果采用自行回火工艺，喷水时间要由试验确定。

4. 回火工艺的确定

感应淬火后一般只进行低温回火，主要是为了减小残余应力和降低脆性，但应尽量保持高硬度和高的表面残余压应力。回火的方式有炉中回火、自行回火和感应加热回火。

1）炉中回火：为了在高频淬火后使零件表面保留着较高的残余压应力，回火温度比普通加热淬火的要低，一般不高于 200℃，回火时间为 1～2h，适用于连续加热淬火。

2）自行回火：对加热后的零件进行一定时间和压力的喷射冷却后停止冷却，利用残留在零件内部的热量使硬化层再次升温到一定温度的方法，称为自行回火。同时加热淬火法中常配以自行回火法。由于自行回火时间很短，达到同样硬度条件下回火温度比炉中回火要高。达到同样硬度的自行回火温度和炉中回火温度对比见表 7-2。

表 7-2 同样硬度下炉中回火温度和自行回火温度对比

平均硬度 HRC	回火温度/℃	
	炉中回火	自行回火
62	100	185
60	150	230
55	235	310
50	305	390
45	365	465
40	425	550

自行回火不仅工艺简单，且对防止高碳钢及某些高合金钢的淬火裂纹也很有效。自行回火的主要缺点是工艺不易掌握，消除淬火应力程度不如炉中回火的高。

3）感应回火：为了降低过渡层的拉应力，加热层的深度应比硬化层深一些，故常用中频或工频加热回火。感应回火比炉中回火加热时间短，显微组织中碳化物弥散度大，因此，耐磨性高，冲击吸收能量较大，且容易安排在流水线上，适用于连续加热淬火的长轴。

7.1.5　激光表面热处理

激光表面热处理是指用高密度能量激光照射零件表面，使其快速升温到奥氏体化温度，然后切断能量输入，依靠自身的热传导使加热部位快速降温达到淬火硬化的处理方法。其最大的特点是极高的生产率、硬化层精确可控以及生产过程具有非常好的柔性。

激光是一种具有极高的亮度、单色性、方向性的强光源。目前常用的激光器有 CO_2 激光器、掺钕钇铝石榴石（YAG）激光器、光纤激光器。根据材料的不同，调节激光功率密度、激光辐照时间等参数，可进行激光淬火、激光表面熔覆和激光表面合金化等，其特点见表 7-3。

表 7-3 主要激光表面热处理

工艺方法	功率密度/(W/cm²)	冷却速度/(℃/s)	淬火深度/mm	特点
激光淬火	$10^3 \sim 10^5$	$10^4 \sim 10^5$	0.2~0.5	相变硬化，提高表面硬度和耐磨性
激光表面熔覆	$10^5 \sim 10^7$	$10^5 \sim 10^7$	0.2~1.0	获得极细晶粒组织，显著提高硬度和耐磨性
激光表面合金化	$10^4 \sim 10^6$	$10^4 \sim 10^6$	0.2~2	将添加元素置于基体表面，在保护气氛下，激光将二者同时熔化，获得与基体结合的特殊合金层

1. 激光淬火

激光淬火采用高能量激光作为热源，使金属表面快热快冷，瞬间完成淬火过程，得到高硬度、超细的马氏体组织，提高金属表面的硬度和耐磨性，并且在表面形成残余压应力，提高抗疲劳能力。该工艺的核心优势包括热影响区小、变形量小、自动化程度高、选区淬火柔性好、细化晶粒硬度高和智能环保。且激光光斑可调，能够对任意宽度的位置进行淬火。其次，激光头配合多轴机器人联动，可对复杂零件的指定区域进行淬火。此外，激光淬火急热速冷，淬火应力及变形小。激光淬火前后零件的变形几乎可以忽略，因此特别适合高精度要求的零件表面处理。

对于 GCr15，激光淬火后，表层分为硬化层、过渡区和基体三部分。硬化层金相组织为隐针马氏体、合金碳化物和残留奥氏体；过渡区金相组织为隐针马氏体、回火屈氏体、回火索氏体和合金碳化物；基体金相组织为回火马氏体、合金碳化物和残留奥氏体。

2. 激光熔覆

激光熔覆采用高能量激光作为热源，金属合金粉末作为焊材，通过激光与合金粉末同步作用于金属表面快速熔化形成熔池，再快速凝固形成致密、均匀且厚度可控的冶金结合层，熔覆层具有特殊物理、化学或力学性能，从而达到修复零件表面尺寸、延长寿命的效果。

激光熔覆后表层分为熔化后的凝固区、相变硬化区、热影响区和基体。熔化区组织为细马氏体和残留奥氏体，马氏体形态由原始组织和碳含量决定。当碳含量超过共析成分时，熔化区由细针马氏体和较多的残留奥氏体组成，硬度可达 1000HV 以上。

3. 激光合金化

激光合金化又称激光化学热处理，采用高能量激光作为热源，照射经过喷涂预制在金属零件表面的超细金属陶瓷材料，使之在激光束作用下快速熔凝渗透，从而改变零件表面的成分，获得组织细密、高耐磨的合金层，大幅度提高零件在高温腐蚀条件下的耐磨性能。该技术的成本低、无须后续加工、变形小和速度快。激光合金化层的组织特征和激光熔覆相似，但凝固区内各元素的含量、相结构级组织结构的类型和相对量，则是由基体材料和合金化材料共同决定的。

激光合金化的工艺方法有如下三种：

1）预置法。先将合金化材料预涂覆于需强化部位，然后进行激光熔化，实现合金化。预涂覆可采用热喷涂、气相沉积、粘接、电镀等工艺。

2）硬质粒子喷射法。采用惰性气体将合金化细粉直接喷射至激光扫描形成的熔池，凝固后硬质相镶嵌在基体中，形成合金化层。

3）激光气相合金化。将能与基体金属反应形成强化相的气体（氮气、渗碳气氛）注入金属熔池中，并与基体元素反应，形成化合物合金层，如 TiN、TiC 或 Ti（C，N）化合物。

此外，激光热处理还有激光冲击强化和激光 3D 打印。

激光冲击强化技术是利用强激光束产生的等离子冲击波，提高金属材料的抗疲劳、耐磨损和耐蚀能力的一种高新技术。其具有无热影响区、能量利用高效、超高应变率、可控性强以及强化效果显著等突出优点。同时，激光冲击强化具有更深的残余压应力、更高的微观组织和表面完整性、更高的热稳定性以及更长的寿命等特点。

激光 3D 打印使用激光照射喷嘴输送的粉末流，直接熔化单质或合金粉末，在激光束离开后，合金液体快速凝固，实现合金快速成型，特别适合特种材料轴承的单件生产。

7.1.6　轴承感应淬火案例

随着计算机控制技术以及大功率开关元器件的迅速发展，轴承零件的感应淬火已经实现全自动生产，并且实现了对每件产品的热处理参数（如加热时间、加热功率、冷却时间、冷却温度、生产班次等关键参数）的可追溯性，因此感应淬火工艺在国内外得到了广泛应用。

1. 特大及重大型轴承零件的热处理

特大型轴承零件是指外径大于440mm的轴承，大多用于矿山、冶金、石油、船舶、风电等重型设备。制造材料主要有 GCr15SiMn、20Cr2Ni4A、20Cr2Mn2Mo、5CrMnMo、G42CrMo、50Mn 等。

下面介绍 5CrMnMo、50Mn、G42CrMo 钢制回转支承轴承套圈的感应淬火。

1）锻造毛坯的调质。为保证套圈滚道表面耐磨及强度，套圈毛坯必须进行调质处理以改善淬火前的组织。

2）回转支承轴承套圈感应热处理。轴承多用于重型起重、风力偏航变桨、隧道掘进机械及雷达、火炮等方面的回转支承，多以 G42CrMo、5CrMnMo、50Mn 钢制造，滚道表面硬度为 55～62HRC，有效硬化层深度按表7-4执行，允许在滚道上有一宽度为小于30mm的软带，但硬度不应低于40HRC。采用中频感应淬火，淬硬深度和硬度均匀性好，且加热时间短，零件畸变小，氧化和脱碳少。

重大型轴承套圈采用频率2500Hz感应加热，感应器与套圈表面保持3～5mm间隙，进行连续加热。淬火温度为830～900℃，淬火冷却介质是从感应器中喷出的0.05%（质量分数）聚乙烯醇水溶液。淬火后立即进行150℃回火。淬火套圈表面硬化层可达4～6mm，均匀度仅差0.5mm，表面硬度为55～62HRC，淬火软带宽度在30mm以下，软带处的硬度为40～50HRC，畸变为0.25～0.35mm。

表 7-4　套圈滚道有效硬化层深度值

钢球公称直径/mm	超过	—	30	40	50
	到	30	40	50	—
有效硬化层深度/mm	≥3.0		≥3.5	≥4.0	≥5.0

2. 汽车轮毂轴承单元内外圈的感应淬火

第三代汽车轮毂轴承单元带凸缘外圈采用中碳钢或中碳合金钢制造，滚动体采用 GCr15 制造。凸缘套圈结构复杂，必须采用表面感应热处理。其技术要求为：中碳钢 50、55；滚道表面硬度为 58～64HRC，同一零件硬度均匀性≤2HRC，中心硬度为 22～28HRC；淬硬层深度≥1.5mm；不允许有裂纹。第三代轮毂轴承零件表面热处理技术要求如图7-4所示。

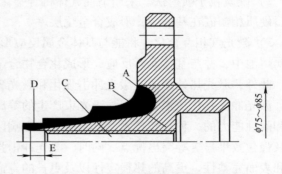

图 7-4　第三代轮毂轴承零件表面热处理技术要求

感应淬火采用中频电源，功率为 100～160kW，频率为 2400～8000Hz，可调；在专用淬火机床上进行；加热后喷水冷却，冷却用聚合物水溶液；回火为（160±10）℃×3h。

A 处：法兰根部淬硬层直径要求达到 75～85mm。

B 处：要求与中心线夹角为45°方向上淬硬层深度为 1.25～2.5mm，淬硬层硬度为 55～62HRC。

C 处：淬硬层深度为 1.75～4.5mm，淬硬层硬度为 61～62HRC。

D 处：淬硬层深度为 0.5 ~ 1.8mm，淬硬层硬度大于 40HRC。

E 处：不能淬透。

3. 回转支承轴承齿圈感应淬火

齿圈（包括外齿圈和内齿圈）是常用的回转支承轴承传动零件，传统的气体渗碳淬火是常规热处理工艺，能耗大，周期长，特别是大直径齿圈的热处理，需要大型热处理设备，渗碳周期超过 100h，因为长时间的高温渗碳处理，还必须采用二次加热淬火的方法获得理想的淬火组织及硬度，同时热处理变形大，磨齿加工余量大，成本高，并且容易造成废品。

用感应淬火进行表面强化替代原来的渗碳淬火处理大型齿圈可以避免上述问题，同时节约能源消耗 90% 以上。

感应淬火的大型回转支承轴承材料一般为 G42CrMoA、4140H、4340H 等优质中碳合金钢。其工艺过程应注意如下几点：

1）齿圈感应淬火常用频率为 1 ~ 30kHz，感应器与零件的间隙控制在 0.5 ~ 1mm。

2）沿齿沟感应器产生的涡流呈蝴蝶状，根部电流密度最高，感应器必须加装导磁体，利用其槽口驱流效应，增加感应器邻近齿根表面的电流密度，提高感应器的效率。

3）需精确控制感应器与相邻两齿侧对称，并严格控制齿侧和齿根的间隙。

4）合理匹配感应器的高度和导磁体的位置，保证齿面、齿根的加热温度均匀一致，防止局部过热。

齿圈感应淬火方式可分为三种，即沿齿沟感应淬火、逐齿感应淬火、回转感应淬火，如图 7-5 所示。

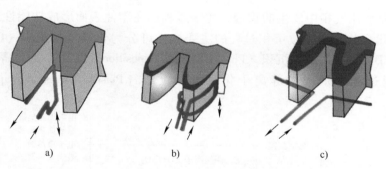

图 7-5　齿圈感应淬火方式
a）沿齿沟感应淬火　b）逐齿感应淬火　c）回转感应淬火

1）沿齿沟感应淬火：使齿面和齿根得到硬化，齿顶中部无淬硬层。此法热处理变形小，但生产率低。

2）逐齿感应淬火：齿面硬化，齿根无硬化层，提高齿面的耐磨性，但因热影响区的存在，会降低齿的强度。

3）回转感应淬火：单圈扫描淬火或多匝同时加热淬火，齿部基本淬透，齿根硬化层浅，适于中小齿轮，不适于高速、重载齿轮。

通过设计仿形感应器及合理布置导磁体，以及采用数控技术自动调节感应器与零件之间的间隙，沿齿沟感应淬火在大型齿圈的热处理中得到了广泛应用，如图 7-6 所示。

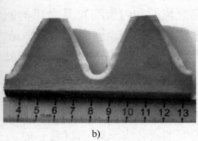

a) b)

图7-6 沿齿沟感应淬火的应用

a）轮齿感应淬火 b）轮齿硬化轮廓

7.2 表面涂覆

表面涂覆是气相中的纯金属或化合物在零件表面沉积，形成具有特殊性能涂层的方法，是一种很有应用前景的新方法。

7.2.1 气相沉积分类及特点

气相沉积是利用气相中发生的物理、化学过程，在零件表面形成功能性或装饰性的金属、非金属或化合物涂层。按沉积过程的主要属性可分为化学气相沉积（Chemical Vapor Deposition，CVD）和物理气相沉积（Physical Vapor Deposition，PVD），以及等离子体被引入化学气相沉积过程中形成的等离子化学气相沉积（Plasma Chemical Vapor Deposition，PCVD），如图7-7所示。

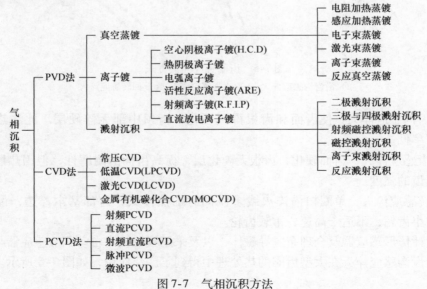

图 7-7 气相沉积方法

经气相沉积处理，在零件表面覆盖一层厚度为 0.5 ~ 10 μm 的过渡族元素（Ti、V、Cr、W、Nb 等）的碳、氧、氮、硼化合物或单一的金属及非金属涂层。常用涂层及其主要特性见表 7-5。

表 7-5　常用涂层及其主要特性

类别	涂层名称	特性
碳化物	TiC、VC、W$_2$C、WC、MoC、Cr$_3$C$_2$、B$_4$C、TaC、NbC、ZrC、HfC、SiC	高硬度，耐磨性好，部分碳化物（如碳化铬）耐蚀
氮化物	TiN、VN、BN、ZrN、NbN、HfN、Cr$_2$N、CrN、MoN、(Ti,Al)N、Si$_3$N$_4$	立方 BN、TiN、VN 等耐磨性能好；TiN 色泽如金且比镀金层耐磨，装饰性好
氧化物	Al$_2$O$_3$、TiO$_2$、ZrO$_2$、CuO、ZnO、SiO$_2$	耐磨，特殊光学性能，装饰性好
碳氮化合物	Ti(C,N)、Zr(C,N)	耐磨，装饰性好
硼化物	TiB$_2$、VB$_2$、Cr$_2$B、TaB、ZrB、HfB	耐磨
硅化物	MoSi$_2$、WSi$_2$	抗高温氧化，耐蚀
金属及非金属元素	Al、Cr、Ni、Mo、C（包括金刚石及类金刚石）	满足特殊光学、电学性能或赋予高耐磨性

7.2.2　化学气相沉积

化学气相沉积是把零件置于有氢气保护炉内，加热到高温，向炉内通入反应气，使之在炉内分解、化合成新的化合物进而沉积在零件表面。化学气相沉积有如下三个要点：

1）涂层的形成是通过气相化学反应完成的。

2）涂层的形核及长大是在基体表面进行的。

3）所有涂层的反应均为吸热反应，所需热量靠辐射或感应加热提供。

化学气相沉积的温度一般 >800℃，最高可达 2000℃，工作压力为 $6.7 \times (10 ~ 10^5)$ Pa，活性气体介质为金属卤化合物和羰基化合物，还原性介质为 H$_2$，惰性气体是 Ar。某些活性气体来源于室温下具有较高蒸气压的液体，再由载气（如氢气或氮气）把液体的蒸气带入反应室。

目前化学气相沉积主要用于硬质合金刀具涂覆，如 TiC 和 TiN，使用寿命可提高数倍乃至数十倍。但是由于温度高，零件产生较大内应力和变形，精度难以控制。且高温还会降低基体的力学性能，在基体材料和沉积材料界面上形成脆性相，减小涂层和基体的结合力。

7.2.3　物理气相沉积

由于化学气相沉积温度高，反应中含有氢气，不仅有氢脆现象，若操作不当还易爆炸，由此发展了物理气相沉积技术。

物理气相沉积的基本特点是沉积物以原子、离子、分子和离子簇等原子尺寸的颗粒形态在材料表面沉积，形成外加覆盖层。它一般包括涂料汽化、输送至零件附近空间及形成覆层三个阶段。物理气相沉积温度一般不超过 600℃。高速工具钢、模具钢和不锈钢沉积后通常都无须再进行热处理，因而应用面较化学气相沉积广。目前，物理气相沉积有三种方式，即真空蒸镀、溅射沉积和离子镀。

1. 真空蒸镀

真空蒸镀是在 $1.33 \times 10^{-4} \sim 1.33 \times 10^{-3}$Pa 的真空容器内用电阻加热、电子束、高频感应、激光加热涂覆材料，使原子蒸发从表面逸出。蒸发出的原子在真空条件下会与残余气体分子碰撞直接沉积到零件表面，形成涂层。

真空蒸镀具有方法简单、速度较快、镀层纯净的特点，但涂层的附着力较差，深孔内壁难以涂覆，故一般用于涂覆低熔点单一金属。由于难熔金属的熔点高，且蒸发产物的成分难以保持一致，不可能直接蒸发沉积难熔金属的碳化物、氮化物和氧化物。

2. 溅射沉积

溅射沉积是利用离子轰击靶材，使其原子在零件表面成膜的技术。轰击靶材的离子束来源于气体放电。用这种方法可获得金属合金、绝缘物、高熔点物质的涂层。溅射沉积时基材的温度一般为 $260 \sim 540$℃。

溅射沉积时，真空室内充以 $1.33 \times 10^{-1} \sim 1.33$Pa 的氩气，阴阳极之间施加 $3 \sim 4$kV 的负高电压，氩气电离产生辉光放电。在负高电压的作用下，Ar^+ 离子以极高的速度轰击阴极靶材，靶材上溅射出的原子或分子又以足够高的速度轰击放在周围的零件，在其表面形成涂层。由于被溅射出的原子仍具有高达 $10 \sim 35$eV 的动能，形成的涂层具有较强的附着力。目前常用的溅射技术有高频溅射、磁控溅射及离子束溅射等。

其中磁控溅射的特点是电场和磁场的方向相互垂直。正交电磁场可以有效地将电子的运动束缚在靶面附近，从而大大减少了电子在容器壁上的复合损耗，显著地延长了电子的运动路程，增加了同工作气体分子的碰撞概率，提高了电子的电离效率，使等离子体密度加大，致使磁控溅射速率有数量级的提高。由于磁控溅射设备性能稳定，便于操作，工艺容易控制，生产重复性好，适用于大面积沉积膜，又便于连续和半连续生产，因此在科研、生产部门中得到了广泛的应用，如已在高端轴承上得到应用。

图 7-8 所示为磁控溅射靶材位置示意图。该溅射系统采用多对靶的结构设计，分别为 Cr 靶和 C 靶，并且相对的溅射靶上具有相反的磁极特性，一个为 S 极，一个为 N 极，通过改变溅射靶上的工作电流，可以使其在腔体内产生不同强度的磁场。其工作原理是当镀膜室抽至高真空后，先通入氩气，并控制真空度在 $0.09 \sim 0.1$Pa，接着对磁控靶施加负电压，在高电压的作用下形成辉光效应，使部分 Ar 原子被电离成 Ar^+ 离子。在电场产生的静电力和磁场产生的洛伦兹力（正交电磁场的作用）的共同作用下，电子加速飞向基体，在运动的过程中产生了漂移，从而延长了电子到达阳极的路程，而且电子在运动过程中与

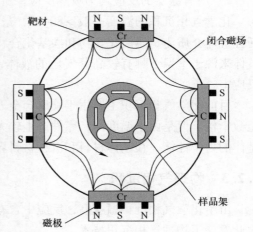

图 7-8 磁控溅射靶材位置示意图

Ar 原子发生碰撞，从而使大量的 Ar^+ 离子被电离出来。在磁控溅射过程中，获得充分能量的电子将会继续发生碰撞电离。

3. 离子镀

离子镀是真空蒸镀和气体放电相结合的技术，是在等离子体气氛中进行蒸发镀膜的技

术。工作时对零件施加偏压，并向真空室通入惰性气体氩气，将其真空度调至 133.3 ×（10⁻³ ~ 10⁻⁴）Pa，放电后，由蒸发源蒸发出来的金属原子的一部分被电离成离子，金属离子在电场作用下，向基极（零件）加速运动，轰击零件表面，使高能粒子注入基体，因而大大提高了膜与基体间的结合力。根据放电方式，离子镀分为辉光放电和弧光放电，见表 7-6。

表 7-6　辉光和弧光离子镀

离子镀类型	蒸发源电压/V	源电流/A	工作偏压/V	金属离化率（%）
辉光放电	1000	<1	1000 ~ 5000	1 ~ 15
弧光放电	20 ~ 70	20 ~ 200	20 ~ 200	20 ~ 90

4. 轴承表面类石墨碳基薄膜制备

类石墨碳基（graphite - like carbon, GLC）薄膜具有较高的硬度、较大的结合力以及优异的摩擦学性能，它还具有良好的生物相容性、高电阻率、良好的导热性、良好的化学稳定性和耐蚀性等优良性能，已在轴承、活塞、刀具、人工髋关节以及电子等领域显示出了良好的前景。磁控溅射技术是目前制备 GLC 薄膜最常用的方法之一。图 7-9 所示为磁控溅射设备。表 7-7 所列为 GLC 薄膜的制备工艺参数。

图 7-9　UDP - 700 型磁控闭合场非平衡磁控溅射设备

表 7-7　GLC 薄膜的制备工艺参数

| 步骤 | 时间/min | 靶电流/A | | 基体偏压/V |
		石墨靶（C）	金属靶（Ti）	
基体清洗	20	0	0.3	200→400
靶清洗	5	0	0.3→5	120→80
打底层	10	0.2	5	80→60
中间层	30	0.2→5	5→0.2	60
GLC 薄膜	320	5	0.2	60

由图 7-10 可知，GLC 薄膜由打底层和工作层两部分组成，其中打底层的厚度为 0.2 ~ 0.3μm，工作层的厚度为 2 ~ 3μm。薄膜均呈现"菜花"状形貌，表面的颗粒状形貌较为明显，伴有一些较大的颗粒，颗粒间的间隙清晰可见，观察其截面形貌，柱状结构不明显，薄膜比较致密。

由图 7-11 可知，GLC 薄膜的硬度及弹性模量随着 C 靶电流的增大而略增。GLC 薄膜硬度和弹性模量与其内部 sp^2 和 sp^3 杂化键的相对含量有关。其中，sp^3 杂化键的键长较短，比较稳定，破坏它需要更高的能量，表明它对外界压力具有较高的抵抗能力，因此，sp^3 杂化键相对含量越高，其硬度也越高。

图 7-10　GLC 的表面及截面形貌

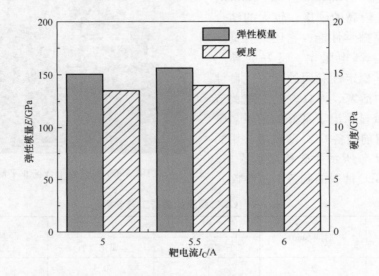

图 7-11　不同 C 靶电流下 GLC 薄膜的硬度及弹性模量

　　由图 7-12 可知，C 靶电流为 5A 时的结合力曲线比较平缓，当载荷达到 67N 时出现拐点，判定其膜基结合力为 67N；而 C 靶电流为 5.5A、6A 时的结合力曲线的拐点对应的值分别为 40N、38N。表明类石墨碳基薄膜的膜基结合力随着 C 靶电流的增大而降低。分析认为，这主要是与薄膜的致密性有关，随着 C 靶电流的增大，薄膜的柱状结构越明显，膜层变得越来越疏松粗糙，造成其结合力降低。

　　由图 7-13 可知，随着 C 靶电流的增大，类石墨碳基薄膜的平均摩擦系数逐渐增大。这和碳基薄膜结构中的 sp^2 杂化键有关，由于 sp^2 杂化键中的 π 键与对偶表面分子层的黏着远远不如 sp^3 杂化键中的 σ 键与对偶表面分子层的黏着，摩擦磨损过程中更容易形成低剪切强度转化层，降低接触面间的摩擦阻力，从而降低摩擦系数。因此，在一定范围内 sp^2 键含量越高，对降低摩擦系数的作用也就越大。

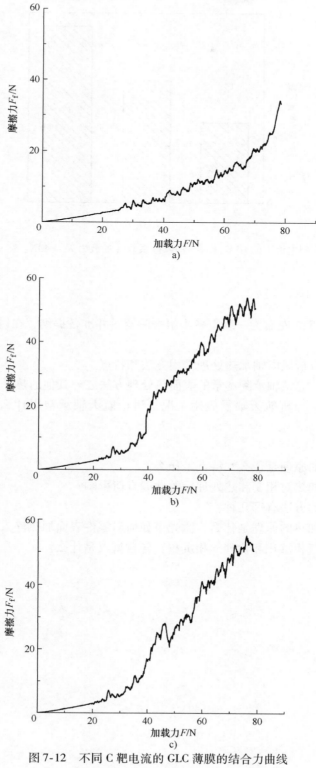

图 7-12　不同 C 靶电流的 GLC 薄膜的结合力曲线

a) 5A　b) 5.5A　c) 6A

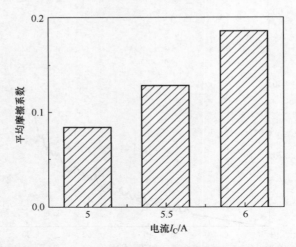

图 7-13　不同 C 靶电流下的 GLC 薄膜平均摩擦系数（加载力 F_n = 40N、往复频率 f = 5Hz）

【讨论和习题】

建议分组讨论，5 人左右为一组。各小组查阅资料并准备提纲，在讨论课上分享。

1. 讨论

1.1　总结讨论分析风电轴承热处理常用方法和特点。

1.2　查阅资料，总结轴承除本章的表面热处理方法之外其他的热处理方法。

1.3　查阅资料，分析航天轴承应用工况，讨论航天轴承常用什么类型的表面热处理方法。

2. 习题

2.1　感应淬火的原理是什么？特点是什么？

2.2　表面快速加热对相变和热处理后的性能有何影响？

2.3　感应淬火的方法有哪几种？

2.4　激光表面加热的原理是什么？激光束如何对零件表面加热淬火？

2.5　何为化学气相沉积和物理气相沉积？各自特点是什么？

第8章　滚动轴承金属材料保持架热处理工艺

【章前导读】

轴承主要有四大部件：内圈、外圈、滚动体、保持架。我们已经学习了套圈和滚动体的热处理工艺，那么对于钢制保持架又该如何制定热处理工艺呢？它与套圈的热处理工艺又有哪些不同呢？

本章主要介绍保持架常用材料及应用范围，概述冲压保持架、黄铜保持架等热处理工艺。

8.1　保持架常用材料

8.1.1　保持架作用及结构特征

1. 保持架作用

保持架在滚动轴承中有三个基本作用。

1）引导并带动滚动体在正确的滚道上滚动。

2）将滚动体等距离隔开，均布在滚道的圆周上，以防止工作时滚动体间互相碰撞和摩擦。

3）在分离型轴承中，将滚动体和一个套圈组合在一起，以防止滚动体脱落。

2. 保持架结构特征

保持架有多种结构类型，形状复杂，但都有共同的结构特征。保持架上有许多等距离的孔，称为兜孔，滚子轴承的孔称为窗孔，它用于隔离和引导滚动体。兜孔有球形、圆形、椭圆形、矩形、齿形等形状，其尺寸大于滚动体尺寸，两者对应尺寸差称为兜孔间隙。由于存在兜孔间隙，轴承中的保持架就有一定的径向和轴向活动量，把保持架在径向的活动量称为保持架的间隙。

保持架窗孔之间的连接部分称为过梁，它除连接两窗孔之外，还起到加强保持架强度的作用。多数滚子轴承都有一个可分离的套圈，另一个套圈则与保持架和滚子组成装配组件。当可分离套圈脱出时，滚子就因本身重量而脱离套圈滚道，一个滚子脱离的量称为滚子脱离量。为了防止在使用中由于装配轴承而引起损坏，应尽量减小滚子的脱离量。

8.1.2　保持架材料及热处理

在滚动轴承工作时，尤其是高速旋转时，保持架要承受较大的离心力以及冲击和振动的作用，同时还与轴承套圈、滚动体发生滑动摩擦，进而产生大量热。为此，保持架材料必须具备如下性能：

1）良好的导热性，小的摩擦系数，与套圈和滚动体相近的膨胀系数。

2）一定的强度和冲击韧性，良好的耐磨性和良好的加工性能。

3）特殊用途的保持架还要求有自润滑性（镀银等）、耐高温、耐蚀和无磁等性能。

保持架常用的材料及材料应用范围见表 8-1。

表 8-1 保持架常用材料及应用范围

牌号	材料规格	应用范围	工作温度 /℃	采用标准
40CrNiMoA	棒	用于制造航空发动机主轴轴承中高温、高速实体保持架，较好地满足现代发动机轴承各项要求	≤300	GB/T 3077—2015
ML15 ML20	丝（直径 0.8~8mm）	用于制造保持架支柱和铆钉	≤100	YB/T 5144—2006
0Cr19Ni10 07Gr19Ni11Ti 12Cr13 20Cr13 30Cr13 40Cr13	丝、板、带、棒	用于制造耐蚀轴承支持架和铆钉、冲压保持架等	≤300	GB/T 3280—2015
08 10 15CrMo 20CrMo	板、带	用于制造冲压保持架（浪形、菊形、槽形、K 形、M 形）、挡盖、密封圈、防尘盖、冲压滚针轴承外圈	—	GB/T 699—2015 GB/T 5213—2019 GB/T 11253—2019
15	条钢	用于制造碳钢钢球		GB/T 699—2015
30 35 45	钢板、保持架毛坯、棒料	用于制造大型轴承实体保持架、带杆端的关节轴承以及碳钢轴承内外圈	≤100	GB/T 699—2015 GB/T 5213—2019
T8A T9A	带、丝	用于制造冲压冠形保持架、弹簧圈、防尘盖等	≤100	GB/T 1222—2016 GB/T 1299—2014
65Mn	带、丝	用于制造高弹性冲压保持架推力型圈、销圈等	≤100	GB/T 1222—2016
59-1 铅黄铜（HPb59-1）	棒、管	用于制造实体保持架	≤100	GB/T 5231—2022 GB/T 1528—1997
62 黄铜（H62）	带、板	用于制造冲压保持架	≤100	GB/T 2059—2017 GB/T 2040—2017
6.5-0.1 锡青铜（QSn6.5-0.1）	板	用于制造冲压保持架	≤100	GB/T 2040—2017
96 黄铜（H96） 二号铜（T2） 三号铜（T3）	毛细管 丝 丝	铆钉	≤100	GB/T 5231—2022

（续）

牌号	材料规格	应用范围	工作温度/℃	采用标准
2A11	管、棒	用于制造实体保持架、关节轴承套圈	≤150	GB/T 3190—2020
2A12				
10 - 3 - 1.5 铝青铜（QAl10 - 3 - 1.5） 10 - 4 - 4 铝青铜（QAl10 - 4 - 4） 3.5 - 3 - 1.5 硅青铜（QSi3.5 - 3 - 1.5）	管、棒	用于制造高速高温实体保持架，如航空发动机主轴轴承、铁道货车保持架等	≤200	GB/T 5231—2022 YS/T 622—2007 GB/T 1527—2017
1 - 3 硅青铜（QSi1 - 3）	带、棒	用于制造冲压保持架、挡盖、关节轴承、套圈	≤100	GB/T 5231—2022 GB/T 2040—2017 GB/T 2059—2017

在普通应用场合，传统的金属冲压保持架占主导地位，而在高温、高速、低噪声及长寿命应用领域，则以实体保持架为主。实体保持架中的工程塑料保持架能实现强度和弹性的完美结合，在润滑的钢材表面有良好的滑动性能，极低的摩擦力，从而使轴承的磨损和发热保持在最低的水平。因为低密度材料的惯性小，即使在缺乏润滑剂的条件下，工程塑料保持架仍具有优良的运行性能。如酚醛层压布材密度小，机械强度较高，机械加工性能好，有一定的耐热性和吸油、渗油等性能，目前已广泛应用于内径 $\phi2 \sim \phi200mm$ 的角接触球轴承保持架。如高速磨头轴承、机床轴承、仪表轴承、陀螺仪轴承、涡轮机轴承、增压器轴承等都采用酚醛层压布材保持架，其中 $d_m n$ 值可以高达 $12 \times 10^6 mm \cdot r \cdot min^{-1}$。对金属保持架无法满足主机要求的场合，工程塑料保持架也显示出了特殊的优越性，如：在不允许使用润滑油的液态氧（ $-183℃$ ）中工作的轴承，装有冲压钢制保持架的深沟球轴承 6204 在 1000N 轴向载荷、10000r/min 速度下运转 16min 即被烧毁；而装有以玻璃纤维增强的聚四氟乙烯塑料制作保持架的角接触球轴承，在 1000N 的轴向载荷、20000r/min 速度下运转 20h 后，摩擦力矩仍无增加；用二硫化钼、聚四氟乙烯、玻璃纤维改性的聚酰亚胺制作的轴承保持架，可在真空辐射下无油润滑工作，已应用于阿波罗飞船上；多孔含油聚酰亚胺保持架用在陀螺仪长寿命轴承上；多孔含油酚醛层压布材保持架用在通信卫星机构的轴承上；聚酰亚胺保持架用在高速牙钻轴承上；玻璃纤维增强聚酰胺 66 保持架用在小轿车的齿轮箱、差动齿轮箱、离合器和轮毂上，以及水泵和矿井传送装置中等，使用效果都良好。

保持架的热处理主要针对冲压保持架，而且多在加工工序间进行。因为冲压保持架的制造过程中材料变形次数多、变形大，加工中产生严重的加工硬化和内应力，给进一步加工带来了困难，常出现裂纹或疲劳折断现象，所以有必要在工序间进行热处理，使材料恢复塑性，这样才能完成保持架的全部加工。这类热处理有：优质碳素薄钢板冷冲压保持架再结晶退火（将工件加热到 600℃ 左右，保温 2~3h，炉冷），黄铜带冷冲压保持架再结晶退火（加热到 600~650℃，保温 30min，空冷或水冷），不锈钢带冷冲压保持架软化处理等。通常为保持工件原有亮度，在热处理过程中要有相应的保护措施，如真空加热等。由于用低碳钢板材冲压的保持架强度低、刚性差，目前已有用淬火的方法使已冲压好的保持架得到强化的成功实例。

8.2 冲压保持架的热处理

在各类标准球轴承和滚子轴承中，有相当数量的保持架是采用08、10优质碳素薄钢板经冷冲压制成的。其制造工艺过程复杂、工序多，如菊形保持架就须经剪料、切环、切齿成形、整形等工序。这些工序使钢板承受很大的剪切、扭弯、挤压和拉伸等应力的作用，并使晶粒产生变形和破碎，晶格发生畸变，从而使钢板的强度、硬度增加，塑性降低，即产生加工硬化。由于加工硬化的产生，给保持架进一步加工带来困难，为此有必要在工序间进行再结晶退火以消除加工硬化。

再结晶的起始温度，随金属变形程度大小而不同。变形越大，再结晶起始温度越低。当变形增大到某一值时，再结晶起始温度趋近某一定值，即所谓最低再结晶温度。这个温度与钢的熔点有关：

$$T_{再}（最低）= 0.4 T_{熔}$$

08和10钢的熔点与纯铁（$T_{熔} = 1538℃$）熔点接近，其最低再结晶温度约450℃。为了加速再结晶过程，生产中选择的再结晶温度比最低再结晶温度高100～200℃，一般采用600℃。为了保证零件表面光亮，通常采用装箱密封、保护气氛或真空热处理。

下面介绍低碳冷轧钢保持架渗碳热处理。产品信息如下：

1）产品外形尺寸如图8-1所示，外径为28.4mm，高度为9.8mm，钢带厚度为0.8mm。

2）材料为DC04，为低碳冷轧钢，碳含量低，冲压性能好。

3）热处理技术要求：表面渗碳，渗层深度为0.02～0.1mm，表面硬度为410～550HV。

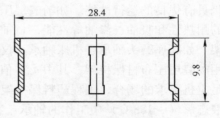

图8-1　HK2512保持架尺寸

由于保持架壁薄，容易变形，因此渗碳温度选择较低温度800～830℃。渗层深度为0.02～0.10mm，为薄层渗碳，因此渗碳时间确定为20～30min。产品的最终表面硬度为410～550HV，经280～320℃回火后硬度能够满足产品设计要求，如图8-2所示。

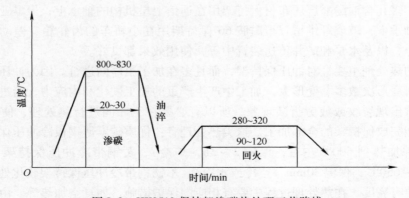

图8-2　HK2512保持架渗碳热处理工艺路线

8.3　黄铜保持架的热处理

对于电机轴承和在腐蚀介质中工作的轴承，要求具有防磁和耐蚀性能，故其保持架大多选用普通黄铜制造。

8.3.1　黄铜化学成分及其性能

黄铜的牌号、化学成分和力学性能见表 8-2。

表 8-2　黄铜牌号、化学成分及其力学性能

牌号	化学成分（质量分数,%）		力学性能		
	Cu	Zn	抗拉强度/MPa	伸长率（%）	硬度　HBW
H59	57~60	余量	350	20	75
H62	60.5~73.5	余量	300	40	60

黄铜中含锌量的变化对力学性能的影响如图 8-3 所示。当锌含量增加至 30%~32%（质量分数，后同）时，塑性最高；当锌含量在 39%~40% 时，塑性下降而强度增高；但当锌含量超过 45% 以后，其强度开始急剧下降。

H62 黄铜有较高的强度，热态下塑性良好并具有较好的焊接、切削和耐蚀性能等。

8.3.2　黄铜保持架的热处理工艺

（1）去应力退火　锌含量 >30% 的黄铜，经冷加工（挤压、冲压、弯曲等）后，由于内应力的存在，在潮湿空气中或在含有微量氨或氨盐的大气中易被腐蚀而造成破裂。这种现象称为自裂现象。因此黄铜经冷加工后，应进行 270~300℃ 保温 2~3h 的去应力退火。

（2）软化退火　为了消除黄铜冷冲保持架在冷加工过程中因产生晶粒变形和破碎而引起的冷作硬化，常在冷加工工序之间施行软化退火。其工艺如图 8-4 所示。

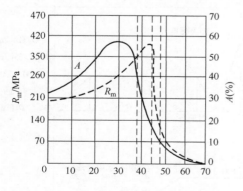

图 8-3　锌含量对黄铜力学性能的影响

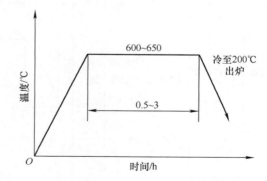

图 8-4　黄铜软化退火工艺

如采用密封装箱退火，需冷至 100℃ 开箱。在真空炉中进行退火，真空度要低，避免锌析出。

8.4 其他金属材料保持架的热处理

保持器用材料种类较多，其热处理工艺也不同，表 8-3 列举了其他金属材料保持架的热处理工艺。

表 8-3 其他材料保持架的热处理工艺

零件名称	材料	技术要求	工序名称	热处理工艺	备注
铆钉	ML15 或 ML20	消除加工硬化	软化退火	600~650，3~4，炉冷至200℃出炉空冷（温度/℃ — 时间/h）	需无氧化退火
保持架	45	241~285HBW	淬火回火	淬火后硬度>45HRC，840~860，1~1.5min/mm；570±10，1.5~2.0，空冷（温度/℃ — 时间/h）	—
锁圈	65Mn	53~55HRC，40~45HRC	淬火回火	淬火硬度>57HRC，820±5，1min/mm，油淬；150~160，2；270~430，0.5~1.5，空冷（温度/℃ — 时间/h）	为防止变形，淬火后先低温回火，再放入专用的夹具内回火
保持架	14Cr17Ni2	231~363HBW 或 255~302HBW	淬火回火	淬火硬度>57HRC，950~975，1~1.5min/mm；275~380，2~3（温度/℃ — 时间/h）	300℃×2h 回火，>35HRC（530~550）℃×1.5h 回火，235~277HBW
冲压保持架及铆钉	06Cr19Ni10 或 07Cr19-Ni11Ti	消除加工硬化（软化处理）	淬火	1100~1120，0.5~1.0，在<40℃水中冷却或在碳酸钢水溶液中冷却（温度/℃ — 时间/h）	—

（续）

零件名称	材料	技术要求	工序名称	热处理工艺	备注
冲压保持架	08、10	消除加工硬化	软化退火	温度/℃；600±10；3~5；冷至100℃出炉空冷；时间/h	需无氧化退火
保持架	S16SiCuCr 石墨钢	1）硬度:149~197HBW 2）显微组织:珠光体+石墨+少量铁素体，不允许有封闭网状碳化物 3）钢中化合碳量（总碳量）减去石墨碳含量 $w(C)=0.4\%$ 4）石墨形状:链状、球状或少量条状	退火（淬火回火）	温度/℃；760±10；2~4；30~50℃/h 冷至650℃出炉空冷；时间/h。温度/℃；860~870；油淬；1~1.5min/mm；690±10；2~10；空冷；时间/h	自润滑保持架
挡圈	08、10	氮碳共渗后，硬度>40HRC，渗氮层深度0.4~0.7mm，处理后表面应为均匀银白色	氮碳共渗	温度/℃；预热200~300；30~60s；氮碳共渗540~560；2~3；水冷；清洗≈100；时间/h。1）氮碳共渗保温时间:挡圈厚度<2.5mm时为2h；挡圈厚度为2.5~4mm时为2.5h；挡圈厚度为4~6mm时为3h 2）在5%~10%热碳酸钠水溶液中进行100%清洗150℃×3h回火	—
保持架	40CrNiMoA	33~37HRC	淬火和高温回火	温度/℃；850±5；油淬；1~1.5min/mm；580~600；2~3；空冷；时间/h	—
冲压保持架	H62	消除加工硬化	软化退火	温度/℃；600~650；0.5~3；时间/h。必须装箱密封退火，在退火箱出炉后待零件冷至100℃以下时开箱	冷加工后必须进行去应力退火，（270~300）℃×（2~3）h

（续）

零件名称	材料	技术要求	工序名称	热处理工艺	备注
保持架	QSi1–3	177～209HBW	固溶时效处理	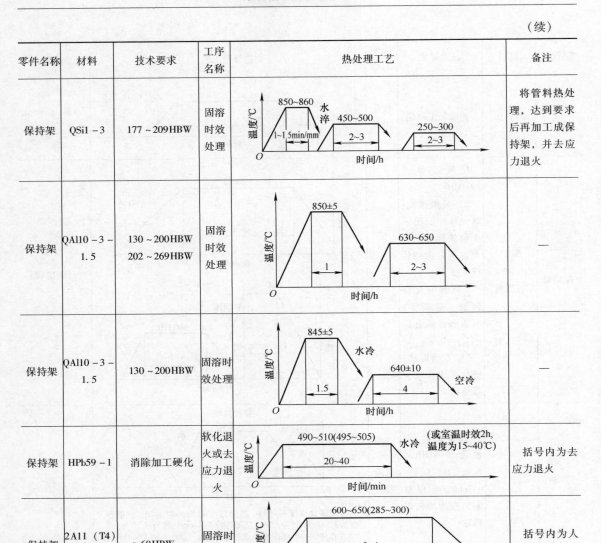	将管料热处理，达到要求后再加工成保持架，并去应力退火
保持架	QAl10–3–1.5	130～200HBW 202～269HBW	固溶时效处理		—
保持架	QAl10–3–1.5	130～200HBW	固溶时效处理		—
保持架	HPb59–1	消除加工硬化	软化退火或去应力退火		括号内为去应力退火
保持架	2A11（T4） 2A12（T4）	>60HBW	固溶时效处理		括号内为人工时效温度

【讨论和习题】

建议分组讨论，5 人左右为一组。各小组查阅资料并准备提纲，在讨论课上分享。

1. 讨论

总结讨论保持架服役特点及其必须具备的性能。

2. 习题

2.1 常用保持架材料及其应用范围是什么？

2.2 不锈钢制保持架为什么不能工作在 400～800℃温度下？

2.3 黄铜制保持架产生自裂的原因及防止办法是什么？

第9章 滚动轴承零件热处理工艺案例分析

【章前导读】

学习了轴承套圈和滚动体"四大类钢"的热处理、保持架热处理以及表面热处理原理，明白了轴承零件热处理基本原理，那么到底如何制定合适的热处理工艺呢？轴承热处理工艺的制定有什么需要遵循的原则吗？

本章在分析轴承热处理工艺编制原则的基础上，针对不同用途的轴承零件热处理工艺以案例形式进行分析。

9.1 轴承零件热处理工艺原则

热处理工艺是指零件热处理作业的全过程，包括规程的制定、工艺过程控制与质量保证、工艺装备以及工艺试验和质量检验等，通常说的热处理工艺是指工艺规程的制定。热处理工艺规程的编制是热处理工艺工作中最主要、最基本的内容，也是充分发挥材料力学性能和零件服役能力的关键。

轴承零件的热处理，同轴承其他生产工序一样，是保证轴承质量的重要环节。热处理工艺是指导热处理生产，保证技术要求，提高轴承内在质量的指导性文件，因此制定正确、合理的热处理工艺必须从企业实际出发，切实考虑企业技术水平、人员素质、管理水平等。随着轴承技术水平的不断发展，设备的不断更新，新材料、新技术的不断应用，热处理工艺也随之不断改进和完善。但是不管技术如何先进，热处理工艺制定应遵循工艺的先进性、合理性、可行性、经济性、可检查性、安全性和标准化7个原则。轴承热处理工艺编制在遵循以上7个基本原则的基础上，根据实际情况应遵循以下具体原则：

1）热处理工艺要结合本厂生产特点、产品的批量大小、设备的具体情况以及技术水平等生产实际情况合理编制。

2）热处理工艺编制应根据轴承零件的设计要求和热处理质量标准（如硬度、显微组织、尺寸稳定性、脱碳层、软点、变形、裂纹等）技术要求先确定正火、退火、淬火、回火、冷处理、附加回火、化学热处理等热处理工艺。然后，再相应地制定每个热处理工序的工艺规范和操作规程。在确定工艺参数和操作规程时，应考虑下述内容：

① 应根据钢种的化学成分、原始组织形态（晶粒度、碳化物形状、数量、大小和分布）确定工艺参数。

② 应根据轴承零件的结构、形状、大小以及有效厚度或有效直径确定工艺参数。

③ 应根据加热炉的功率大小、结构特点、加热介质（电加热空气炉、盐炉、可控气氛炉、真空炉）、炉温均匀性等具体条件确定工艺参数。

④ 应根据装炉量以及装炉方式等确定工艺参数。

⑤ 应根据冷却介质的种类、冷却条件及冷却方式确定工艺参数。

⑥ 编制返修工艺规范时，首先要掌握造成产品返修的原因以及返修可能出现的问题，并提出相应的防范措施。

3）编制新产品热处理工艺前，应先编制临时工艺；通过试验和试生产阶段，不断修改逐步完善临时工艺；再进行批量生产，直至稳定生产后，确定正规工艺。

4）热处理工艺的编制，要兼顾其他工序的工艺特点（如冲压、车削、磨削）及其影响，以保证工艺过程的进行。同时，也要考虑工艺上的先进性、技术上的可能性、质量上的可靠性和经济上的合理性。

5）热处理工艺的编制，应在保证质量的前提下，优化工艺以提高产量和劳动生产率，降低生产成本。

6）热处理工艺的编制，应根据安全制度，考虑人身和国家财产的安全。同时，应努力改善劳动条件，减轻劳动强度，做到文明生产。

图 9-1 所示是热处理工艺优化设计典型的程序。

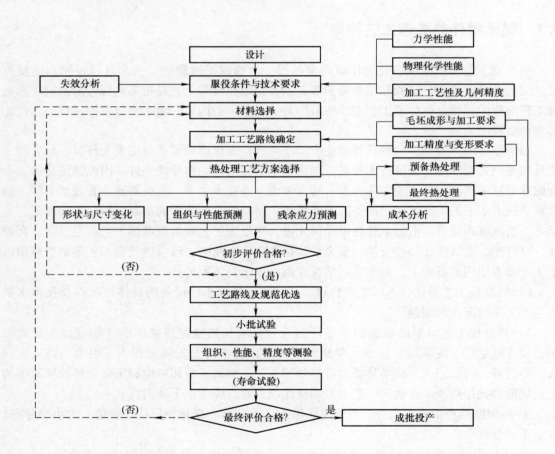

图 9-1　热处理工艺优化设计典型的程序

9.2　一般轴承零件热处理工艺

9.2.1　一般轴承零件热处理质量要求

1）硬度：GCr15 钢制套圈、滚子和滚针淬火后硬度达 63HRC 以上，回火后为 62 ~ 65HRC；GCr15SiMn 钢制套圈和滚子淬火后硬度达 62HRC 以上，回火后为 60 ~ 64HRC；直径大于 50mm 的 GCr15SiMn 钢制的钢球，淬火后硬度达 62HRC 以上，回火后为 60 ~ 64HRC。

硬度均匀性：套圈外径不大于 100mm，滚动体直径不大于 22mm，硬度差不大于 1HRC；套圈外径大于 100mm，滚动体直径大于 22mm，硬度差不大于 2HRC。

2）显微组织：淬、回火后的显微组织，应为隐晶和细小结晶马氏体、均匀分布的细小残留碳化物及残留奥氏体。不允许有过热组织、严重屈氏体组织存在，碳化物网状不允许超过规定级别。

3）裂纹：不允许有裂纹、氧化脱碳、软点和腐蚀坑等缺陷。

4）圆度：淬火、回火后的套圈的圆度应限制在规定范围内，钢球压碎载荷不得低于规定值。

5）回火稳定性：将回火后的零件用原回火工艺重新回火，在原测硬度附近复测，要求硬度下降不超过 1HRC，以检验回火是否充分。

9.2.2　一般轴承零件淬、回火工艺

一般轴承零件是指普通级和精密级套圈及滚动体（钢球、滚子）。由于采用的加热设备不同，淬、回火工艺的选择也不同。

轴承零件淬火加热采用电阻炉的种类较多。除钢球和部分直径较小的滚子在连续式滚筒电炉中加热外，其余轴承套圈和滚动体均在可控气氛连续式传送带式电阻炉、可控气氛多用炉（周期式）、可控气氛井式炉（周期式）、真空炉（周期式）中加热。很少使用箱式电阻炉（周期式），除非小批量生产或研究用。

1）加热：由于轴承零件在电阻炉中加热极易产生氧化和脱碳，为此，零件在加热前应进行清洗，并涂以 3% ~ 5% 的硼酸酒精溶液或往炉内通入可控气氛加以保护。

对于炉膛较长的连续式电阻炉，如传送带式、振底式电炉，由于受炉外空气的影响而使炉温不均匀，故往往采用三段控制炉温。根据电阻炉结构、性能特点的不同，所采用的淬火加热工艺规范也稍有差异。

2）冷却：除直径大于 13mm、小于 50mm 的钢球在 15 ~ 40℃ 的 10% ~ 15% 的苏打水溶液中冷却，其余轴承套圈和滚动体均在 30 ~ 90℃ 的全损耗系统用油中冷却。直径大于 25mm、小于 200mm 的易变形套圈采用自由落下静止冷却，易出现屈氏体的套圈（厚度大于 11mm）采用淬火机冷却以及强化冷却等，对于直径大于 400mm 的大型和特大型薄型套圈要采用带架冷却，壁厚的用搅拌器强化冷却，直径在 440 ~ 1100mm 的厚壁套圈用旋转淬火机冷却，直径大于 1100mm 的套圈均用带架冷却。

3）回火：回火温度为 150 ~ 180℃。套圈直径小于 440mm、滚子有效直径大于 50mm、钢球直径大于 50mm，保温时间为 4 ~ 6h；直径大于 440mm 的套圈，保温时间为 8 ~ 12h。

一般高碳铬轴承钢套圈热处理工艺见表 9-1，滚动体热处理工艺见表 9-2。

表 9-1 一般高碳铬轴承钢套圈热处理工艺

零件名称	牌号	主要热处理设备	淬火			清洗	回火	稳定化热处理	备注
			淬火温度/℃	总加热时间/min	冷却介质及冷却方法				
轴承套圈（直径<25mm）	GCr15	传送带式保护气氛炉或网带炉	830~850	保温按1.2~1.5min/mm	1）在80~100℃轴承专用淬火油（如KR468/498）的热油中冷却 2）真空淬火油（如KR348），40~60℃	淬火后在3%~5%金属清洗剂中清洗，液温80~100℃	150~180℃，2.5~3h	120~160℃，3~5h	
			840~850	15~20					
轴承套圈（25mm<直径<200mm）	GCr15	220kW（或170kW、130kW）可控气氛网带炉	套圈壁厚 Ⅰ区 Ⅱ区 Ⅲ区 3~5mm 840±10 835±5 840±5 5~8mm 845±10 840±5 845±5 8~12mm 850±10 840±5 850±5	40~60	1）在60~90℃的热油中冷却（如KR468~498） 2）对易畸变的套圈要关闭循环泵和上下窜动装置 3）对易出现软点的套圈（有效厚度>11mm）打开上下窜动和油循环冷却泵或搅拌泵，强化冷却效果	在3%~5%金属清洗剂中清洗，液温80~100℃	150~180℃，2.5~3h	120~160℃，3~5h	可控气氛的制备：由氮气、甲醇、丙烷组成，在工作炉内直生式制备，碳势0.8%~1.2%可调
		可控气氛箱式多用炉	套圈壁厚 保温时间 3~5mm：835~845 30~40 5~8mm：840~845 30~50 8~12mm：845~850 40~60 >12mm：850~860 50~70 850±10 840±5 850±5						
大型轴承套圈（直径>440mm）	GCr15-SiMn	可控气氛220kW传送带式炉	套圈壁厚 Ⅰ区 Ⅱ区 Ⅲ区 8~12mm 815±10 825±5 820±5 12~15mm 820±10 825±5 820±5 16~20mm 830±10 830±5 825±5 21~23mm 825±10 835±5 830±5	60~80	轴承专用淬火油（如KR108），油温60~90℃	同上	150~180℃，4~6h	120~160℃，2.5~3.5h	同上

（续）

零件名称	牌号	主要热处理设备	淬火			清洗	回火	稳定化热处理	备注
			淬火温度/℃	总加热时间/min	冷却介质及冷却方法				
大型轴承套圈（直径>440mm）	GCr15-SiMn	可控气氛多用箱式炉	套圈壁厚 8～12mm：820±5 12～16mm：825±5 17～30mm：835±5	50～70	轴承专用淬火油（如KR108），油温60～90℃	80～90℃水基金属清洗剂中清洗	150～180℃，4～6h	120～160℃，2.5～3.5h	
特大型轴承（直径440～2000mm）	GCr15-SiMn	预抽真空180kW井式炉	840～860	1）较薄的套圈：工件到温时间少于90min，保温时间20～25min 2）一般工件到温时间大于90min，保温时间为到温时间的1/3	1）轴承专用淬火油（如KR108） 2）开启油泵搅拌，强化冷却 3）套圈壁较厚，直径为400～1100mm，用旋转淬火机冷却3～5min 4）套圈直径大于1100mm时均带架冷却 5）杜绝压缩空气搅拌	同上	150～180℃，12h	120～160℃，4～8h	1）对易畸变的套圈淬火油冷后，出油温度应控制在80～120℃，热整形后方可清洗 2）带油沟的套圈淬火前需进行消除机加工应力退火，以防止产生裂纹，其工艺为600℃，8～10h
关节轴承套圈	GCr15	可控气氛多用箱式炉	840～850	35～50	超速淬火油（如KR108），70～90℃	同上	200～250℃，2.5～3.5h	120～160℃，2.5～3.5h	
中型轴承套圈（等温淬火）	GCr15	可控气氛多用炉	860～880	40～50	50% KNO₃＋50% NaNO₂盐浴，240℃×14h等温	同上	不进行回火	120～160℃，3～4h（粗磨、细磨后各一次）	贝氏体等温淬火零件的退火组织为点状或细粒状珠光体，套圈毛坯必须采用900℃正火和760～780℃快速退火工艺

表 9-2　一般高碳铬钢制滚动体的热处理工艺

零件名称	牌号	主要热处理设备	淬火				清洗	回火	备注
			滚动体尺寸/mm	淬火温度/℃	总加热时间/min	冷却介质及冷却方法			
钢球	GCr15	可控气氛滚筒炉	5.562~7.14	835±5	18~22	快速光亮淬火油，70~90℃，打开油循环泵搅拌	在温度为80~100℃的3%~5%金属清洗剂中清洗	150~180℃，3~4h	—
			7.14~9.13	835±5	22~26				
			9.13~12	845±5	26~30			150~180℃，3~5h	
			12~12.7	845±5	22~27				
			12.7~14.29	845±5	27~30				
			14.29~22.23	845±5	30~35				
			22.23~10.32	855±5	35~45				
			10.32~15.08	855±5	40~45				
			15.08~23.81	860±5	45~50				
			23.81~45	860±5	45~58				
			7.94	850±5	55min (65±1)kg			(150±5)℃，2h	
			12.7		60min (70±1)kg			(150±5)℃，3h	
			15.88		65min (70±1)kg			(150±5)℃，3h	
			19.05		60min (60±1)kg			(150±5)℃，3h	
			9.53		45min (40±1)kg			(150±5)℃，3.5h	
			17.46		45min (40±1)kg			(150±5)℃，3.5h	
钢球	GCr15-SiMn	可控气氛滚筒炉	50.88~76.2	835±5	1.5~2min/mm	轴承专用淬火油冷却	在温度为80~100℃的3%~5%金属清洗剂中清洗	150~160℃，4~8h	—
滚子	GCr15	网带炉	≤5	830~850	18~22	快速淬火油，60~80℃窜动或摇晃冷却	在温度为80~90℃的3%~5%金属清洗剂中清洗	150~180℃，2.5~3.5h	1) 为达到淬火硬度均匀性好，需要进行淬火前清洗（如KR-F600） 2) 对于0级、1级滚子均在淬火后进行-40~-70℃的冷处理，粗磨后应进行120~140℃、12h的稳定化处理
			5~8	830~850	20~24				
			8~10		22~26				
			10~14		24~30				
			6~10	830~860	29~35				
			10~15		35~37				
			15~22		37~40				

（续）

零件名称	牌号	主要热处理设备	淬火				清洗	回火	备注
			滚动体尺寸/mm	淬火温度/℃	总加热时间/min	冷却介质及冷却方法			
滚子	GCr15	网带炉	<6	835~840	保温时间 6~8	快速淬火油，60~80℃窜动或摇晃冷却	在温度为80~90℃的3%~5%金属清洗剂中清洗	150~180℃，2.5~3.5h	1）为达到淬火硬度均匀性好，需要进行淬火前清洗（如KR-F600）　2）对于0级、1级滚子均在淬火后进行-40~-70℃的冷处理，粗磨后应进行120~140℃、12h的稳定化处理
			6~11	845±5	保温时间 8~10				
			11~16	850±5	10~14				
			16~22	855±5	14~18				
滚针	GCr15	网带炉	所有滚针	845~835	30~45			150~180℃，2~3h	
滚子	GCr15-SiMn	回转式电炉	22~28	820~850	保温时间 14~16	超速淬火油，硝盐分级或等温淬火	在温度为80~90℃的3%~5%金属清洗剂中清洗	150~180℃，3~4h	—
		网带炉、多用炉、井式炉	22~25	830±5	14~16				
			25~30	835±5	15~17				
			30~35	835±5	16~18				
			35~40	840±5	17~19				
			>41	840±5	18~20				

9.3　高温回火轴承零件的热处理工艺

高温回火轴承是指在较高温度下工作的轴承。其不仅在较高温度下要有良好的尺寸稳定性，还要有较好的综合力学性能，尤其要保持一定的硬度以确保在高温下有足够的耐磨性和承受载荷的能力。一般硬度低于 62HRC 时，轴承的接触疲劳寿命随硬度值的减小而下降。一般 GCr15 钢制轴承实际使用温度在 200℃ 以下，超过此温度则不能满足高温回火轴承的力学性能和寿命要求。为此，必须对高温回火轴承提出更严格的要求：高温回火轴承应具有好的尺寸稳定性，以保证轴承在工作过程中不因组织的转变引起尺寸的变化；高温回火轴承在回火后，应具有较高的硬度值。

（1）高温回火轴承零件的技术要求

① 淬、回火质量要求与一般轴承零件相同。

② 回火后硬度见表 9-3。

（2）高温回火轴承零件热处理工艺

① 淬回火前的预备处理。要使高温回火轴承在回火后获得较高的硬度值，其锻件应采用正火和快速退火的工艺，以获得点状或细粒状珠光体，从而增加马氏体合金浓度，提高耐

回火性能。对于形状复杂的带油沟套圈，为了避免产生淬火裂纹，应在淬火前进行 250 ~ 350℃，2 ~ 4h 的消除应力的退火。二次淬火前应进行 590 ~ 670℃，3 ~ 4h 装箱密封去应力退火。

表 9-3　轴承零件高温回火后的硬度要求

回火温度/℃	硬度　HRC			备注
	套圈	钢球	滚子	
200	60 ~ 63	62 ~ 66	61 ~ 65	滚动体不高温回火
250	58 ~ 62	直径≤25.4mm 62 ~ 66 直径 >25.4mm 57 ~ 62	直径 <15mm 61 ~ 65 直径≥15mm 57 ~ 62	滚子直径 <15mm、钢球直径 <25.4mm 者不高温回火 超过上述尺寸的都进行高温回火
300	≥55	≥54	≥54	滚动体和套圈全部高温回火
350	≥53	≥52	≥52	同上
400	≥50	≥49	≥49	同上
450	≥48	≥45	≥45	同上

② 淬、回火工艺规范。高温回火轴承零件的淬火工艺与一般轴承零件相同。

目前，尚有一部分滚动体不经高温回火，与一般轴承滚动体回火相同。因此，整套轴承零件硬度差异较大，严重影响轴承使用寿命。为了提高高温回火轴承的使用寿命，滚动体应与套圈采用相同的回火工艺。

高温回火轴承零件粗磨后经 150℃或采用比回火温度低 50℃的温度进行附加回火。

9.4　铁路轴承零件的热处理工艺

铁路轴承包括铁路机车滚动轴承（机车转向架轴箱轴承、牵引电机主发电机轴承、传动系统轴承）以及安装在客车、货车轴箱或车轮上的轴承等。铁路轴承工作条件较恶劣：承受高温（120 ~ 150℃）、高速（5000r/min）、高载荷（承受径向力、轴向力及冲击力，且受力不均）作用。要求铁路轴承热处理后具备高而均匀的硬度、高的强度和冲击韧性、较好的尺寸稳定性、好的耐磨性和耐疲劳性等，因此一般采用电渣重熔钢 ZGCr15、ZGCr18Mo、ZG20CrNi2MoA 等。

1. 铁路客车轴箱轴承零件热处理

套圈采用直径为 80mm、120mm 的棒料 ZGCr18Mo 锻造而成，锻造后需进行球化退火，退火后硬度满足 179 ~ 217HBW，显微组织满足 GB/T 34891—2017 第 2、3级要求。工艺如图 9-2 所示。一般套圈采用贝氏体等温淬火工艺，淬火后硬度为 58 ~ 62HRC，同一零件硬度差 ≤1HRC。滚子的硬度（ZGCr15）为 59 ~ 64HRC。

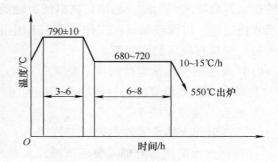

图 9-2　ZGCr18Mo 球化退火工艺

显微组织按 GB/T 34891—2017 评定。套圈尺寸变化为外径胀大 0.3% ~ 0.5%。工艺如图 9-3 所示。

ZGCr18Mo 准高速铁路客车轴承套圈的热处理均在 REDS 270 - CN 可控气氛辊底炉上进行。淬火炉膛可放置 15 个料盘，等温槽可容纳 72 个料盘（3 层）。淬火槽介质（质量分数）为 50% NaNO$_2$ + 50% KNO$_3$，另加 1% ~ 1.5% 的水调节冷却速度。等温槽介质（质量分数）为 50% Na$_2$NO$_2$ + 50% KNO$_3$。其工艺过程包括：上料台保护气氛辊底炉加热→淬火槽→等温槽→风冷却台→热水清洗→漂洗→烘干→卸料。

贝氏体等温淬火后套圈外径胀大，其胀大量按直径的 0.3% ~ 0.5% 变化。其变化量应考虑套圈的磨量。

圆柱滚子的热处理在可控气氛电炉中进行，淬火并经 200℃ 回火后硬度为 60 ~ 64HRC，粗磨后进行稳定化处理，200℃ × (4 ~ 6)h 回火。

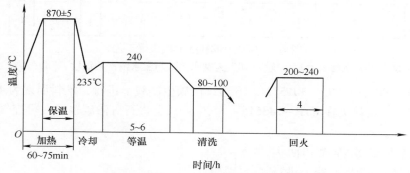

图 9-3　ZGCr18Mo 贝氏体等温淬火工艺

2. 铁路货车轴箱轴承的热处理

铁路货车轴箱轴承要承受冲击载荷等，因此内外圈均采用渗碳轴承钢 G20CrNi2MoA，由直径为 80mm 和 120mm 的棒料锻造而成，圆锥滚子采用 ZGCr15 钢制造。

锻件的热处理为正火 + 高温回火，或高温回火。锻造始锻温度为 (1180 ± 25)℃，终锻温度为 880 ~ 930℃。锻后硬度高，难以切削加工，需进行正火 + 高温回火处理，其工艺曲线如图 9-4 所示。采取上述工艺处理后，硬度为 163 ~ 202HBW。

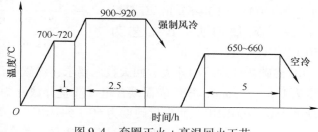

图 9-4　套圈正火 + 高温回火工艺

G20CrNi2MoA 内外圈渗碳后满足：成品零件渗碳层深度为 1.5 ~ 2.3mm，热处理后有效渗碳层深度为 1.8 ~ 2.6mm（测至 550HV 处）；零件表面 $w(C)$ 为 0.90% ~ 1.10%；表面硬度应达到 60 ~ 64HRC，心部硬度满足 32 ~ 48HRC；显微组织为细小结晶马氏体、均匀分布的碳化物，不允许出现网状或块状碳化物，心部组织为板条马氏体，不允许出现块状铁素体组织。

套圈渗碳热处理工艺如图 9-5 所示。

① 渗碳一次淬火热处理的技术要求：渗碳层深度为 1.8 ~ 2.4mm；表面碳浓度（质量分数）为 0.85% ~ 1.05%；表面硬度为 62 ~ 66HRC，心部硬度为 35 ~ 45HRC。

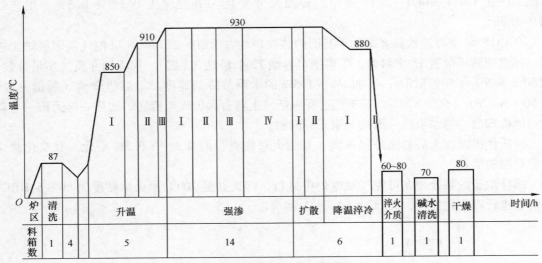

图 9-5   G20CrNi2MoA 套圈渗碳工艺

注："60～80"为淬火冷却介质温度，"70"为碱水清洗与温水清洗液温度，"80"为干燥温度。

渗碳是在 CTP－13－35－301522－AS 连续渗碳生产线上进行，推料周期为 40min。渗碳工艺见表 9-4，一次淬火在 CTP－243615－AS 生产线上进行。渗碳也可在可控气氛井式渗碳炉中进行。

② 轴承套圈二次淬火和回火，在 CTP－243615－AS 生产线上进行，推料周期为 7min，淬火在 40～60℃ KGZ－1 快速淬火油中喷油冷却 1min，其工艺如图 9-6 所示。回火在 RJC－65－3 循环空气回火炉中进行，其工艺为 170℃×（3～6）h。套圈粗磨后进行附加回火，其工艺为 （150±10）℃×（3～5）h。

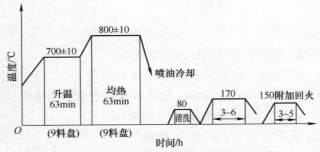

图 9-6   G20CrNi2MoA 套圈二次淬回火工艺

③ 渗碳热处理后的淬火、回火技术要求：渗碳层深度为 1.8～2.6mm，成品零件渗碳层深度为 1.5～2.3mm；零件表面碳含量（质量分数）为 0.85%～1.05%；二次淬火后零件表面硬度为 62～66HRC，回火后硬度为 60～64HRC，心部硬度为 35～45HRC；二次淬火、回火（最终）后表面显微组织为细小结晶马氏体、均匀分布的碳化物及残留奥氏体；心部组织为板条马氏体。

表 9-4   连续式各区保护气与渗碳炉载富化气量和 CO_2 间关系

气体类别	反应炉	升温区			强渗区				扩散区		保护气流量 /（m^3/h）
		Ⅰ	Ⅱ	Ⅲ	Ⅰ	Ⅱ	Ⅲ	Ⅳ	Ⅰ	Ⅱ	
吸热式气量/（m^3/h）	—	5	5	5	20	20	20	20	11	11	117
丙烷量/（m^3/h）	—	6	0	0	0.28～0.34	0.18～0.32	0.18～0.24	0.15～0.20	—	0	—
$w(CO_2)$ 控制值（%）	0.4	—	—	—	—	0.235	—	—	0.14～0.16	—	—

9.5　超精密轴承零件的热处理工艺

超精密轴承，特别是 P2、P4 级轴承要求高精度、高转速（30 万 ~ 40 万 r/min）、低摩擦力矩、长寿命、耐磨以及高尺寸稳定性等。主要用于精密仪器仪表、高精度机床主轴、电机主轴轴承等。一般选用 GCr15、GCr15SiMn 钢。

（1）超精密轴承零件热处理技术要求

① 一般采用电渣重熔或真空冶炼钢，以保证钢材的高纯度、致密性及均匀性。

② 淬、回火后硬度：套圈、滚子为 61 ~ 65HRC，钢球为 62 ~ 66HRC。同一零件硬度差不超过 1HRC，同批零件硬度差不超过 2HRC。

③ 淬、回火后的显微组织为隐晶马氏体和均匀分布的细小残留碳化物及少量残留奥氏体组成（按 JB 1255 规定）。

④ 验证回火硬度降低不允许超过 1HRC。

（2）超精密轴承零件热处理工艺

① 预备处理。轴承套圈毛坯先经正火和快速退火，细化原始组织，为淬火做组织准备。

② 淬、回火工艺。超精密轴承零件对氧化脱碳要求较高，故零件应在保护气氛炉或真空炉中进行加热。淬火加热温度取中、下限，并适当延长保温时间，从而减少残留奥氏体和淬火变形。套圈有效壁厚 ≤8mm，在 120 ~ 170℃，热油中分级淬火；有效壁厚 >8mm，在 30 ~ 90℃，淬火油中手串或用旋转淬火机冷却。

超精密轴承零件淬火后，尤其分级淬火后保留了较多的残留奥氏体，为提高尺寸稳定性需进一步降低残留奥氏体含量，需零件淬火出油空冷至室温后 30min 内进行 -70℃ ×（1 ~ 1.5）h 的冷处理。根据零件的不同要求，可以适当提高回火温度，延长保温时间，或磨削后进行二次稳定化处理。对于 P2、P4 级轴承零件，要求残留奥氏体含量不大于 5%（质量分数）。超精密轴承零件热处理工艺见表 9-5。

表 9-5　超精密轴承零件在真空炉（网带炉）中热处理工艺

材料	零件名称	淬火			清洗	冷处理	回火	稳定化处理
		淬火温度/℃	加热时间/min	冷却介质及冷却方法				
GCr15、GCr15SiMn	P4 级轴承套圈	GCr15：835 ~ 850　GCr15SiMn：810 ~ 830	45 ~ 60	① 套圈壁厚小于 8mm 在轴承专用淬火油（如 KR498），关闭循环泵和窜动 ② 套圈壁厚大于 8mm，在 80 ~ 90℃油温中（如 KR468），打开循环泵调至中档位置，进行窜动机频率调整	在 80 ~ 90℃ 的 3% ~ 5% 金属清洗剂中清洗	-60 ~ -70℃，1 ~ 1.5h	160 ~ 200℃，3 ~ 4h	粗磨后：140 ~ 180℃，4 ~ 12h
GCr15、GCr15SiMn	P2 级轴承套圈					-70℃，1 ~ 1.5h	150 ~ 160℃，3 ~ 4h	细磨后：120 ~ 160℃，6 ~ 24h

9.6　微型轴承零件的热处理工艺

微型轴承是指外径小于 26mm 或内径小于 9mm 的轴承。微型轴承具有高灵敏度、高精度、长寿命等特点。它主要用于导航仪表、微型电机、计算机、自动手表等设备。微型轴承热处理后应有高且均匀的硬度、耐磨性以及高尺寸稳定性。由于接触应力小（小于1960MPa），不易产生剥落，失效形式主要是磨损。微型轴承的钢种主要有 HGCr15、G95Cr18、GW18Cr5V、GCr4Mo4V 和 GW9Cr4V2Mo，热处理技术要求见表9-6。一般采用保护气氛或真空热处理，真空淬火工艺参数及热处理工艺见表9-7 和表9-8，微型轴承热处理工艺曲线如图9-7 所示。

表 9-6　微型轴承零件热处理技术要求

零件名称及材料	技术要求		
	金相组织	硬度	表面质量
套圈 HGCr15	按 JB/T 1255 要求	61～65HRC（739～856HV），同一零件不同三点硬度差应不大于1HRC	① 表面呈银白色 ② 不得有氧化、脱碳、黑斑、裂纹、软点和锈蚀
钢球 HGCr15		62～66HRC（766～906HV），其他同上	
套圈钢球 G95Cr18、G102Cr18Mo	按 JB/T 1460 要求	≥58HRC（664HV），其他同上	油淬表面是黄色，允许有油淬引起的黑色层。其他同上
套圈 GCr4Mo4V	按 JB/T 2850 要求	60～65HRC	表面应为银白色，不得有氧化和脱碳
钢球 GCr4Mo4V		61～66HRC	
套圈 GW18Cr5V	按 JB/T 11087 要求	61～65HRC	表面应为银白色，不得有氧化和脱碳
钢球 GW18Cr5V		61～65HRC	
套圈 GW9Cr4V2Mo	按 JB/T 11087 要求	61～65HRC	表面应为银白色，不得有氧化和脱碳

表 9-7　微型轴承零件真空淬火工艺参数

零件名称及材料	装炉量/kg	加热						冷却					
		低温预热		中温预热		最终加热		气冷			油冷		
		T_1/℃	τ_1/min	T_2/℃	τ_2/min	T_3/℃	τ_3/min	压力/MPa	时间/min	终止温度/℃	压力/MPa	时间/min	油温/℃
套圈 HGCr15	5	500	15	730	30	840～850	35～50	—	—	—	0.04	3～5	50～60
	10						35～60						
	15						40～60						
钢球 HGCr15	2	500	15	730	30	840～850	30～50						
	7						30～60						
	11						30～60						
套圈 G95Cr18	5	600	10	850	30～40	1070～1080	20～25						
	10				50～70		25～30						
	15				80～100		25～30						
钢球 G95Cr18	5	600	10	850	40～50	1070～1080	20～30						
	7				60～70								
	11				90～110								

（续）

零件名称及材料	装炉量/kg	加热						冷却					
		低温预热		中温预热		最终加热		气冷			油冷		
		T_1/℃	τ_1/min	T_2/℃	τ_2/min	T_3/℃	τ_3/min	压力/MPa	时间/min	终止温度/℃	压力/MPa	时间/min	油温/℃
套圈、钢球 GCr4Mo4V	5	600	10	850	40~50	1080~1100	20~30	—	—	—	0.04	3~5	50~60
	7				60~70								
	11				90~110								
套圈、钢球 GW18Cr5V	3	600	20	850	10	1260~1270	12~15	0.093	10~15	室温	—	—	—
	5		30		15		15~20		10~15		—	—	—
	7		40		20		20~25		10~15		—	—	—
	10		50		25		25~30		2~3	800~900	0.093	3~5	50~60
套圈、钢球 GW9Cr4V2Mo	3	600	30	850	15	1190~1200	15~20	0.093	10~15	—	—	—	—
	5		40		20		20~25		10~15		—	—	—
	7		50		25		25~30		2~3	800~900	0.093	3~5	50~60

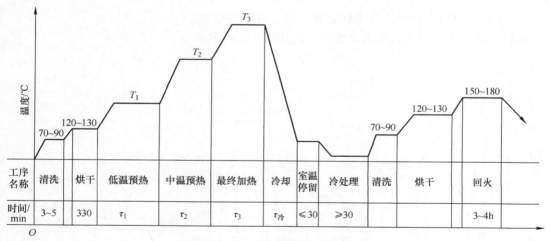

图 9-7 微型轴承热处理工艺曲线

表 9-8 微型轴承零件热处理工艺

零件名称	热处理设备	淬火规范			冷处理	回火	附加回火
		温度/℃	时间/min	冷却介质和方法			
套圈	可控气氛输送带式炉和网带炉	835~850	壁厚<1mm：10~12 壁厚1~1.5mm：12~15 壁厚1.5~2.5mm：15~20	在80~100℃轴承专用淬火油中冷却（如KR498）	流动冷水冲洗后-60~80℃保持1~2h	150~180℃，3~4h	120~160℃，6~8h，2次
钢球	可控气氛滚筒炉	840~850	直径<1mm：8~10 直径1~1.5mm：10~12 直径1.5~3.175mm：12~16	在80~100℃轴承专用淬火油中冷却（如KR108）			

9.7 超轻、特轻系列轴承套圈的热处理工艺

超轻、特轻轴承套圈（外径与内径比值≤1.143）是指壁极薄的套圈。这种套圈在淬火时最易变形，因此，必须采用特殊的热处理工艺，使变形控制在质量要求范围内。其工艺如下：

1）轴承套圈毛坯应进行正火和球化退火以获得较细小的原始组织，来减少淬火变形。

2）车加工后进行去应力退火。

3）为了防止氧化、脱碳，应采用可控气氛保护、真空加热。空气炉加热零件时，应涂硼酸酒精加以防护。加热时，应尽可能采取有效措施，防止零件在加热时产生变形。

4）淬火温度选用下限，并适当延长保温时间来确保硬度，减少变形。

5）对有效壁厚≤8mm 的套圈，用 120～170℃，热油分级淬火，或 80～120℃ 热油淬火和压模淬火等；有效壁厚＞8mm，采用 30～90℃ 淬火油手串或搅拌冷却。不可采用旋转淬火机冷却，否则套圈翘曲变形增大。

6）淬火后变形超过规定范围，应采用重物压平法和胎具压紧法整形。整形后再进行回火。

7）操作时要轻拿轻放，使零件受热均匀，以减小变形。

超轻、特轻系列轴承套圈的热处理工艺如图 9-8 所示。

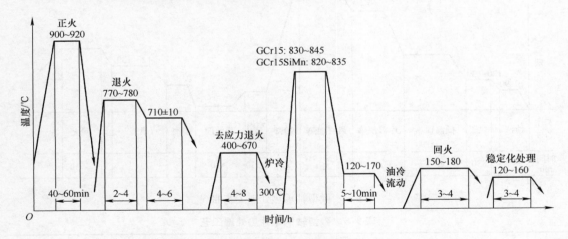

图 9-8 超轻、特轻系列轴承套圈的热处理工艺

9.8 冲压外圈滚针轴承碳氮共渗热处理工艺

1. 冲压外圈滚针轴承热处理要求

冲压外圈滚针轴承热处理要求按照 JB/T 7363《滚动轴承 低碳钢轴承零件碳氮共渗热处理技术要求》执行。具体要求见表 9-9、表 9-10 和表 9-11。

表9-9　碳氮共渗（或渗碳）直接淬回火后表面硬度和心部硬度

产品类型	钢种	硬度　HV		
		淬火	回火	
		表面硬度	表面硬度	心部硬度
保持架	碳素结构钢	≥713	380～620	140～350
	合金结构钢	≥713	420～650	270～380
冲压外圈	碳素结构钢	≥766	664～856	140～450
	合金结构钢	≥766	664～856	270～450

表9-10　碳氮共渗（或渗碳）总硬化层深度

产品类型	壁厚/mm	总硬化层深度/mm	
		碳素结构钢	合金结构钢
保持架	<0.5	0.02～0.07	0.05～0.12
	0.5～1.0	0.02～0.15	0.07～0.15
	>1.0	0.02～0.15	0.08～0.20
冲压外圈	≤0.5	0.07～0.18	
	0.5～1.0	0.08～0.25	
	>1.0	0.15～0.30	

表9-11　最终热处理后零件的直径变动量

零件外径/mm	直径变动量/mm
<25	≤0.02
25～50	≤0.03
>50	<0.05

2. 冲压外圈滚针轴承热处理工艺

滴注式渗碳气氛：用97%（质量分数）工业甲醇（CH_3OH）在820℃以上温度通入炉内，裂解形成保护气氛（称为载气），然后通入纯度为99.9%的化学纯乙醇（C_2H_5OH）或丙酮作为富化气形成渗碳气氛，控制碳势$w(C)$为0.80%～1.10%。若碳氮共渗还需向炉内通入氨气（NH_3），其量控制在0.5%～3%（炉内容积）。设备为可控气氛网带炉。

装炉方法：零件外径<25mm时，允许散装，均匀摆放一层进入炉内。零件外径>25mm时，零件之间应有一定间隙且排放整齐进入炉内。

加热温度：渗碳温度为（870±10）℃，共渗温度为（850±5）℃，时间为50～60min，按渗层深度确定。

冷却：淬火油控制在60～90℃，静油冷却，以减少变形。对于易变形的零件，油温控制在100～120℃。

1）08、10、15、20钢冲压的BK、HK型冲压滚针轴承零件在网带炉内的化学热处理工艺见表9-12。

2）20 钢制冲压外圈碳氮共渗（或渗碳）与回火工艺曲线如图 9-9 所示。

3）所有低碳钢制保持架碳氮共渗与回火工艺曲线如图 9-10 所示。

4）合金结构钢 15CrMo 制轴承零件碳氮共渗（或渗碳）热处理工艺规程。

① 合金结构钢 15CrMo 制薄壁冲压外圈在毛坯拉深时极易产生裂纹等缺陷，因此必须进行去应力退火。

表 9-12 BK、HK 型冲压滚针轴承零件在网带炉内的化学热处理工艺

技术要求	热处理工艺	备注
外圈碳氮共渗 1）碳氮共渗直接淬火后表面硬度应为766HV 以上，回火后应为664～856HV 2）渗层深度根据图样要求 3）渗层的显微组织应为细小针状马氏体和少量残留奥氏体，心部为基体组织 4）畸变量要求：尺寸变化不超过0.02mm，圆度不超过 0.04mm 5）表面为银灰色 6）碳氮共渗深度： 壁厚＜0.50mm：0.10～0.18mm 壁厚=0.5～1.0mm：0.15～0.25mm 壁厚＞1.0mm：0.18～0.30mm	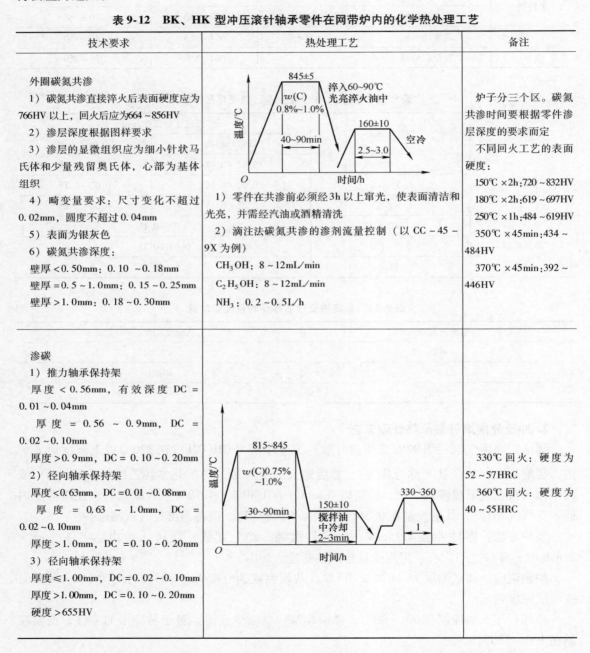 1）零件在共渗前必须经 3h 以上窘光，使表面清洁和光亮，并需经汽油或酒精清洗 2）滴注法碳氮共渗的渗剂流量控制（以 CC－45－9X 为例） CH_3OH：8～12mL/min C_2H_5OH：8～12mL/min NH_3：0.2～0.5L/h	炉子分三个区。碳氮共渗时间要根据零件渗层深度的要求而定 不同回火工艺的表面硬度： 150℃×2h：720～832HV 180℃×2h：619～697HV 250℃×1h：484～619HV 350℃×45min：434～484HV 370℃×45min：392～446HV
渗碳 1）推力轴承保持架 厚度＜0.56mm，有效深度 DC＝0.01～0.04mm 厚度=0.56～0.9mm，DC＝0.02～0.10mm 厚度＞0.9mm，DC＝0.10～0.20mm 2）径向轴承保持架 厚度＜0.63mm，DC＝0.01～0.08mm 厚度=0.63～1.0mm，DC＝0.02～0.10mm 厚度＞1.0mm，DC＝0.10～0.20mm 3）径向轴承保持架 厚度≤1.00mm，DC＝0.02～0.10mm 厚度＞1.00mm，DC＝0.10～0.20mm 硬度＞655HV		330℃回火：硬度为52～57HRC 360℃回火：硬度为40～55HRC

去应力退火应满足：用小载荷维氏硬度计，直接在零件的平整端面上测试，硬度应小于 128HBW（或 140HV、78HRB）；表面允许存在少量氧化皮，应采用窘光法去除。去应力退

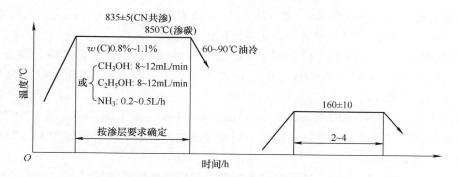

图 9-9　20 钢制冲压外圈碳氮共渗（或渗碳）与回火工艺

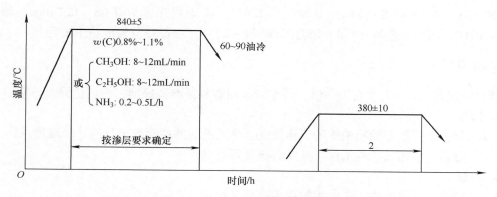

图 9-10　08、10、15、20 钢制保持架碳氮共渗与回火工艺

火工艺如图 9-11 所示。通常在箱式炉或井式炉内进行（若能采用保护气氛或在真空炉中执行工艺则更为理想），应防止零件严重氧化、脱碳。去应力退火保温结束后，随炉冷却 40～60min 后取出，空冷到室温后将零件从容器内取出。

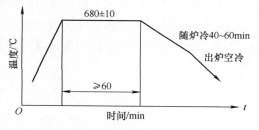

图 9-11　15CrMo 钢制冲压外圈的去应力退火工艺

② 最终热处理工艺规程。冲压外圈低温渗碳工艺温度为（800±5）℃，也可采用（840±5）℃碳氮共渗工艺，但制定工艺及生产过程中必须考虑到尺寸胀缩等因素。车制保持架碳氮共渗工艺温度为（850±5）℃。低温渗碳及碳氮共渗工艺时间根据渗层深度要求确定。

冲压外圈采用（160±10）℃×2h 低温回火工艺。车制保持架采用（580±20）℃×（1～2）h 高温回火工艺。

5）08、10、15CrMo 保持架氮碳共渗的技术要求。硬度满足 360～600HV；硬度随工艺温度的提高而降低，但工艺温度必须控制在相变温度以下，否则就变成低温碳氮共渗了；白亮渗层为 0.005～0.01mm。

氮碳共渗气氛为乙醇和氨气，可在连续式网带炉（或渗碳炉）中进行。

08、10 钢冲压保持架采用渗碳热处理，渗碳温度为（845±5）℃，渗碳时间根据产品图样要求而定，通常加热 60~90min。在 120~150℃油中进行分级淬火。回火工艺按零件硬度来选择，如 52~57HRC 用 330℃×1h，40~55HRC 用 360℃×1h。

6）渗碳热处理。15CrMo 钢制摩托车大头连杆冲压滚针保持架渗碳层满足 0.08~0.10mm；表面硬度为 410~590HV，中心硬度为 >270~350HV；表面 $w(C)$ 为 0.7%~0.9%，变形量 ≤0.03mm。

其最佳工艺为：(840±5)℃×(45~60)min 渗碳→60~90℃油淬→清洗 +350℃×2h 回火。渗碳在可控气氛网带炉中进行，渗剂采用滴注法炉内裂解。甲醇流量为 10~15mL/min。乙醇流量为 5~8mL/min。

7）08、10、15CrMo 钢冲压外圈渗碳热处理。渗碳在可控气氛连续网带炉中进行。渗碳温度为Ⅰ区 870℃，Ⅱ区 870℃，Ⅲ区 840℃；时间为 30~60min；油淬。气氛：甲醇 7L/h，丙烷 260L/h。碳势 $w(C)$ 控制在 0.80%~1.0%。渗碳层深度为 0.08~0.14mm，硬度为 710~810HV。回火工艺为 (150~160)℃×(1~2)h，在循环空气电炉中进行。

【讨论和习题】

建议分组讨论，5 人左右为一组。各小组查阅资料并准备提纲，在讨论课上分享。

1. 讨论

1.1　分析铁路客车轴箱轴承的工作特点、热处理后的性能要求及其热处理特点。

1.2　分析超精密轴承的工作特点及其热处理特点。

2. 习题

2.1　轴承零件热处理工艺的编制原则是什么？

2.2　超精密轴承为什么要进行冷处理？

2.3　铁路货车轴箱轴承内外圈渗碳后的要求是什么？

2.4　一般轴承零件热处理显微组织是什么？

2.5　高温回火轴承零件预备热处理的目的是什么？

第10章　滚动轴承零件热处理主要设备

【章前导读】

机床有"工业母机"之称，其性能决定着所加工零件的性能。那么对于轴承热处理而言，轴承零件热处理设备性能优劣直接决定着轴承零件热处理质量好坏，那么轴承零件热处理设备有哪些呢？其技术指标是什么呢？

本章主要介绍热处理加热和冷却设备的分类，对不同加热设备和冷却设备的结构、特点、技术参数等进行了概述。

轴承热处理直接关系着后续的磨削质量，并最终影响轴承服役性能及寿命，而轴承的热处理设备直接影响轴承热处理质量，如过热、欠热、裂纹、脱碳、磕碰伤以及尺寸超差等。我国轴承行业热处理设备发展经历了空气炉→保护气氛炉＋真空炉→可控气氛炉＋真空气氛炉，现阶段可控气氛炉占比 50% 以上。在滚动轴承的生产中，首先原材料的选择要合适，其次加工精度要求高。除合理选用热处理工艺外，还要有相应的热处理设备。因此，对热处理设备提出如下要求：

1）加热炉的加热体布置应合理，连续炉的各区功率安排应合理。

2）热处理设备所采用的耐热和绝热材料要根据实际情况确定，密封性要好，散热应符合技术条件要求。

3）热处理设备应配有灵敏、精确的控制仪表。

4）热处理设备应尽量自动化，降低操作工人劳动强度。

5）热处理设备要定期进行大、中、小修，以确保设备的可靠性。

6）热处理设备所使用的各种气氛及渗碳剂等，应环保无公害。

7）开启热处理设备的炉门时，要断开电源，做到操作安全、可靠。

8）设备安装时要慎重考虑，不宜经常搬迁，搬迁会影响加热炉的使用寿命。设备高温停炉时，不得开启炉门快冷。

10.1　热处理设备分类

热处理设备的种类很多，应根据零件材料和设计要求以及具体的热处理特点来选用相应的设备。一般而言，热处理设备是由主要设备和辅助设备两部分组成。其中，主要设备包括加热设备、冷却设备，辅助设备主要是完成各种辅助工序、生产操作、动力供应所用设备。因此热处理设备是一个零件热处理系统的总称，它们在零件的热处理过程中的作用有很大的区别，根据零件的技术要求来正确认识和选择符合要求的热处理设备是十分重要的工作，必须认真对待。热处理工作者尤其是工艺编制人员，需要有较高的理论水平和丰富的实践经验，同时能够本着经济、实用、便于操作、质量稳定、机械化或自动化程度高等原则，确定和选用最佳的热处理设备。

热处理炉通常按以下几种方法分类：操作方式、热处理工艺、加热方法、物料传动系统等，见表10-1。按照热处理工艺分类见表10-2。

表10-1　热处理炉的分类

操作方式	间歇式操作	台车式炉、箱式炉、升降式炉、井式炉、真空炉、转底式炉、罩式炉、离子炉、电子束炉、激光炉、翻转式炉、马弗炉、吊盖式炉、流化床炉、龙门架炉
	连续式操作	推杆式炉、车盘式炉、辊底式炉、振底式炉、步进式转底炉、传送带式炉、螺旋输送炉、连续式网带炉、往复式回转炉、转筒式炉、链式炉
加热方法		燃料炉、电阻炉、感应加热炉、盐浴炉、流化床炉
热处理工艺		正火炉、退火炉、淬火炉、回火炉、渗碳炉、渗氮炉、碳氮共渗炉
物料传送系统		传送带式炉、辊底式炉、推杆式炉、台车式炉、滚筒式炉

表10-2　热处理炉按照热处理工艺分类

热处理工艺	热处理炉
退火	罩式炉、箱式炉、电阻炉、台车式炉、立式炉、传送带式炉、升降式炉、井式炉、推杆式炉、螺旋输送炉、振动式炉、真空炉
奥氏体化	整体淬火炉
等温淬火	传送带式炉、盐浴炉
淬火	罩式炉、箱式炉、电阻加热炉、台车式炉、传送带式炉、升降式炉、流化床炉、感应热处理设备、整体淬火炉、井式炉、推杆式炉、辊底式炉、盐浴炉、螺旋输送炉、振动式炉、真空炉
回火	罩式炉、箱式炉、台车式炉、立式炉、传送带式炉、升降式炉、流化床炉、螺旋输送炉、振动式炉、真空炉
正火	箱式炉、台车式炉、立式炉、整体淬火炉、井式炉、推杆式炉、电阻加热炉、辊底式炉、盐浴炉、振动式炉
渗碳	罩式炉、流化床炉、离子炉、井式炉、推杆式炉、真空炉
碳氮共渗	立式炉、传送带式炉、流化床炉、整体淬火炉、离子炉、井式炉、推杆式炉、电阻加热炉、辊底式炉、盐浴炉、振底式炉、真空炉
氮碳共渗	流化床炉、整体淬火炉、离子炉、井式炉、推杆式炉、盐浴炉
渗金属	推杆式炉、真空炉

根据滚动轴承零件热处理工艺特点，滚动轴承主要热处理设备根据工艺用途分类见表10-3。

表10-3　滚动轴承零件主要热处理设备分类（热处理工艺）

热处理工艺	热处理炉
退火和正火	箱式炉、井式炉、台车式炉、推杆式炉
淬火	传送带式炉、辊底式炉、推杆式炉、箱式炉、真空炉、井式炉（渗碳、渗氮）
回火	箱式炉、井式炉
冷处理	冷冻箱、冷冻机
局部热处理	感应热处理设备、激光热处理设备

10.2　箱式炉

箱式炉在热处理生产用炉中占有一定的比例，这种设备适用于退火、正火、淬火和渗碳等热处理操作。设备的优点是应用较广泛，操作技术容易掌握，操作比较方便。但同其他连续式炉相比尚存在下列不足：劳动强度大，生产率低，仅适用于小批量生产。箱式炉按其结构和使用温度可分为中温箱式炉、金属电热元件的高温箱式炉、碳化硅电热元件的高温箱式炉三大类。零件靠加热元件的辐射加热。热电偶垂直安插在炉上中部。检测温度时将热电偶插入窥视孔或炉顶端。淬火的冷却油槽安装在加热炉左右两侧，油槽距加热炉的距离为 800~1000mm。

箱式炉在工作时，零件离电热体距离不小于 50mm，零件离炉后墙距离不小于 100mm，零件离炉门距离不小于 350mm。为使零件加热均匀，在临近保温时零件要调整位置。

中温箱式炉应用十分广泛，使用温度一般在 700~900℃，用于退火、正火、调质、渗碳、淬火、回火和时效等。图 10-1 所示为中温箱式炉的结构。表 10-4 所列为其型号及技术参数。高温箱式炉应用不多，一般温度可达 1300℃，结构和中温箱式炉相似。但是由于加热温度高，零件在加热过程中易氧化和脱碳，因此需要通入保护气氛等。表 10-5 和表 10-6 所列分别为金属和非金属电热元件的高温箱式炉的型号及技术参数。低温箱式炉最高工作温度一般为 650℃，大多用于零件的回火和时效处理。

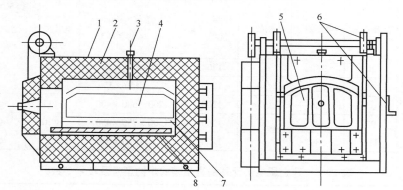

图 10-1　中温箱式炉的结构
1—炉壳　2—炉衬　3—热电偶　4—炉膛　5—炉门
6—炉门升降机构　7—电热元件　8—炉底板

箱式炉由炉体和电气控制柜组成。炉体由炉架和炉壳、炉衬、炉门、电热元件及炉门升降机构等组成。电热元件多布置在两侧墙上和炉底。

炉内温度均匀性状态，主要受电热元件布置、炉门的密封和保温等状态的影响，通常炉膛前端温度较低。工件在高、中温箱式炉中加热，主要靠电热元件和炉壁表面的热辐射。为提高这类炉子的传热效果，生产中采取如下措施：

1）提高炉门密封性，或在炉门内侧加电热元件，或在炉门洞加一屏蔽板，以减少炉口辐射损失。

2）合理布置工件。对要求较严格的淬火件，工件间距为工件直径（或宽度）一半时，有较好的传热效果和生产率。

3）炉壁涂覆远红外涂料，增大辐射系数，但多数涂料不能长期保持其高的辐射系数，影响使用效果。

4）采用波纹状的炉内拱顶结构，以增大辐射传热面。

5）改进电热元件布置。采用板片状电热元件代替螺旋状的电热元件，增大元件辐射面积和减少搁丝砖对辐射线的遮蔽。在炉顶设置电热元件也可提高传热效果。

6）采用耐火纤维炉衬，以减少炉墙的蓄热量和散热量。

表 10-4　中温箱式炉的型号及技术参数

型号	功率/kW	电压/V	相数	最高工作温度/℃	炉膛尺寸/mm（长×宽×高）	空载损耗/kW	空炉升温时间/h	最大装载量/kg
RX3－15－9	15	380	1	950	600×300×250	≤5	≤2.5	80
RX3－30－9	30	380	3	950	950×450×350	≤7	≤2.5	200
RX3－45－9	45	380	3	950	1200×600×400	≤9	≤2.5	400
RX3－60－9	60	380	3	950	1500×750×450	≤12	≤3	700
RX3－75－9	75	380	3	950	1800×900×550	≤16	≤3.5	1200

表 10-5　金属电热元件的高温箱式炉的型号及技术参数

型号	功率/kW	电压/V	相数	最高工作温度/℃	炉膛尺寸/mm（长×宽×高）	空载损耗/kW	空炉升温时间/h	最大装载量/kg
RX3－20－12	20	380	1	1200	650×300×250	≤7	≤3	50
RX3－45－12	45	380	3	1200	950×450×350	≤13	≤3	100
RX3－65－12	65	380	3	1200	1200×600×400	≤17	≤3	200
RX3－90－12	90	380	3	1200	1500×750×450	≤20	≤4	400
RX3－115－12	115	380	3	1200	1800×900×550	≤22	≤4	600

表 10-6　非金属电热元件的高温箱式炉的型号及技术参数

型号	功率/kW	电压/V	相数	最高工作温度/℃	炉膛尺寸/mm（长×宽×高）	空载损耗/kW	空炉升温时间/h	最大装载量/kg
RX2－14－12	14	380	3	1350	520×220×220	≤5	≤2	120
RX2－25－12	25	380	3	1350	600×280×300	≤7	≤2.5	200
RX2－37－12	37	380	3	1350	810×550×370	≤10	≤2.5	500

10.3　台车式炉

台车式炉炉底是一个可移动的箱式炉，炉子结构和箱式炉相似，适用于处理较大尺寸的零件。图 10-2 所示为台车式炉的结构。表 10-7 所列为台车式炉的型号和技术参数。

台车式炉主要由以下部件构成：

（1）炉架和炉壳　台车式炉的炉架和炉壳结构与箱式炉基本相同，但由于台车需拖出，台车式炉前端无下横梁，易发生炉架变形，因此炉架应牢固固定在地基上。

（2）炉体　台车式炉的炉衬与箱式炉基本相同。台车与炉衬不接触，因此炉衬更宜采用耐火纤维结构。

（3）炉口装置　小型台车式炉炉口装置与一般电阻炉相似，大型台车式炉宽度大，炉门必须有足够的刚度，炉门内衬多采用耐火纤维砌筑。

（4）台车及行走驱动装置　台车钢架应依据载荷计算确定。驱动装置多数安装在台车前部，以驱动台车行走。行走装置多为车轮式，有密封轴承结构和半开式轴承结构，因前者轮轴润滑困难，故常用后者。

（5）台车与炉体间的密封装置　台车与炉体间的常规密封方法是砂封结构。

（6）台车电热元件通电装置　单台车式炉的电热元件一般采用触头通电，台车尾部设3~6个固定触头，炉体下边设3~6个带弹簧压紧的触口，台车进入炉膛后触头可以很好地插入触口。双台车式炉一般在台车两侧前下部装设插条，炉体前下侧装插口，台车进入炉膛后插条与插口接触通电。

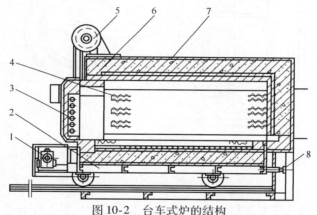

图 10-2　台车式炉的结构

1—台车驱动机构　2—台车　3—炉门　4—加热元件
5—炉门机构　6—炉衬　7—炉壳　8—台车接线板

表 10-7　台车式炉的型号和技术参数

型号		功率/kW	电压/V	额定温度/℃	炉膛尺寸/mm（长×宽×高）	炉温850℃时指标		
						空炉损耗功率/kW	空炉升温时间/h	最大装载量/t
标准系列	RT2-65-9	65	380	950	1100×550×450	≤14	≤2.5	1
	RT2-105-9	105	380	950	1500×800×600	≤22	≤2.5	2.5
	RT2-180-9	180	380	950	2100×1050×750	≤40	≤4.5	5
	RT2-320-9	320	380	950	3000×1350×950	≤75	≤5	12
非标准系列	RT-75-10	75	380	1000	1500×750×600	≤15	≤3	2
	RT-90-10	90	380	1000	1800×900×600	≤20	≤3	3
	RT-150-10	150	380	1000	2800×900×600	≤35	≤4.5	4.5

10.4 井式炉

井式炉炉口开在顶面，可直接利用多种起吊设备垂直装卸工件。由于炉体较高，为操作方便，一般都将井式炉放在地坑中。这类炉子的应用很广，常用的有中温井式炉、低温井式炉、高温井式炉等。

（1）中温井式炉 中温井式炉的耐热性、保温性及炉体强度与箱式炉无明显区别，其外壳由钢板及型钢焊接而成，炉衬由轻质耐火砖砌成。电热元件呈螺旋状分布在炉膛内壁搁砖上，大型井式炉的电热元件用电阻丝或电阻带绕成"之"字形，挂于炉墙上。炉盖可用砂封、水封或油封，炉盖的提升是由装在炉顶上的千斤顶或液压缸、气缸操纵的。中温井式炉的结构如图 10-3 所示。

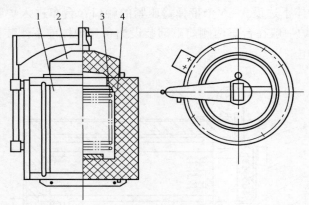

图 10-3 中温井式炉的结构
1—炉壳 2—炉盖 3—电热元件 4—炉衬

中温井式炉的型号及技术参数见表 10-8。它主要用于长形工件的退火、正火和淬火等。

表 10-8 中温井式炉的型号及技术参数

型号	功率/kW	电压/V	最高工作温度/℃	炉膛尺寸/mm（直径×深度）	炉温 890℃时指标		
					空载损耗/kW	空炉升温时间/h	最大装载量/kg
RJ2 – 40 – 9	40	380	950	600×800	≤9	≤2.5	350
RJ2 – 65 – 9	65	380	950	600×1600	≤16	≤2.5	700
RX2 – 75 – 9	75	380	950	600×2400	≤20	≤3	1100
RX2 – 60 – 9	60	380	950	600×1000	≤13	≤3	800
RJ2 – 95 – 9	95	380	950	600×2000	≤22	≤3	1600
RJ2 – 125 – 9	125	380	950	600×3000	≤27	≤4	2400
RX2 – 90 – 9	90	380	950	600×1200	≤18	≤4	1500
RX2 – 140 – 9	140	380	950	600×2400	≤26	≤4	3000
RX2 – 190 – 9	190	380	950	600×3600	≤33	≤4	4500

（2）低温井式炉　和中温井式炉结构相似，所不同的是，由于低温炉的热传递以对流为主，为了强迫炉气流动，所以在炉盖上安装有风扇，以促使炉气均匀流动循环。炉盖的升降机构种类较多，小型井式炉一般采用杠杆式，大型井式炉有液压缸及电力驱动两种结构，其炉盖有整体式及对开式两种结构。炉衬多采用轻质黏土砖砌筑，电热元件呈螺旋状置于搁砖上。大型井式炉一般为填料炉衬，电热元件通过瓷件安装在风道中。风道外层炉壳之间为填料，内层为多块组成，便于安装与维修。低温井式炉的型号及技术参数见表 10-9。

表 10-9　低温井式炉的型号及技术参数

型号	功率/kW	电压/V	最高工作温度/℃	炉膛尺寸/mm（直径×深度）	炉温 650℃时指标		
					空载损耗/kW	空炉升温时间/h	最大装载量/kg
RJ2 - 25 - 6	25	380	650	400 × 500	≤4	≤1	150
RJ2 - 35 - 6	35	380	650	500 × 650	≤4.5	≤1	250
RX2 - 55 - 6	55	380	650	700 × 900	≤7	≤1.2	750
RX2 - 75 - 6	75	380	650	950 × 1200	≤10	≤1.5	1000

（3）高温井式炉　采用金属电热元件及非金属电热元件加热，加热温度为 1200℃。井式炉常用来加工 G95Cr18、GCr4Mo4V 钢制轴承零件，炉子密封性好。为防止加热时的氧化和脱碳，加热炉中常通入保护气氛。金属电热元件高温井式炉的型号及技术参数见表 10-10。

硅碳棒高温井式炉的型号及技术参数见表 10-11，最高工作温度为 1300℃，加热元件采用硅碳棒。这种加热炉除加工轴承零件外，还可加工高速工具钢制各种零件。加热炉升温之前，要检查接点是否松动，操作要特别注意硅碳棒高温时很脆，不要振动和碰撞。

表 10-10　金属电热元件高温井式炉的型号及技术参数

型号	功率/kW	电压/V	最高工作温度/℃	炉膛尺寸/mm（直径×深度）	炉温 1200℃时指标		
					空载损耗/kW	空炉升温时间/h	最大装载量/kg
RJ2 - 50 - 12	50	380	1200	600 × 800	≤13	≤2.5	350
RJ2 - 75 - 12	75	380	1200	600 × 160	≤22	≤3	700
RX2 - 80 - 12	80	380	1200	800 × 1000	≤17	≤3	800
RX2 - 110 - 12	110	380	1200	800 × 2000	≤23	≤3	1600
RX2 - 105 - 12	105	380	1200	1000 × 1200	≤22	≤3	1500
RX2 - 165 - 12	165	380	1200	1000 × 2400	≤40	≤4	3000

表 10-11　硅碳棒高温井式炉的型号及技术参数

型号	功率/kW	电压/V	最高工作温度/℃	炉膛尺寸/mm（长×宽×高）	空载损耗/kW	最大装载量/kg
RJ2 - 25 - 13	25	380	1300	300 × 300 × 600	≤12	350
RJ2 - 65 - 13	65	380	1300	300 × 300 × 1260	≤28	700
RX2 - 95 - 13	95	380	1300	300 × 300 × 2207	≤34	800

10.5　井式渗碳炉和渗氮炉

　　井式渗碳炉的结构实际上是在井式炉炉膛中再加一密封炉罐，专为周期作业的渗碳、渗氮、碳氮共渗等所用。其结构与井式炉相似，是由炉壳、炉衬、炉盖及其升降机构、风扇、炉罐、电热元件、滴量器、温度控制和碳势控制组成。炉膛应有良好的密封性，确保炉内气体具有稳定的成分和压力。其缺点是：炉罐要消耗大量昂贵的耐热钢，且耐热钢最高使用温度不超过 950℃，因此不能进行高温快速渗碳。图 10-4 所示为标准型井式气体渗碳炉结构，表 10-12 所列为其型号及技术参数。井式渗氮炉的结构与渗碳炉基本类似，表 10-13 为其型号及技术参数。

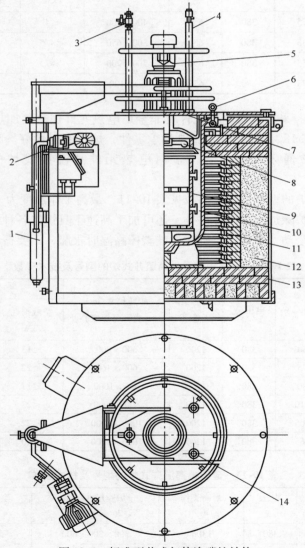

图 10-4　标准型井式气体渗碳炉结构

1—液压缸　2—液压泵　3—滴管　4—取气管　5—电动机　6—吊环螺钉　7—炉盖
8—风叶　9—料筐　10—炉罐　11—电热元件　12—炉衬　13—炉壳　14—试样管

大型井式渗氮炉常用于深层渗碳，渗层超过 3mm，有的甚至在 8mm 以上。其型号及技术参数见表 10-14。大型井式气体渗氮炉的主要问题是氨分解率在炉腔不同深度的均匀性，为此，有的沿深度不同部位通入氨，有的采用真空渗氮，如炉腔尺寸为 $\phi 400mm \times 4000mm$ 的真空渗氮炉在生产中的应用。

表 10-12　井式气体渗碳炉型号及技术参数

型号	功率 /kW	电压 /V	最高工作温度/℃	炉腔有效尺寸 /mm（直径×高度）	在 950℃时的指标		
					空载损失 /kW	升温时间 /h	最大装炉量 /kg
RQ3 - 25 - 9	25	380	950	300 ×450	≤7	≤2.5	50
RQ3 - 35 - 9	35	380	950	300 ×600	≤9	≤2.5	70
RQ3 - 60 - 9	60	380	950	450 ×600	≤12	≤2.5	150
RQ3 - 75 - 9	75	380	950	450 ×900	≤14	≤2.5	220
RQ3 - 90 - 9	90	380	950	600 ×900	≤16	≤3	400
RQ3 - 105 - 9	105	380	950	600 ×1200	≤18	≤8	500

表 10-13　井式气体渗氮炉型号及技术参数

型号	功率 /kW	电压 /V	额定温度 /℃	工作区尺寸/mm（直径×高度）	升温时间 /h
RN - 30 - 6	30	380	650	450 ×650	≤1.5
RN - 45 - 6	45	380	650	450 ×1000	≤1.5
RN - 60 - 6	60	380	650	650 ×1200	≤1.5
RN - 75 - 6	75	380	650	800 ×1300	≤1.5
RN - 90 - 6	90	380	650	800 ×1300	≤2
RN - 110 - 6	110	380	650	800 ×2500	≤2
RN - 140 - 6	140	380	650	800 ×3500	≤2

表 10-14　大型井式气体渗氮炉型号及技术参数

型号	额定功率 /kW	加热区	每区功率 /kW	额定温度 /℃	工作区尺寸/mm（直径×高度）	最大装炉量 /kg
XL0118	720	6	120	950	1700 ×7000	25000
XL0122	400	4	100	950	900 ×4500	3200
XL0113	180	2	90	950	700 ×1800	750

10.6　密封箱式炉

密封箱式炉又称多用炉，可用于渗碳、渗氮、碳氮共渗及可控气氛保护下的热处理，而且对渗碳及碳氮共渗工艺的适应性也不断增强，可完成直接淬火工艺、重新加热淬火工艺（带中间冷却）和气体淬火工艺（或空冷）等工艺过程。其由前室、加热室及推、拉料机构组成。前室既是装料的过道，也是出料后炉料冷却淬火室。在前室上方有风冷装置，下方有淬火油槽。前室与加热室均密封。这类炉子的主要特点是工件在可控气氛中加热、渗碳，并在同一设备内淬火，克服了加热和淬火分别在两个设备中进行的缺点，既保证了产品质量，又改善了劳动条件和减少了环境污染。

密封箱式炉的结构型式和型号很多，该炉型我国的标准型号为 RM 型。表 10-15 所列为 RM 型密封箱式炉的型号及技术参数。表 10-16 所列为 GPC 36－48－30 密封箱式炉主要技术参数。密封箱式炉可以与周期回火炉、清洗机组成生产线，为适应不同生产需要有多种结构型式。

表 10-15　RM 型密封箱式炉的型号及技术参数

型号	功率/kW	电压/V	最高工作温度/℃	炉膛有效尺寸/mm（长×宽×高）	在 920℃时的指标		
					空载损失/kW	升温时间/h	最大装炉量/kg
RM－30－9	30	380	950	750×450×300	≤7	≤3	100
RM－45－9	45	380	950	800×500×420	≤9	≤3	200
RM－75－8	75	380	950	900×600×450	≤15	≤4	420

表 10-16　GPC 36－48－30 密封箱式炉主要技术参数

料架尺寸/mm（长×宽×高）	工作温度/℃	最大装炉量/kg	设计等效功率/kW	淬火槽容量/L	淬火油温度/℃	淬火油加热功率/kW	渗碳用天然气/(m³/h)	吸热气氛/(m³/h)	压缩空气压力/MPa	冷却水/(m³/h)
1219×914×760	950	1363	150	11355	<180	54	2	30	≥0.5	24

10.7　转筒式炉

转筒式炉是在炉内装有旋转炉罐的炉子。炉罐内工件随炉罐旋转而翻动，以改善加热和接触气氛的均匀性，主要用于滚动体热处理。

转筒式炉主要由炉壳、炉衬、炉罐及传动机构组成。为便于炉罐安装，炉体常做成上下组装结构。炉壳由钢板及型钢焊接而成。炉衬由轻质黏土砖砌筑，电热元件放置于两侧及底部。炉罐多用耐热钢焊接而成，也可用离心浇铸。炉罐由前后面板上的滚轮支承，通过链轮、链条转动。罐内常设有导向肋，使工件在转动中均匀翻动。炉罐转动速度采用无级变速器调整，一般为 0.8～8.0r/min。炉体中心轴安装于支架上，可以纵向翻转使炉罐倾斜，将被处理工件倒入或倒出炉罐。炉内所需气氛可采取滴注或通气方式，进气口设在炉罐后部中心位置。炉罐前部有随炉罐一起转动的密封炉门，废气由其中心排气孔排出。炉子的支撑架应有较大的刚度。

图 10-5 所示为一小型转筒式气体渗碳炉结构。其功率为 45kW，工作温度为 950℃，每次可装 60～100kg 工件，主要用于钢球、小轴和轴套的渗碳和淬火处理。

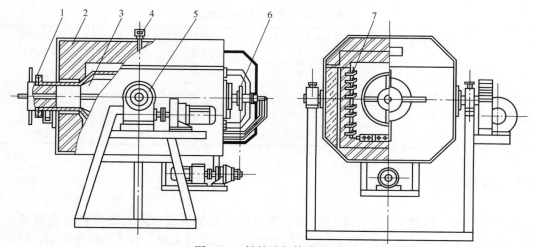

图 10-5　转筒式气体渗碳炉

1—炉门　2—炉壳　3—转筒　4—热电偶　5—倾炉机构　6—转筒转动机构　7—电热元件

10.8　滚筒式炉

滚筒式炉又称鼓形炉，其在炉内装有旋转炉罐，炉罐不断旋转，炉内的炉料也随之旋转、翻倒和前进，使小型物料不至于堆积，有利于均匀加热和均匀接触炉气氛，实现连续作业。其主要用于轴承滚动体、标准件等小型零件的热处理。

滚筒式炉的炉罐前端可以与装料机构连接，后端与淬火槽组装在一起，形成一个连续作业炉。炉罐水平放置，两端伸出炉墙外，并支承在滚轮上，由电动机经减速器及链条带动旋转。炉罐内壁有螺旋叶片，炉罐每转一周，炉料在炉内向前移动一个螺距距离。炉罐末端开有出料口，此口在旋转中不断改变位置，难于密封，致使炉罐内外都充满保护气氛，因此整个炉膛都应保持密封。图 10-6 所示为滚筒式炉结构，表 10-17 所列为其技术参数。该炉可与清洗机、回火炉等组成生产线。

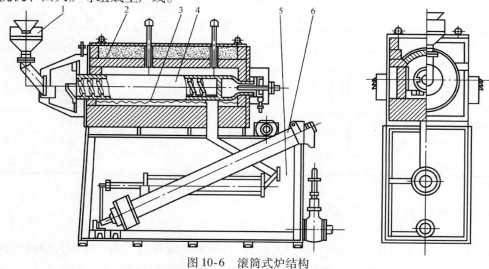

图 10-6　滚筒式炉结构

1—料斗　2—炉衬　3—电热元件　4—回转炉罐　5—淬火槽　6—淬火槽回转机构

表 10-17　滚筒式炉技术参数

型号	额定功率/kW	额定电压/V	额定工作温度/℃	炉膛有效尺寸/mm（直径×深度或长×宽×高）	最大生产率/（kg/h）
RJG – 30 – 8	30	220	830	φ200×1200	30
回火炉	19	380	180	φ400×2700	30
RJG – 70 – 9	70	380	920	φ310×2000	150
回火炉	45	380	250	4095×385×400	150

10.9　推杆式炉

推杆式炉是一种脉动的连续炉，依靠推料机间歇地把放在轨道上的炉料（或料盘）推入炉内和推出炉外。工件在炉膛内运行时相对静止，出炉淬火时，有的是料盘倾倒，把炉料倒出，有的是工件连同料盘一起出炉或进入淬火槽内冷却。该炉广泛应用于淬火、正火、退火、回火、渗碳和渗氮等热处理。其主要缺点是料盘反复进炉加热和出炉冷却，造成较大能源浪费，热效率较低，且料盘易损坏；另一缺点是工艺变动性差。

针对滚动轴承零件，该炉适合于轴承零件的退火、淬火和回火等。推杆式炉最高使用温度：退火时一般不超过850℃，淬火时不超过950℃。回火时不超过650℃。推杆式炉的特点：加热温度比较均匀，退火后能获得均匀的硬度和所要求的显微组织，淬火时同其他设备相比，出现各种质量缺陷的可能性小。

标准型空气介质推杆式炉的技术参数见表 10-18。

表 10-18　标准型空气介质推杆式炉的技术参数

名称	RT – 85	RT – 140
额定功率/kW	85	140
额定电源电压/V	380	380
电阻丝电压/V	380	一区 118~184，二区、三区 85.5~133
相数	一区三相，二、三区单相	一区三相，二、三区单相
电阻丝连接方式	一区星形，二、三区串联	一区星形，二、三区串联
加热区段	3	3
最高工作温度/℃	650	950
炉膛尺寸/mm（长×宽×高）	4550×600×400	4550×600×400
外形尺寸/mm（长×宽×高）	8370×2350×3000	8620×2350×2470
最高生产率/（kg/h）	350	350
质量/t	18	21.3

10.10　传送带式炉

传送带式炉是在直通式炉膛中装一传送带，连续地将放在其上的工件送入炉内，并通过炉膛送出炉外，是轴承零件生产应用最广泛的一种连续式加热炉，可组成生产线，如

图 10-7 所示。它的优点是工件在运输过程中，加热均匀，不受冲击振动，变形量小。缺点是：传送带受耐热温度的限制，承载能力较小；传送带反复加热和冷却，寿命较短；热损失较大。传送带式炉可实现光亮退火、正火、淬火和回火，广泛用于中小型轴承套圈、滚子和钢球等的淬、回火处理。淬火最高使用温度，一般不超过 900℃。回火最高使用温度，一般不超过 300℃。轴承套圈装炉规定：外径小于 100mm 的套圈，应散放在传送带上加热，为使工件受热均匀，散放时应两边多中间少；外径大于 100mm 的套圈，应摆放在传送带上加热，套圈间距为 5～10mm。

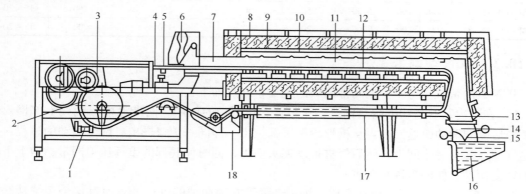

图 10-7　传送带式炉的结构

1—驱动鼓轮机构　2—驱动鼓轮　3—装料台　4—网带　5—炉底板驱动机构　6—火幕
7—密封罐　8—外壳　9—炉衬　10—炉膛　11—热电偶　12—活动底板　13—气体进口
14—滑道　15—淬火冷却介质幕　16—淬火槽　17—网带退回通道　18—水封

这类炉子主要有 DM 型网带式、TCN 网带式炉和无罐传送带式炉。

10.10.1　DM 型网带式炉

DM 型网带式炉的网带传动是借炉底托板驱动网带。网带平整地置于托板上，托板又由炉罐弧形槽内的高温瓷球支托，并与炉前的一组滚轮、压轮、驱动机构组成一个前进后退的系统。托板由产生往复运动的偏心轮驱动，托板前进时，与网带摩擦而带动网带前进；托板回缩时，网带停止不动，造成网带做步进式的前进。这种传动方式使网带较少承受机械张力，因此不易伸长和变形。网带设有压紧装置，以防网带打滑，使运行速度均匀，网带位移到落料口处，由返回通道，经液态密封槽密封返回炉前，循环运动。

工件放置在网带上，相对静止，平稳地通过炉膛加热，加热时间由无级调速网带运行来控制。加热好的工件随网带通过炉罐从落料口自动掉入油槽内。炉口是靠从炉膛喷出保护气燃烧产物和火帘密封的。表 10-19 所列为其型号及技术参数。

表 10-19　DM 型网带式炉型号及技术参数

型号	有效尺寸 /mm		加热区长度/mm	功率 /kW	最大生产能力/（kg/h）			气体消耗量 /（m³/h）
	宽	高			直接淬火	碳氮共渗 0.1mm	渗碳 0.3mm	
DM－22F－L	220	50	2400	50	80	40	20	2－3
DM－30/25－L	300	50	2500	50	100	55	40	3－4

（续）

型号	有效尺寸/mm		加热区长度/mm	功率/kW	最大生产能力/(kg/h)			气体消耗量/(m³/h)
	宽	高			直接淬火	碳氮共渗0.1mm	渗碳0.3mm	
DM-30/36-L	300	50	3600	80	150	80	50	3-4
DM-30/47-L	300	50	4700	100	200	110	70	3-4
DM-60/36-L	600	100	3600	160	300	160	100	10-15
DM-60/54-L	600	100	5400	250	460	250	160	15-20
DM-60/72-L	600	100	7200	320	600	320	200	15-20

10.10.2 TCN 型网带式炉

TCN 型网带式炉与 DM 型网带式炉的主要不同点如下：

1）在罐内装有槽状的耐热钢架，它起着支托网带的作用。网带沿槽形钢架上部推入炉内，经后侧的滑动面返回，再从槽形钢架底部拉出，即同一炉口进出。网带运动的过程：首先是气动点夹头夹住网带，然后气缸推动夹头前进，同时使底部的重锤压迫网带，做上下松紧的往复运动，使网带逐步前进。

2）在炉口处采用了文氏管原理，将一空吸管安装在炉的进口处，通过这个系统从马弗炉口排出气体，再和炉口的空气混合燃烧造成火帘封住炉口。这样的结构使空气不能进入炉罐内，不需要单独设网带回道和水封结构及烘干设施。

3）送料部分是工件先通过螺旋电磁振动器排列整齐，然后通过带有分离装置的斜线状的电磁振动器将工件输送到网带上。在工件输送线上，设有限制料高的传感器，保证淬火工件定量和均匀地输送到炉内。

4）淬火油槽中油的流动是通过一个油泵吸油，在落料口处喷射，使工件冷却。工件由密封在滑道支架内部的磁性传送带提出，再通过消磁圈进入收集箱中。

5）以甲醇和甲醇加水的混合物直接滴入炉内裂解作为可控气氛，调整甲醇和甲醇加水混合物的流率来控制气氛的碳势。

10.10.3 无罐传送带式炉

传送带从炉口输入和输出，有的采用从炉后下通道返回，经水封池密封输出。常采用金属辐射管加热，有的炉子采用 SiC 材质的辐射管，每支功率为 3～4kW；在炉膛前端安设强力风扇，形成局部较高气压，实现炉门密封；炉膛材料多采用抗渗碳砖，也有用 SiC 的。表 10-20 所列是 WD 型无罐传送带式炉技术参数。

表 10-20 WD 型无罐传送带式炉技术参数

项目	WD-30	WD-45	WD-60	WD-75	WD-100	WD-130
额定功率/kW	30	45	60	75	100	130
额定工作温度/℃	950	950	950	950	950	950
炉膛尺寸/mm（长×宽×高）	1500×250×50	2250×250×50	2250×350×75	2500×400×75	3600×400×100	3600×600×100
生产率（淬火）/(kg/h)	50	75	100	150	200	300

10.11　辊底式炉

辊底式炉是在直通的炉膛底部设有许多横向旋转辊子，带动放在辊棒上的炉料沿辊道移动。炉料在加热过程中连续移动，与辊道没有固定的接触点，因此加热均匀，无碰伤，变形小。由于辊棒始终在炉内，热能消耗相对较少，炉子热效率高。

这种炉子不但适用于处理大型板件和棒料，而且 $\phi90 \sim \phi1000mm$ 的轴承套圈也可直接摆在辊子上，直径小于 $\phi90mm$ 的套圈及 $\phi40mm$ 以上的滚动体可装盘进行热处理。这种炉子对热处理件有较好的适应性，主要缺点是对辊棒要求较高，造价高。

图 10-8 所示辊底式淬火生产线用于轴承套圈的淬火。该生产线由炉前清洗机、清洗机前后升降台、淬火加热炉、淬火油槽、输料小车、后清洗机、双层辊底式回火炉、回火炉前后升降台等组成，可完成整个轴承套圈的加热、淬火、清洗、回火等工艺过程。该生产线回火炉加热功率为 90kW，分 4 区控制，有 8 台风机。通过调整炉料在双层辊子上的运动时间，可实现不同的回火工艺要求。

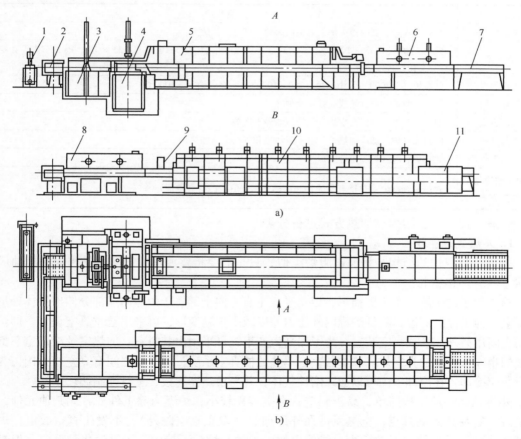

图 10-8　辊底式淬火生产线

a）生产线的立面示意图　　b）生产线的平面示意图

1—油冷却器　2—输料车　3—淬火油槽　4—热油槽　5—淬火加热炉
6—前清洗机　7、9、11—升降台　8—后清洗机　10—双层回火炉

10.12　真空炉

真空热处理是将工件在真空状态下进行加热、保温和冷却的工艺方法，真空炉是近几十年来热处理设备中具有前途的一种，可代替电阻炉、盐浴炉等。真空炉是根据热辐射作用实现对工件的加热，辐射加热速度较慢，因此工件内外加热较均匀，工件变形小。由于真空炉内气压很低，氧气含量对工件中铁元素氧化不起作用，可避免工件在真空炉加热过程中出现氧化和脱碳现象，进而保持工件表面原始状态。但是由于真空炉是靠辐射加热的，加热速度慢，且真空状态下部分合金元素会出现蒸发现象，因此在高温时需要冲入氮气。

真空炉不仅可用于普通工件的退火、正火、淬火、回火，且可进行化学热处理，如真空渗碳、真空碳氮共渗、真空离子渗碳和辉光离子渗氮等，具有渗层均匀、表面清洁光亮、消耗气体少、节约气源等优点。

真空炉的种类较多，具体见表 10-21。

表 10-21　真空炉分类

分类原则	真空炉
工艺用途	真空退火炉、真空淬火炉、真空回火炉、真空渗碳炉
真空度	低真空炉（$1.33 \times 10^{-1} \sim 1333$ Pa）、高真空炉（$1.33 \times 10^{-4} \sim 1.33 \times 10^{-2}$ Pa）、超高真空炉（1.33×10^{-4} Pa 以下）
工作温度	低温炉（$\leq 700℃$）、中温炉（$700 \sim 1000℃$）、高温炉（$>1000℃$）
作业性质	间歇作业炉、半连续或连续作业炉
冷却方式	油淬真空炉、气淬真空炉、气淬-油淬真空炉
冷却介质	电阻加热炉、感应加热炉、电子束加热和等离子体加热炉
炉型	立式炉、卧式炉、组合式炉
炉子结构与加热方式	外热式真空炉（热壁真空炉）和内热式真空炉（冷壁真空炉）

一般，按照炉子结构与加热方式进行分类。

1. 外热式真空炉

外热式真空炉的结构与普通电阻炉类似，只是需要将盛放热处理工件的密封炉罐抽成真空状态，并严格密封。

这类炉子的炉罐大多为圆筒形，以水平或垂直方向全部置于炉体内或部分伸出炉体外形成冷却室。为了提高炉温，降低炉罐内外压力差以减少炉罐变形，可采用双重真空设计，即炉罐外的空间用另外一套抽真空装置。为了提高生产率，可采用由装料室、加热室及冷却室三部分组成的半连续作业的真空炉。该炉各室有单独的抽真空系统，室与室之间有真空密封门。为了实行快速冷却，在冷却室内可以通入惰性气体，并与换热器连接，进行强制循环冷却。

外热式真空炉结构简单，易于制造；真空容积较小，炉罐内除工件外，无其他元件，易于清理，容易达到高真空；电热元件在外部加热（双重真空除外），不发生真空放电；炉子机械动作少，操作简单，故障少，维修方便；工件与炉衬不接触，不发生化学反应。但是炉子的热传递效率较低，工件加热速度较慢；受炉罐材料所限，炉子工作温度一般低于1100℃；炉罐的一部分暴露在大气中，虽然可以设置隔热屏，但热损失仍然很大；炉子热容量及热惯性很大，控制较困难。

2. 内热式真空炉

内热式真空炉与外热式真空炉相比，其结构比较复杂，制造、安装、调试精度要求较高。内热式真空炉可以实现快速加热和冷却，使用温度高，可以大型化，生产率高。内热式真空炉有单室、双室、三室及组合型等多种类型。它是目前真空淬火、回火、退火、渗碳的主要炉型。尤其是气淬真空炉、油淬真空炉，发展很快，得到了推广应用。

1）气淬真空炉。气淬真空炉是利用惰性气体作为冷却介质，对工件进行气冷淬火的真空炉。气体冷却介质有氢、氦、氮和氩等。其中，氢的冷却速度最快，氦、氮、氩冷却速度依次降低。但氢有爆炸的危险，不安全；氦的冷却速度较快，但价格高，不经济；氩不但价格高，而且冷却速度低。因此，一般多采用氮作为工件的冷却介质。试验表明，氦与氮的混合气体具有最佳的冷却和经济效果，$20 \times 10^5 Pa$ 氦气可达静止油的冷却速度，$40 \times 10^5 Pa$ 氢气则接近水的冷却速度。

真空高压气淬技术发展很快，相继出现了负压气淬（$< 1 \times 10^5 Pa$）、加压气淬（$1 \times 10^5 \sim 4 \times 10^5 Pa$）、高压气淬（$5 \times 10^5 \sim 10 \times 10^5 Pa$）和超高压气淬（$10 \times 10^5 \sim 20 \times 10^5 Pa$）等真空炉，以利于提高冷却速度，扩大钢种的应用范围。气淬真空炉有内循环和外循环两种结构。内循环是指风扇、换热器均安装在炉壳内形成强制对流循环冷却，而外循环是指风扇、换热器安装在炉壳外进行循环冷却。

真空炉内的传热主要为辐射传热，很少对流换热，工件在真空炉内加热速度相对较慢。为缩短加热时间、改善加热质量、提高加热效率，又开发出了带对流加热装置的气淬真空炉，后者有两种结构。图 10-9a 所示为单循环风扇结构，即对流加热循环和对流冷却循环共

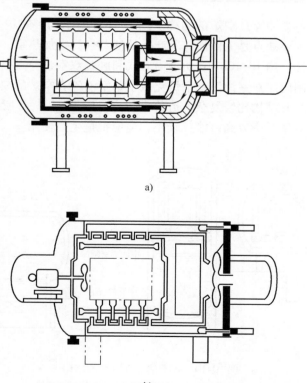

a)

b)

图 10-9　带对流加热装置的气淬真空炉结构

a）单循环风扇　b）双循环风扇

用一套风扇装置。图10-9b所示为双循环风扇结构。对流加热循环和对流冷却循环各自有独立的风扇装置。

2）油淬真空炉。油淬真空炉是用真空淬火油作为淬火冷却介质的真空炉。目前我国使用的 ZZ-1、ZZ-2 型真空淬火油的技术参数见表10-22。

表 10-22　真空淬火油的技术参数

项目		ZZ-1	ZZ-2
运动黏度（50℃）/（mm²/s）		20~25	50~55
闪点（开口）/℃		≥170	≥210
凝点/℃		≤-10	≤-10
水分（质量分数,%）		无	无
残氮（质量分数,%）		≤0.08	≤0.10
酸值/[mg(KOH)/g]		≤0.5	≤0.7
饱和蒸气压（20℃）/Pa		≤6.6×10⁻³	≤6.6×10⁻³
热氧化安定性	黏度比	≥1.5	≥1.5
	残碳增加值（质量分数,%）	≤1.5	≤1.5
冷却性能 ≤	特性温度/℃	≥600	≥580
	特性时间/s	≤3.5	≤4.0
	800→400℃冷却时间/s	≤5.5	≤7.5

图10-10所示为各类油淬真空炉的结构。图10-10a所示为卧式单室油淬真空炉，它不带中间真空闸门。其主要缺点是工件油淬所产生的油蒸气污染加热室，影响电热元件的使用寿命和绝缘件的绝缘性。图10-10b~d所示为立式和卧式双室油淬真空炉，加热室与冷却油槽之间设有中间真空闸门。双室油淬真空炉克服了单室油淬真空炉的缺点，且有较高的生产率、较低的能耗，但是其结构比较复杂，造价也较高。图10-10e、f所示为三室半连续式和三室连续式真空炉。其生产率较高，能耗较小，适应批量生产使用。

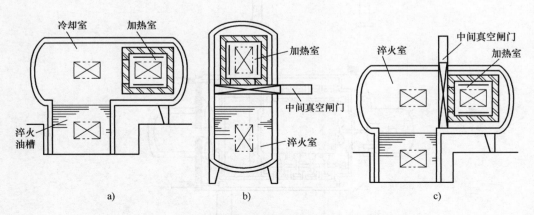

图 10-10　各类油淬真空炉的结构
a）卧式单室炉　b）立式双室炉　c）卧式双室炉

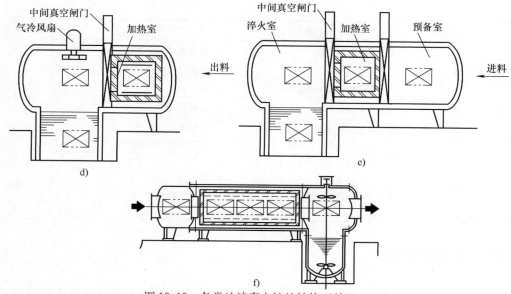

图 10-10　各类油淬真空炉的结构（续）

d) 卧式双室炉　e) 三室半连续式炉　f) 三室连续式炉

3）多用途组合式真空炉。多用途组合式真空炉通常由加热室和多个不同用途的冷却室组合而成。它可以根据工件的种类、形状和真空热处理工艺的要求，任意选择最佳冷却方式，组合成气淬炉、油淬炉或水淬炉等，还可以采用盐浴、真空淬火油、水溶性淬火冷却介质、水和惰性气体等冷却介质。图 10-11 所示为多用途组合式真空炉的结构。

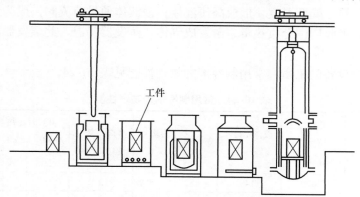

图 10-11　多用途组合式真空炉的结构

四大类轴承钢主要热处理工艺所用设备见表 10-23。

表 10-23　四大类轴承钢主要热处理设备用途

工艺装备名称	材料类型	热处理工艺	炉内气氛
辊棒式、推杆式等温球化退火/正火生产线	高碳铬轴承钢	退火/正火	可控气氛
托辊式网带淬回火生产线	高碳铬轴承钢	淬回火	
辊棒式淬回火生产线	高碳铬轴承钢	淬回火	
转底式淬回火生产线	高碳铬轴承钢 渗碳轴承钢	淬回火	

（续）

工艺装备名称	材料类型	热处理工艺	炉内气氛
多用炉生产线	高碳铬轴承钢 渗碳轴承钢 不锈钢轴承钢、高温轴承钢	淬回火、碳氮共渗 渗碳热处理 退火	可控气氛
渗碳热处理生产线	渗碳轴承钢	渗碳热处理	
井式炉生产线	高碳铬轴承钢 渗碳轴承钢	大型零件热处理 大型零件渗碳热处理	
真空炉生产线	高碳铬轴承钢 渗碳轴承钢 不锈钢轴承钢 高温轴承钢	淬回火 渗碳热处理	真空

10.13　冷处理设备

热处理冷却设备包括淬火冷却设备和冷处理设备。奥氏体化的工件在淬火冷却设备中发生奥氏体向马氏体或贝氏体的组织转变，在冷处理设备中发生残留奥氏体向马氏体的转变。这两种设备的目的都是为获得预期的组织、性能和残余应力分布、控制畸变和避免开裂提供保证。本节主要介绍冷处理设备。

冷处理设备制冷原理是固态物质液化、汽化或液态物质汽化，均会吸收溶解热或汽化热，使周围环境降温。制冷机的制冷过程是将制冷气体压缩形成高压气体，气体升温；该气体通过冷凝器，放热，降低温度，形成高压液体；该液体通过节流阀，成为低压液体；低压液体进入蒸发器，吸收周围介质热量，蒸发成气体，蒸发器降温，此蒸发器的空间就成为低温容器。

制冷剂是制冷设备的工质，常用制冷剂的物理性能见表 10-24。

表 10-24　常用制冷剂的物理性能

制冷介质	分子式	20℃时密度/（kg/m³）	液体密度/（kg/m³）	沸点/℃	凝固点/℃	沸点时蒸发热/（kJ/kg）	20℃时比热容/[kJ/（kg·K）]		沸点时定压比热容/[kJ/（kg·K）]
							定压	定容	
氧	O_2	1.429	1140	−183	−218.98	212.9	0.911	0.652	1.69
氮	N_2	1.252	808	−195	−210.01	199.2	1.05	0.75	2.0
空气	—	1.293	861	−192	—	196.46	1.007	0.719	1.98
二氧化碳	CO_2	1.524	—	−78.2	−56.6	561.0	—	—	2.05
氨	NH_3	0.771	682	−33.4	−77.7	1373.0	2.22	1.67	4.44
F-11	$CFCl_3$	—	—	23.7	−111.0	—	—	—	—
F-12	CF_2Cl_2	5.4	148	−29.8	−155	167	—	—	—
F-13	CF_3Cl	4.6	—	−81.5	−180	—	—	—	—
F-14	CF_4	—	—	−128	−184	—	—	—	—
F-21	$CHFCl_2$	—	—	8.9	−135	—	—	—	—

（续）

制冷介质	分子式	20℃时密度/（kg/m³）	液体密度/（kg/m³）	沸点/℃	凝固点/℃	沸点时蒸发热/（kJ/kg）	20℃时比热容/[kJ/（kg·K）] 定压	定容	沸点时定压比热容/[kJ/（kg·K）]
F-22	CHF_2Cl	3.85	141	-40.8	-160	233.8	—	—	—
F-23	CHF_3	—		-90	-163		—	—	—

（1）常用冷处理装置

1）干冰冷处理装置。干冰即固态 CO_2。干冰很容易升华，很难长期储存。储存装置应很好地密封和保温。干冰冷处理装置常做成双层容器结构，层间填以绝热材料或抽真空。冷处理时，除干冰外还需加入酒精、丙酮或汽油等，使干冰溶解而制冷。改变干冰加入量，可调节冷冻液的温度，最低可达 -78℃低温。

2）液氮深冷装置。利用液氮可实现深冷处理，达 -196℃。液氮储罐需专门设计和制作。普通的储罐，除保证隔热保温外，要留有氮气逸出的细孔，确保安全。

液氮深冷处理有两种方法：一种是工件直接放入液氮中，此法冷速大，不常用；另一种方法是，在工作室内让液氮汽化，使工件降温，进行冷处理。图 10-12 所示为液氮深冷处理装置流程。

3）低温冰箱冷处理装置。对 -18℃ 的冷处理，可用普通的冰箱进行处理。

4）低温空气冷处理装置。图 10-13 所示为用空气作为制冷剂的制冷装置流程。制冷温度可达 -107℃。

（2）低温低压箱冷处理装置　此种低温低压箱有较高的真空度和较低的温度。箱体采用内侧隔热，箱内有一铝板或不锈钢板

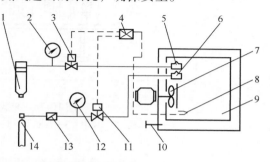

图 10-12　液氮深冷处理装置流程

1—液态 N_2　2、12—气压计　3—电磁阀
4—温控仪　5—N_2 喷口　6—CO_2 喷口
7—风扇　8—温度传感器　9—冷处理室
10—安全开关　11—电磁阀　13—过滤器　14—液态 CO_2

制作的工作室。箱内设有轴流式风机和在空气通道中装有加热器，在高温试验工况时使用。门框间安有密封垫片，为防冻结，在垫片下设有小功率电热器。图 10-14 所示为低温低压箱的结构。其容积较小，可达 -80 ~ -120℃低温。常用低温低压箱的技术参数见表 10-25。

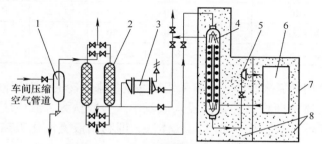

图 10-13　空气制冷剂制冷装置流程

1—油水分离　2—干燥器　3—电加热器　4—烧管式换热器
5—透平膨胀机　6—零件处理保温箱　7—冷箱　8—保温材料（珠光砂）

（3）深冷处理设备　深冷处理又称超低温处理，是指在 -130℃ 以下对材料进行处理的一种方法。它是常规冷处理的一种延伸，可以提高多种金属材料的力学性能和使用寿命。

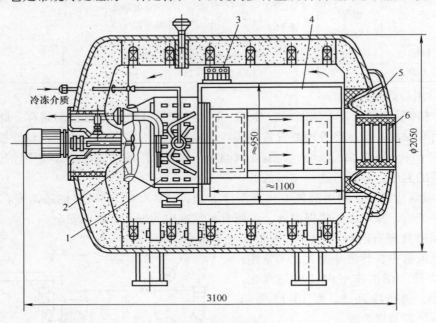

图 10-14　低温低压箱的结构
1—冷风机　2—风扇　3—加热器　4—冷冻室　5—门框　6—带观察窗的门

表 10-25　常用低温低压箱的技术参数

型号	制冷室尺寸/cm （长×宽×高）	控制温度范围 /℃	最低温度 /℃	功率 /kW	制冷介质	质量 /kg
D60 - 120	50 × 40 × 60	- (60 ± 2.5) ~ 30	-60	1.1 × 2	F - 22、F - 13	550
D60/0.6	151 × 80 × 50	- (60 ± 2)	-60	4	F - 22、F - 13	1000
D60/1.0	110 × 97.5 × 97.5	- (60 ± 2)	-60	4	F - 22、F - 13	1200
D02/80	60 × 70 × 47.5	- (80 ± 2)	-80	4	F - 22、F - 13	—
D - 8/0.2	53 × 53 × 70	- (80 ± 2)	-80	4	F - 22、F - 13	750
D - 8/0.4	80 × 71.5 × 71.5	- (80 ± 2)	-80	4	F - 22、F - 13	910
GD5 - 1	100 × 95 × 100	- (50 ± 2) ~ 70	-50	3 × 2	F - 22、F - 13	1350
GD7 - 0.4	70 × 70 × 80	- (70 ± 2) ~ 80	-70	6	F - 22、F - 13	1000
LD - 0.1/12	35 × 60 × 45	- 120 ~ - 80	-120		F - 22、F - 13、F - 14	1000

深冷处理通常采用液氮来制冷，也有采用压缩空气来制冷的。对于液氮制冷，主要分为液体法和气体法。液体法即将工件直接浸入液氮中。一般认为，液体法具有热冲击大的缺点，有时甚至造成工件开裂，故一般采用气体法，即利用液氮汽化吸热及低温氮气吸热来制冷。

深冷处理设备的主要技术参数如下：

1）控温范围：-196 ~ 40℃。

2）降温速率：$0 \sim 60℃/min$。

3）控温精度：$±2℃$。

（4）冷处理负荷和安全要求

1）冷处理负荷。在制冷室内处理的冷负荷由如下三部分组成：

① 冷处理件降温放出的热量。

② 由制冷装置外壁传入的热量。

③ 由通风或开门造成外界空气进入工作室带入的热量。

2）制冷装置的制冷量。选用的制冷装置的制冷量必须与冷处理的冷负荷平衡，制冷室才能维持冷处理温度。

① 必须防止制冷剂的泄漏。

② 设备上要有避免人身体受到制冷剂伤害的装置。

10.14　表面热处理设备

表面热处理设备有很多种，本书主要概述感应热处理设备和激光表面热处理设备。

10.14.1　感应热处理设备

感应淬火可以快速加热工件特定部位，且整个工件不需要像在热处理炉中加热那样整体加热，其具有以下优点：

1）力学性能优异。硬的表层和软的心部提供一个良好的强韧性组合，这是常规加热炉不能实现的。此外，由于钢的淬火硬度仅取决于碳含量，大多数应用场合可以使用碳素钢代替合金钢。

2）节省制造成本。不需要加热整个工件，所以消耗的总能量成本较低。对于采用炉子淬火的工件所需的其他工艺成本也可降低，因为产生的畸变较小，氧化脱碳少，从而使研磨和精加工达到最终精确形状的加工量也很小。

3）加工兼容性好。感应热处理设备易于实现自动化，生产率高，且可并入整个制造过程中，减小了占地面积，改善了工作场所的操作环境。

感应热处理设备主要包括感应加热电源、感应加热机床、变压器和冷却系统等。近年来，感应热处理设备尤其是电源和机床设备发展迅速，生产厂家越来越多，设备的技术水平和质量都在不断提高，产品的种类越来越全、成套性越来越高。

1. 感应加热电源

感应加热电源的发展经历了电机发电机（机式中频）和真空管振荡器、晶闸管（可控硅）感应加热电源、晶体管感应加热电源以及以静电感应晶体管（SIT）、场效应晶体管（MOSFET）、绝缘栅双极型晶体管（IGBT）功率器件为核心的新一代感应加热电源。

晶闸管电源也称可控硅电源，是利用晶闸管元件把 50Hz 工频电源变换为中频电源对工件进行加热。电子管电源常用在高频和超音频范围内，其主体是一个大功率电子管自激振荡器，将工频电源经过阳极变压器升压，整流为直流电源，再经过大功率电子管自激振荡器将高压直流电流变换为高频或超音频交流电源。随着技术的发展，电子管由于变频效率低、振荡寿命短、设备体积大、故障率高等原因，逐渐被晶体管取代。晶体管电源是一种新型电源，这种全新的全固态高频电源采用新型电力电子器件静电感应晶体管，使装置全固态化，具有效率高、电压低、操作安全、寿命长等优点。晶体管电源由可控整流、逆变器和控制电路三部分组成。

以 SIT、MOSFET、IGBT 等为功率器件的感应加热电源是现代感应加热电源的主流电源类型，称之为（全）固态感应加热电源。固态感应加热电源是针对电子管（真空管）高频感应加热电源来说的，逆变电路的核心器件是大功率半导体器件，其覆盖频率很广，从 0.1~400kHz，覆盖了中频、超音频、高频的范围，输出功率范围为 1.2~2000kW，可满足不同热处理工艺需求。一般频率低于 10kHz 称为中频，频率在 10~100kHz 为超音频，频率高于 100kHz 为高频。按照功率器件 SCR、MOSFET 和 IGBT 的频率特性及功率容量来看，SCR 主要用于中频加热，功率约为 5000kW，频率约为 8kHz；IGBT 电源频率国际上达到了 2000kW/180kHz，国内为 500kW/50kHz，MOSFET 电源频率国际上大致为 1000kW/400kHz，国内为(10~300)kW/(50~400)kHz。

2. 感应加热机床

感应加热机床是感应加热成套设备中的重要组成部分，俗称淬火机床，其主要完成对工件的表面淬火，有时还要完成对工件的清洗、调质、回火、退火等。基本功能是夹持（或支承）工件，按一定的精度实现相应的运动，按照工艺要求实现时序动作。

感应加热机床有不同的分类方式。

1）按生产方式分类，淬火机床有通用、专用及生产线三大类型。通用淬火机床适用于单个限量生产；专用淬火机床适用于批量或大批量生产；生产线将多种热处理工艺组合在一起，生产率更高，适用于大批量生产。

2）由于感应加热电源不同，淬火机床结构也有所不同，按电源频率分为高频淬火机床、中频火机床和工频淬火机床。

3）按处理工件类型分类，一般可分为轴类淬火机床、齿轮淬火机床、导轨淬火机床、平面淬火机床及棒料热处理流水线等。

4）按处理工件安放的形式分类，一般可分为立式淬火机床、卧式淬火机床。

一般情况下可按通用机床和专用机床分类。

通用机床具有较大包容性，同一台机床可以轮换生产多个品种的零件，且既可以进行感应淬火，也可以进行感应回火。它适用于单个或小批量生产。

专用机床具有单一性，一台机床仅能生产同一种零件，如曲轴淬火机床或凸轮轴淬火机床只能实现曲轴或凸轮轴的感应淬火和自回火。专用机床适用于批量和大批量生产。

目前，提供感应加热机床的国内外公司很多，知名公司生产的感应淬火机床的技术水平很高，其主要特点如下：

1）机床品种多，成套性强，一般都有数十种通用和专用淬火机床供用户挑选，而且还可以成套提供全套设备，包括电源、机床、变压器、感应器和冷却系统等。

2）机床精度高。连续淬火机床采用机械传动，传动方式为步进电动机加滚动丝杠。

3）机床自动化、智能化程度高。机床或生产线采用逻辑电路，计算机带屏幕显示，以实现工艺操作的自动化、智能化控制。

10.14.2　激光表面热处理设备

激光是一种高亮度、高方向性、高单色性和高相干性的光源。金属表面通过激光表面强化可以显著地提高硬度、强度、耐磨性、耐蚀性和耐高温等性能，从而提高产品的质量，延长产品使用寿命和降低成本，取得较大的经济效益。随着激光器的不断完善和发射功率的提高，激光表面热处理技术以自己独特的优势得到了越来越广泛的应用。激光表面热处理设备的特点如下：

1）能量密度高，可以在瞬间熔化金属。

2）加热及冷却速度快，处理效率高，理论上加热速度可以达到 $10^{12}℃/s$。

3）调整加热参数，可获得不同的加热效果，如表面淬火、表面重熔、表面合金化、表面熔覆、表面非晶化及表面冲击硬化等。

4）加热金属时加热速度高达 5000℃/s，金属共析转变温度升高 100℃ 以上，虽然过热度大，但不致发生过热或过烧现象。激光束作用在金属表面，其过热度和过冷度均大于常规热处理，因此表面硬度也高于常规处理 5～10HRC。

5）非接触式加热，无机械应力作用。由于加热速度和冷却速度都很快，因此热影响区极小，热应力很小，工件变形也小，可以应用在尺寸很小的工件、盲孔底部等用普通加热方法难以实现的特殊部位。

6）由于加热速度快，奥氏体长大及碳原子和合金原子的扩散受到抑制，可获得细化和超细化的金属表面组织。

7）由于激光束流的斑点小、作用面积小，金属本身的热容量足以使被处理的表面骤冷，其冷却速度高达 $10^4℃/s$ 以上，因此仅靠工件自身冷却淬火即可保证马氏体的转变，而且急冷可抑制碳化物的析出，从而减少脆性相的影响，并能获得隐晶马氏体组织。

8）激光高能束流处理金属表面将会产生 200～800MPa 的残余压应力，从而大大提高了金属表面的疲劳强度。

9）高能束热源中，激光束的导向和能量传递最为方便快捷，与光传输数控系统结合，可以实现高度自动化的三维柔性加工，并且可以远距离传输或通过真空室对特种放射性或易氧化材料进行表面处理。

激光表面热处理包含激光淬火、激光合金化、激光熔覆、激光非晶化、激光熔凝、激光冲击硬化和激光化学热处理等多种表面改性处理工艺。其共同的理论基础是激光与材料相互作用的规律，主要区别是作用于材料的激光能量密度不同，见表 10-26。

表 10-26　不同激光表面强化工艺特点

工艺方法	功率密度/(W/cm^2)	冷却速度/$(℃/s)$	作用区深度/mm
激光淬火	$10^4 \sim 10^5$	$10^4 \sim 10^6$	0.2～3
激光合金化	$10^4 \sim 10^6$	$10^4 \sim 10^6$	0.2～2
激光熔覆	$10^4 \sim 10^6$	$10^4 \sim 10^6$	0.2～3
激光非晶化	$10^6 \sim 10^{10}$	$10^6 \sim 10^{10}$	0.01～0.1
激光冲击硬化	$10^{10} \sim 10^{12}$	$10^4 \sim 10^6$	0.02～0.2

激光表面热处理装置主要包括激光器、导光系统、加工机床、控制系统、辅助设备以及

安全防护装置等。

1. 激光器

激光是波长大于 X 射线而小于无线电波的电磁波，是原子从高能级向低能级跃迁时辐射出来的能量束。相对于普通光源发射过程的自发辐射，激光则是受激辐射，即处于高能级的原子（激发态）在某一频率的光子激发下，从高能级迁移到低能级（最低的能级称为基态）发射出相同频率的光子，利用某种激励方式（光激励或电激励），使这种受激辐射占据主导地位，便实现了激光的发射。

激光器由工作物质、激励系统和光学谐振腔三部分组成。图 10-15 所示为激光器组成示意图。工作物质有气体、固体、液体和半导体等，工业上多使用气体（二氧化碳）或固体（掺钕钇铝石榴石，YAG）。不同的工作物质产生不同波长的激光。谐振腔一般是放置在工作物质两端的一组平行反射镜，用以提供光学正反馈，一块是全反射镜，一块是部分反射镜。激光从部分反射镜一端输出。激励系统的作用是将能量注入工作物质中，保证工作物质在谐振腔内正常连续工作。常用的激励源有光能、电能、化学能等。表 10-27 所列为激光器类型及特点。

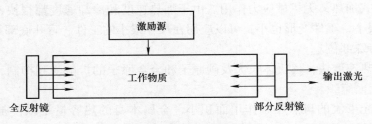

图 10-15　激光器组成示意图

表 10-27　激光器类型及特点

类型		特　点
二氧化碳激光器	封离式	优点：光束质量好，发散角接近衍射极限，寿命长，可靠性高，电光效率高，工艺简单，造价低
		缺点：占地面积大
	轴向流动式	激光功率调制性能良好，放电均匀稳定，光束质量好
	横向流动式	质量流率高于轴流，注入电功率更高
YAG		加工性能良好，可以将一束激光传输给多个远距离工位，使激光加工柔性化，更加经济实用
半导体激光器		优点：波长短，重量轻，转换效率高，成本低，寿命长
		缺点：光束质量差，光斑大，功率密度低

激光器选择的技术指标如下：

1）输出功率。取决于加工的目的、加热面积及淬火深度等因素。

2）光电转换效率。CO_2 激光器整机效率一般在 7% ~ 10%，YAG 激光器在 1% ~ 3%。

3）输出方式。有脉冲式或连续式输出激光器。对于激光热处理，一般采用连续式。

4）输出波长。CO_2 激光器输出波长为 10.6μm，YAG 激光器输出波长为 1.06μm。材料对不同波长的光有不同的吸收率，常在被加工的工件表面涂覆高吸收率的涂料，来提高对激光的吸收率。使用 YAG 激光器加工工件时，可不需要表面涂料。

5）光斑尺寸。它是用于设计导光、聚焦系统的参数。

6）模式。多模适用于表面热处理。

7）光束发散角一般 <5mrad，是用于设计导光、聚焦系统的参数。

8）指向稳定度 <0.1mrad。

9）功率稳定度 < ±（2% ~3%）。

10）连续运行时间 >8h。

2. 激光光束的导光和聚焦系统

导光和聚焦系统的作用是将激光器输出光束经光学元件导向工作台，聚焦后照射到被加工的工件上。其主要部件包括光闸、光束通道、折光镜、聚焦透镜、同轴瞄准装置、光束处理装置及冷却装置等。激光导光系统如图 10-16 所示，聚焦系统如图 10-17 所示。

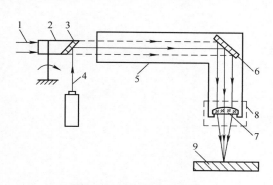

图 10-16　激光导光系统

1—激光束　2—光闸　3、6—折光镜　4—氦氖光

5—光束通道　7—聚焦透镜　8—光束处理装置　9—工件

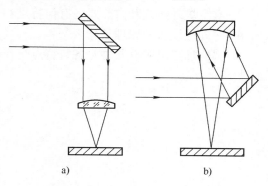

图 10-17　激光聚焦系统

a）透射式　b）反射式

1）折光镜。导光系统中使用的折光镜，一般采用导热性能好的铜材制作镜的基体，经光学抛光后，镀一层金反射膜，反射率在 98% 以上。

2）透镜。CO_2 激光器和 YAG 激光器输出光的波长均属红外光波长范围，须采用红外材料作为透镜的基体材料。对于 CO_2 激光来说，使用最多的是砷化镓和硒化锌材料。透镜的两面都采用镀多层介质膜的办法，使透过率接近 100%。

3）激光光束处理装置。一般多模激光光束在整个光斑上光强分布是不均匀的，会影响激光热处理表面温度的均匀度。激光光束处理装置可将不均匀的光斑处理成较均匀的光斑，也可改变光斑尺寸和形状，增加扫描宽度。常用的有振镜扫描装置、转镜扫描装置和反射式积分镜等。

4）光导纤维传输。激光束通过一根光导纤维可以传到许多不易加工的部位，其传输方向的自由度优于通过反射镜传输的效果。用光导纤维传输高功率大能量激光技术，主要适用于波长为 $1.06\mu m$ 的 YAG 激光器。这种光导纤维采用石英玻璃作为纤芯材料，它的传输能力已达到连续功率 2kW，峰值功率 120kW，芯径的损伤阈值为 $10^3 W/cm^2$。

3. 加工机床及控制系统

加工机床是完成各项操作以满足加工要求的装置，按用途分为专用机床和通用机床，按运动方式可分为以下三种：

1）飞行光束。主要运动由外光路系统来实现，工作台只是作为被加工工件的支撑，工件不动，靠聚焦头的移动来完成加工。这类加工机床适用于较重或较大工件的加工。

2）固定光束。结构更接近三维数控机床，聚焦头不动，靠移动工件来完成加工。这类机床具有无故障工作时间长、光路简单、便于调整维护等特点，还可实现多通道、多工位的激光加工。

3）固定光束＋飞行光束。其设计主要考虑到固定光束的加工机床占地面积太大，而将其中一个轴做成飞行光束结构，从而使整机结构变得轻巧。

【习题】

1. 总结分析热处理设备不同分类方法。
2. 对比分析低温、中温和高温井式炉的结构特点。
3. 真空炉外热式和内热式各有何特点？
4. 冷处理设备的原理是什么？
5. 感应加热电源有几种？各自特点是什么？

参 考 文 献

[1] 张国滨，宁玫，周欣欣．钢中非金属夹杂物分析 [J]．理化检验（物理分册），2021，57（12）：1 – 7，17．

[2] 轧制技术及连轧自动化国家重点实验室．渗碳轴承钢的热处理工艺及组织性能 [M]．北京：冶金工业出版社，2020．

[3] 王坤，胡锋，周雯，等．轴承钢研究现状及发展趋势 [J]．中国冶金，2020，30（9）：119 – 128．

[4] 刘耀中，范崇惠．高碳铬轴承钢滚动轴承零件热处理技术发展与展望 [J]．金属热处理，2014（1）：53 – 57．

[5] 李昭昆，雷建中，徐海峰，等．国内外轴承钢的现状与发展趋势 [J]．钢铁研究学报，2016，28（3）：1 – 12．

[6] 刘耀中，侯万果，王玉良，等．滚动轴承材料及热处理进展与展望 [J]．轴承，2020（1）：55 – 63．

[7] 刘耀中，侯万果，王玉良，等．滚动轴承材料及热处理进展与展望：续完 [J]．轴承，2020（2）：54 – 61．

[8] 潘健生，胡明娟．热处理工艺学 [M]．北京：高等教育出版社，2009．

[9] 张晓静．第二代航空轴承材料 M50 钢的研究现状与发展 [J]．现代制造技术与装备，2021，57（9）：120 – 122．

[10] 曹文全，俞峰，王存宇，等．高端装备用轴承钢冶金质量性能现状及未来发展方向 [J]．特殊钢，2021，42（1）：1 – 10．

[11] 张朝磊，朱禹承，蒋波．高碳铬轴承钢组织双超细化的研究现状与发展趋势 [J]．材料导报，2022（6）：1 – 12．

[12] 杨晓蔚．滚动轴承产品技术发展的现状与方向 [J]．轴承，2020（8）：65 – 70．

[13] 俞峰，陈兴品，徐海峰，等．滚动轴承钢冶金质量与疲劳性能现状及高端轴承钢发展方向 [J]．金属学报，2020，56（4）：513 – 522．

[14] 徐曦，刘祥，秦桂伟，等．国内轴承钢的生产控制技术 [J]．鞍钢技术，2021（5）：7 – 11，27．

[15] 杨欢．国内轴承钢行业发展现状及趋势 [J]．中国钢铁业，2019（7）：32 – 36．

[16] 马芳，刘璐．航空轴承技术现状与发展 [J]．航空发动机，2018，44（1）：85 – 90．

[17] 吕钢，张雷．汽车轴承热处理技术及发展方向 [J]．金属加工（热加工），2010（15）：22 – 23，42．

[18] ZHANG F C，YANG Z N. Development of and perspective on high – performance nanostructured bainitic bearing steel [J]. Engineering，2019，5（2）：319 – 328，358 – 368．

[19] 田勇，宋超伟，葛泉江，等．航空用高温轴承钢 CSS – 42L 热处理技术及其展望 [J]．轧钢，2019，36（6）：1 – 5，28．

[20] 徐海峰，曹文全，俞峰，等．国内外高氮马氏体不锈轴承钢研究现状与发展 [J]．钢铁，2017，52（1）：53 – 63．

[21] 中国机械工程学会热处理学会．热处理手册 [M]．4 版．北京：机械工业出版社，2013．

[22] 万富荣．轴承热处理工艺学 [M]．北京：机械工业出版社，1988．

[23] 王学武．金属材料与热处理 [M]．2 版．北京：机械工业出版社，2021．

[24] 中国轴承工业协会．全国轴承行业"十四五"发展规划 [Z]．2021．

[25] 刘旭云．金属热处理原理 [M]．北京：机械工业出版社，1981．

[26] 文九巴．机械工程材料 [M]．北京：机械工业出版社，2009．

[27] 潘邻．现代表面热处理技术 [M]．北京：机械工业出版社，2017．

[28] 于兴福，王士杰，赵文增，等．渗碳轴承钢的热处理现状 [J]．轴承，2021（11）：1 – 9．